車《くるま》いすの犬《いぬ》チャンプ

ぼくのうしろ足《あし》はタイヤだよ

車《くるま》いすの犬《いぬ》チャンプ——ぼくのうしろ足《あし》はタイヤだよ

もくじ

チャンプ、自動車《じどうしゃ》にひかれる

一九八九年《ねん》十月《がつ》。

秋田《あきた》の山々《やまやま》は、あざやかな紅葉《こうよう》でおおわれています。夕日《ゆうひ》をあびて、葉《は》っぱの一つひとつが、輝《かがや》いています。

秋田県南部《あきたけんなんぶ》の米《こめ》どころの街《まち》。稲刈《いねか》りを終《お》えた田《た》んぼが夕日《ゆうひ》に照《て》らされ、見《み》わたすかぎりつづいています。

「チャンプの番《ばん》は次《つぎ》だからな、おりこうさんにして待《ま》ってろよ」

三浦英司《みうらえいじ》さんの声《こえ》でした。三浦《みうら》さんは、いまから、三匹《びき》のピレネー犬《けん》(グレート・ピレニーズ)をつれて散歩《さんぽ》に出《で》かけるところです。

近《ちか》くの農道《のうどう》に向《む》かって、自転車《じてんしゃ》をこぎます。ピレネー犬《けん》は体重《たいじゅう》が五十キロ以上《いじょう》もある大型犬《おおがたけん》。足並《あしな》みをそろえて歩《ある》かないと、自転車《じてんしゃ》はたおれてしまい

ます。

三匹《びき》のピレネー犬《けん》は、なれた調子《ちょうし》で歩《ある》きます。白《しろ》くて長《なが》い毛《け》が気持《きも》ちよさそうに風《かぜ》になびいています。

「おりこうさんにして、待《ま》っていろ」といわれたチャンプは、自分《じぶん》も早《はや》く散歩《さんぽ》に出《で》たいと、そわそわして落《お》ち着《つ》きません。

「ぼくもいっしょに行《い》きたいよぉ。ねぇ、ねぇ、早《はや》く、早《はや》く」

チャンプは、囲《かこ》いのなかを行《い》ったりきたり。

「もうちょっと待《ま》っててね。すぐだから」

三浦《みうら》さんの奥《おく》さんの海紀子《みきこ》さんが、なだめますが、チャンプはいうことを聞《き》きません。

「ぼくも、行《い》く、行《い》く！」

海紀子《みきこ》さんは、仕方《しかた》なく散歩《さんぽ》の引《ひ》きづなをつけようとしました。その、ちょっとしたすきに、チャンプは囲《かこ》いから飛《と》び出《だ》してしまいました。

「チャンプ、だめよ！　もどって、チャンプ！」

チャンプは一目散《いちもくさん》に、英司《えいじ》さんのあとを追《お》いかけました。曲《ま》がりくねった道《みち》の先《さき》には、国道《こくどう》一〇五号線《ごうせん》がとおっています。

「チャンプ、チャンプー！」

英司《えいじ》さんめがけて走《はし》るチャンプの耳《みみ》に、海紀子《みきこ》さんの声《こえ》は聞《き》こえません。

そのまま、国道《こくどう》に飛《と》び出《だ》していきました。

ちょうど、そのときです。

右側《みぎがわ》から自動車《じどうしゃ》が走《はし》ってきました。

「ああ！　あぶない!!」

ドンッ。

ポーンと跳《は》ね飛《と》ばされ、宙《ちゅう》に浮《う》いたチャンプ。

「チャンプ!! チャンプ!!」

海紀子《みきこ》さんは必死《ひっし》に叫《さけ》びました。英司《えいじ》さんも気《き》がつきました。自転車《じてんしゃ》からすばやく降《お》りて、チャンプのもとへかけ寄《よ》りました。自動車《じどうしゃ》が何台《なんだい》か止《と》まっています。

うす暗《ぐら》いなかに、チャンプの白《しろ》い姿《すがた》が、ぼんやり浮《う》かんで見《み》えます。道路《どうろ》のちょうどセンターラインの上《うえ》です。

「チャンプ、だいじょうぶか！」

チャンプはきょとんとした目《め》で、英司《えいじ》さんを見《み》あげました。おすわりのかっこうをしたまま、じっとしています。

道路《どうろ》に止《と》まったままの自動車《じどうしゃ》の窓《まど》から、何人《なんにん》もの人《ひと》が顔《かお》を出《だ》して、心配《しんぱい》そうにながめています。

チャンプをだきかかえた英司《えいじ》さんは、止《と》まってくれた自動車《じどうしゃ》に頭《あたま》をさげながら、道路《どうろ》を横切《よこぎ》り、家《いえ》に向《む》かいました。チャンプをはねた自動車《じどうしゃ》は、そのまま走《はし》り去《さ》ったのか、見当《みあ》たりませんでした。

英司《えいじ》さんはチャンプを自動車《じどうしゃ》に乗《の》せて、動物病院《どうぶつびょういん》に急《いそ》ぎました。チャンプは事故《じこ》のショックのためか、まったく声《こえ》を出《だ》しません。うしろのシートでじっと横《よこ》になったままです。

「チャンプ、もうすぐだからな。死《し》ぬんじゃないぞ」

ルームミラーでチャンプのようすを何度《なんど》も何度《なんど》も見《み》ながら、英司《えいじ》さんは夢中《むちゅう》で自動車《じどうしゃ》を走《はし》らせました。もう、外《そと》は真《ま》っ暗《くら》になっていました。

「チャンプ、もう少《すこ》しだからな。がんばれよ、チャンプ」

病院《びょういん》までの距離《きょり》が、こんなに長《なが》く感《かん》じられたことはありませんでした。

三十分《ぷん》ほどして、かかりつけの動物病院《どうぶつびょういん》に着《つ》きました。

「自動車《じどうしゃ》にはねられたんです。早《はや》く、早《はや》くみてやってください」

診察台《しんさつだい》に乗《の》せられたチャンプの目《め》はうつろです。

獣医《じゅうい》さんはすぐにレントゲンをとりました。

できあがったレントゲン写真《しゃしん》を見《み》るなり、獣医《じゅうい》さんの顔《かお》が、みるみる曇《くも》りました。

「背骨《せぼね》と脊髄《せきずい》がやられています。これは、むずかしい」

「どういうことですか？」

「残念《ざんねん》ですが、手《て》のほどこしようがありません。下半身《かはんしん》はまひ……もう、一生《いっしょう》、歩《ある》くことはできないと思《おも》います……どうしますか？」

「どうしますかって……。それは、助《たす》からないっていうことですか？」

「いえ、歩《ある》けないのです。下半身《かはんしん》の神経《しんけい》が切《き》れていますから。ですから、歩《ある》けないだけではなくて、おしっこも、うんちも自分《じぶん》では無理《むり》です。それは、おそらくチャンプにとっても、つらいことだと思《おも》います」

「そうですか……」

「三浦《みうら》さん、飼《か》い主《ぬし》として、どうしますか？」

「どうしますか」とは、「安楽死《あんらくし》させますか」という意味《いみ》なのでした。

（もう、一生歩《いっしょうある》けない、動《うご》けない……下半身《かはんしん》まひ。このまま、薬《くすり》で楽《らく》に死《し》なせてやるほうがいいのだろうか。安楽死《あんらくし》させてやるほうがチャンプのためなのだろうか……）

英司《えいじ》さんは、迷《まよ》いました。チャンプの「生《せい》」と「死《し》」を自分《じぶん》が決《き》めなくてはならなくなったのです。

（チャンプは二才《さい》。たった二年《ねん》しか生《い》きていないのに、このまま、死《し》なせてしまっていいのか……。でも、下半身《かはんしん》まひで動《うご》けない、散歩《さんぽ》にも行《い》けない毎《まい》日《にち》では、生《い》きている意味《いみ》があるのだろうか。いったい、どうすればいいんだ……）

心臓《しんぞう》がドキドキし、からだがかぁっと熱《あつ》くなってきました。

チャンプといっしょの幸《しあわ》せだった日々《ひび》が、よみがえってきました。ペットショップで初《はじ》めて会《あ》った日《ひ》のこと、訓練所《くんれんじょ》につれていった日《ひ》のこと、コンクールでチャンピオンになった日《ひ》のこと。

そして、チャンプのうれしそうな顔《かお》、こまった顔《かお》、悲《かな》しそうな顔《かお》、自慢《じまん》げな顔《かお》——チャンプの顔《かお》が、次々《つぎつぎ》と浮《う》かんでは消《き》え、胸《むね》がいっぱいになりました。

わんぱく盛《ざか》りのころの、チャンプ。
英司《えいじ》さんといっしょに記念撮影《きねんさつえい》。

チャンプとの出会《であ》い

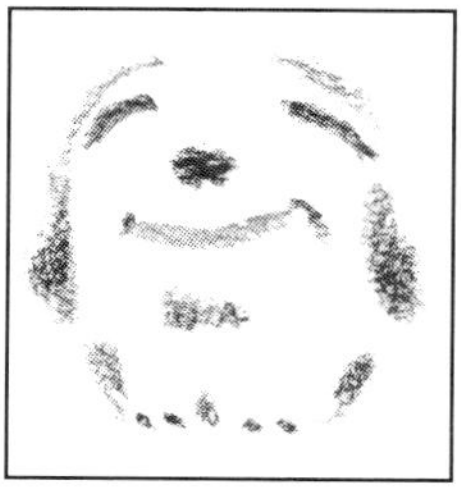

一九八七年《ねん》七月《がつ》――チャンプと英司《えいじ》さんは出会《であ》いました。

朝《あさ》からまぶしい日《ひ》ざしが照《て》りつけ、暑《あつ》い日《ひ》でした。

大曲市《おおまがりし》に住《す》む英司《えいじ》さんは、用事《ようじ》があって秋田市《あきたし》に出《で》かけ、帰《かえ》りにいつものペットショップに立《た》ち寄《よ》りました。

「やあ、三浦《みうら》さん、ひさしぶりですね。いいときにきてくれましたよ。この犬《いぬ》、どうですかねえ。スコットランド産《さん》の牧羊犬《ぼくようけん》で、ビアデッド・コリーです。いま、生後《せいご》二カ月《げつ》なんですが」

顔《かお》なじみの店主《てんしゅ》が話《はな》しかけてきました。

「売《う》れないのかい」

「ええ。毛《け》が長《なが》いし、大《おお》きくなる犬《いぬ》だから、世話《せわ》がたいへんと思《おも》われるようなんです。なかなか、買《か》い手《て》がつきません」

「そうだね。あと半年《はんとし》もすれば、体重《たいじゅう》もかなりふえるし、子《こ》どもでは散歩《さんぽ》させるのは、むずかしいかもしれないね。なるほど、ほしい人《ひと》がいないか……」

英司《えいじ》さんは、腕組《うでぐ》みをしながら、犬《いぬ》の顔《かお》をじっとながめました。子犬《こいぬ》は、ケージと呼《よ》ばれるかごのなかで、ちょこんとおすわりをしています。顔全体《かおぜんたい》に、もっさりと白《しろ》い毛《け》がかぶさり、そのあいだから、つぶらな瞳《ひとみ》がのぞいています。

このまま買《か》い手《て》が見《み》つからず、店《みせ》にずっと置《お》いておかれるのは、かわいそうでなりません。

子犬《こいぬ》と目《め》があいました。澄《す》んだまなざしの奥《おく》から、子犬《こいぬ》の気持《きも》ちが伝《つた》わってきました。不思議《ふしぎ》な感覚《かんかく》でした。

（ぼく、売《う》れ残《のこ》りなんかじゃないよ。ずっと、待《ま》ってたんだよ。ぼくを大事《だいじ》にしてくれる人《ひと》を……）

（おまえは、ここで待《ま》っていたのか。ずっと、わたしがくるのを……そうか、そうか……）

「よし、決《き》めた。この子犬《こいぬ》、わたしがめんどうみよう」

あっさりいってしまったことに、英司《えいじ》さんは自分《じぶん》でも驚《おどろ》きました。でも、そういったあとで、子犬《こいぬ》との出会《であ》いに、運命《うんめい》のめぐり合《あ》わせを感《かん》じました。

子犬《こいぬ》はその日《ひ》、家族《かぞく》の一員《いちいん》として、あたたかく迎《むか》えられることになりました。

「ねえ、名前《なまえ》、わたしにつけさせて。チャンプっていうのはどうかな。コンクールに出《だ》して、チャンピオンになれるような、立派《りっぱ》な犬《いぬ》に育《そだ》ててみようよ。チャンピオンだから、チャンプよ。ね、チャンプ」

「キャン、キャン」

長女《ちょうじょ》の典子《のりこ》さんは、毛《け》が長《なが》くてむくむくとした子犬《こいぬ》が、一目《ひとめ》で気《き》に入《い》りました。チャンプもそれに応《こた》えるかのように、かん高《だか》い声《こえ》でほえました。

生後《せいご》二カ月《げつ》のチャンプは、まだまだやんちゃな子犬《こいぬ》です。

「チャンプ、おすわり」

「チャンプ、待《ま》て」

英司《えいじ》さんは、簡単《かんたん》なことから教《おし》えようとしますが、なかなかいうことを聞《き》きません。何度《なんど》教《おし》えても、チャンプは走《はし》りまわっているばかり。

「ねえ、遊《あそ》ぼうよ。いっしょに、かけっこしようよ」と、じっとしていません。

そのうえ、キャンキャンと、ほえたてます。

「チャンプはなかなか手《て》に負《お》えないぞ。こりゃあ、たいへんだなあ」

さまざまな種類《しゅるい》の犬《いぬ》をしつけてきた英司《えいじ》さんも、首《くび》をかしげます。

「チャンプは元気《げんき》がよすぎて、こっちが先《さき》にまいってしまうわ」

チャンプにふり回《まわ》され、海紀子《みきこ》さんはヘトヘトになってしまいました。

「チャンプ、おすわり。もう、チャンプったら……もっと、ちゃんとしなくちゃだめよ。チャンピオンめざすんだから」

典子《のりこ》さんの声《こえ》もだんだんきつくなります。

そんなある日、英司《えいじ》さんは、はしゃぐチャンプを見《み》てつぶやきました。

「訓練所《くんれんじょ》にあずけて、きちんと訓練《くんれん》してもらったほうがいいかもしれないなあ」

三浦《みうら》さん夫妻《ふさい》は、前《まえ》に飼《か》っていたシェパード犬《けん》を警察犬《けいさつけん》にするために、訓練所《くんれんじょ》にあずけたことがあります。訓練《くんれん》をしてもらうには、あまり大《おお》きくなってからよりも、早《はや》いほうがいいのです。結局《けっきょく》、チャンプは、三浦《みうら》さんの家《いえ》に引《ひ》き取《と》られて一カ月後《げつご》、訓練所《くんれんじょ》に行《い》くことになりました。

「チャンプ、しっかりがんばってね。君《きみ》はチャンピオンなんだから、名前《なまえ》に負《ま》けないようにね」

典子《のりこ》さんは笑顔《えがお》で送《おく》り出《だ》しました。

ぼく、チャンピオンになれるかなぁ。

ぼく、もっと遊《あそ》びたいよ。

訓練所《くんれんじょ》では、警察犬《けいさつけん》の公認《こうにん》訓練士《くんれんし》の山岡《やまおか》陽子《ようこ》さんが待《ま》っていました。陽子《ようこ》さんは警察犬《けいさつけん》の訓練《くんれん》のほかにも、家庭《かてい》で飼《か》っている犬《いぬ》のしつけ、ペットの世話《せわ》に関《かん》するアドバイスをする仕事《しごと》などをしています。

やんちゃなチャンプは、訓練所《くんれんじょ》に入《はい》ってからもしばらくのあいだ、キャンキャンとほえまくり、訓練士《くんれんし》の人《ひと》たちをこまらせました。

でも、時間《じかん》がたつにつれ、陽子《ようこ》さんは、チャンプの性格《せいかく》や能力《のうりょく》がわかるようになりました。

キャンキャンとほえまくるのは、元気《げんき》がよくて、自分《じぶん》を見《み》てもらいたいから。けっしてわがままではないのです。ですから、訓練《くんれん》で「待《ま》て」や「伏《ふ》せ」などができると、たっぷりほめてあげます。チャンプを十分《じゅうぶん》にみとめているということを、きちんと伝《つた》えるようにしたのです。

「よし、よし。上手《じょうず》にできたよ。チャンプはかしこいね。もう一回《かい》、やってみようか」

「ワン、ワァン」

ほめられるとチャンプはうれしくて、一段《いちだん》と声《こえ》をはりあげます。そして、また陽子《ようこ》さんにほめてもらいたくて、上手《じょうず》にできるように訓練《くんれん》に集中《しゅうちゅう》するのです。

こうして、訓練士《くんれんし》の人《ひと》たちと、心《こころ》がつうじ合《あ》うようになると、チャンプはだんだんいたずらをしなくなり、おだやかな性格《せいかく》になっていきました。

ビアデッド・コリーという種類《しゅるい》は、もともと、牧羊犬《ぼくようけん》です。飼《か》い主《ぬし》の命令《めいれい》を聞《き》いて、何百頭《なんびゃくとう》もの羊《ひつじ》の群《む》れを小屋《こや》から出《だ》したり、広《ひろ》い牧場《ぼくじょう》に散《ち》らばっている羊《ひつじ》を集《あつ》めたりし、その安全《あんぜん》を守《まも》る犬《いぬ》なのです。かしこく、飼《か》い主《ぬし》によくしたがう犬《いぬ》です。

陽子《ようこ》さんとの訓練《くんれん》で、その能力《のうりょく》が引《ひ》き出《だ》されたのでしょうか。チャンプは次々《つぎつぎ》にむずかしい訓練《くんれん》をこなしていきました。わんぱくなチャンプは一年《ねん》後《ご》、ほかの犬《いぬ》のお手本《てほん》となるまでに成長《せいちょう》したのです。

陽子《ようこ》さんは、日《ひ》ごろの訓練《くんれん》の成果《せいか》を披露《ひろう》するために、三浦《みうら》さん夫妻《ふさい》と相談《そうだん》して、チャンプを警察犬《けいさつけん》の訓練《くんれん》学校《がっこう》の東北《とうほく》大会《たいかい》に、出場《しゅつじょう》させることにしました。

「待《ま》て」

「伏《ふ》せ」

陽子《ようこ》さんの指示《しじ》にしたがって、一つひとつ上手《じょうず》にこなしていきます。姿勢《しせい》もよく、きびきびと動《うご》くチャンプ。決《き》められたコースをきちんと進《すす》み、陽子《ようこ》さんが放《ほう》り投《な》げたおもちゃのダンベルも、すばやく口《くち》にくわえて持《も》ってきます。ジャンプも無事《ぶじ》にこなしました。

チャンプの自信《じしん》にあふれたいさましい姿《すがた》、力強《ちからづよ》い歩《ある》き方《かた》、しなやかな身《み》のこなしなどを見《み》て、三浦《みうら》さん夫妻《ふさい》は目《め》を細《ほそ》めました。典子《のりこ》さんも大《おお》よろこびでした。

結局《けっきょく》、チャンプは、一般《いっぱん》の部《ぶ》で見事《みごと》に優勝《ゆうしょう》をかざりました。甘《あま》えんぼうで、やんちゃなチャンプが、こんなに早《はや》くコンクールでチャンピオンになったので、みんなびっくりしました。

「チャンプ、おめでとう。やったね。本当《ほんとう》にチャンピオンになっちゃったね。すごいなあ」

典子《のりこ》さんがかけ寄《よ》って首《くび》にだきつくと、チャンプは誇《ほこ》らしげに胸《むね》をはりました。

生《い》きるんだ、チャンプ

チャンプは二歳半《さいはん》になっていました。訓練所《くんれんじょ》では、次々《つぎつぎ》にレベルの高《たか》い訓練《くんれん》をこなしていました。

そして、訓練《くんれん》の合間《あいま》に、大曲市《おおまがりし》の家《いえ》にもどりました。大曲《おおまがり》の家《いえ》にもどると、英司《えいじ》さん、海紀子《みきこ》さん、そして典子《のりこ》さんたちにじゃれつき、甘《あま》えました。訓練所《くんれんじょ》よりも、やっぱり家族《かぞく》のみんなといっしょにいるほうが、チャンプは落《お》ち着《つ》きました。

……でも、そういう楽《たの》しい日々《ひび》を、あの日《ひ》の交通事故《こうつうじこ》が、一瞬《いっしゅん》のうちにかき消《け》してしまったのです。

動物病院《どうぶつびょういん》の診察室《しんさつしつ》に、横《よこ》たわったままのチャンプ。獣医《じゅうい》さんから、治療《ちりょう》できないほどの大《おお》けがであることを告《つ》げられました。英司《えいじ》さんは、血《ち》の気《け》も失《う》せて立《た》ちつくしています。

「先生《せんせい》、どうすればいいんでしょう……」

「三浦《みうら》さん、それは、飼《か》い主《ぬし》さんがお決《き》めになることです。でも、いっておきますが、たとえ命《いのち》を救《すく》えても、神経《しんけい》をやられていますから、歩《ある》けるようにはなりません。それに、おしっことうんちを自分《じぶん》ですることはできなくなりますから、その世話《せわ》をしてあげなければなりません。動《うご》けないストレスから、病気《びょうき》がちになることも考《かんが》えられます。飼《か》い主《ぬし》さんにとっては、かなりの覚悟《かくご》が必要《ひつよう》となりますよ」

「そうですか……」

英司《えいじ》さんの頭《あたま》のなかを不安《ふあん》がうずまいています。

「安楽死《あんらくし》という方法《ほうほう》もあります。飼《か》い主《ぬし》としては、つらい選択《せんたく》でしょうが、一《いっ》生《しょう》、障害《しょうがい》をもって生《い》きていく犬《いぬ》の立場《たちば》からすると、そのほうが幸《しあわ》せかもしれません……」

（チャンプを安楽死《あんらくし》させるか、させないのか、自分《じぶん》の決断《けつだん》にかかっている……。毎日《まいにち》の世話《せわ》は大変《たいへん》だ。一日中《いちにちじゅう》、ずっとめんどうをみるというのは、並《な》みたいていのことではない。家《いえ》を空《あ》けることもままならなくなる。いろいろな面《めん》で犠牲《ぎせい》を強《し》いられることになるんだ。仕事《しごと》で忙《いそが》しいのに、やっていけるだろうか……）

英司《えいじ》さんは自分《じぶん》の心《こころ》に問《と》いかけます。

そのとき、診察台《しんさつだい》の上《うえ》でじっとしたままのチャンプと目《め》が合《あ》いました。上目《うわめ》づかいに英司《えいじ》さんの顔《かお》を見《み》つめています。さっきまでうつろに見《み》えた瞳《ひとみ》が、キラキラしています。あちこち痛《いた》いはずなのに、精《せい》いっぱい、元気《げんき》な顔《かお》を取《と》りつくろおうとしているかのようでした。

何《なに》かを訴《うった》えたくて、必死《ひっし》に息《いき》を整《ととの》え、目《め》を大《おお》きく見開《みひら》くチャンプ。そんなチャンプの瞳《ひとみ》のなかに、初《はじ》めて出会《であ》ったときの感動《かんどう》がよみがえり、秘《ひ》めた力《ちから》を感《かん》じました。英司《えいじ》さんは、はっと我《われ》に返《かえ》りました。

（なんてこった。わたしは自分《じぶん》の都合《つごう》ばっかり考《かんが》えて……チャンプの気持《きも》ちのことなんて、ちっとも考《かんが》えていなかった）

（ぼく、がんばるよ。ぼくは死《し》にたくなんかない。生《い》きていたいんだ）

（チャンプ……。不自由《ふじゆう》なからだのままでもいいのかい？ 歩《ある》けなくても、動《うご》けなくてもいいのかい？）

「生《い》きたい」というチャンプの命《いのち》の叫《さけ》びが何度《なんど》も強《つよ》く迫《せま》り、英司《えいじ》さんの心《こころ》はふるえました。

（わたしは、世話《せわ》が大変《たいへん》だということだけを、自分《じぶん》の都合《つごう》だけを考《かんが》えていた。チャンプの気持《きも》ちを聞《き》こうともしなかったね。ごめんよ、許《ゆる》しておくれ）

（ありがとう。ぼくの気持《きも》ち、わかってくれたんだね）

診察室《しんさつしつ》に張《は》りつめていた空気《くうき》が、少《すこ》しだけやわらぎました。獣医《じゅうい》さんがおもむろに口《くち》を開《ひら》きました。

「どうしますか、三浦《みうら》さん」

「チャンプを助《たす》けてください。安楽死《あんらくし》はさせたくありません。生《い》きていてくれるのなら、歩《ある》けなくても、いいえ、動《うご》けなくてもいいんです。わたしたちで、ちゃんと世話《せわ》はします」

英司《えいじ》さんはそういいました。

「そうですか。そこまでおっしゃるのなら、わたしもできるだけのことはしてみましょう。三浦《みうら》さんは、きっと、そう、おっしゃると思《おも》っていましたよ」

そのとき、チャンプの黒《くろ》い瞳《ひとみ》が、再《ふたた》び照明《しょうめい》に照《て》らされてキラキラと力強《ちからづよ》く輝《かがや》きました。

(ぼくは死《し》にたくない。生《い》きるよ。ぜったい、元気《げんき》になってみせる)

(そうだとも、チャンプ。けがなんかに負《ま》けるんじゃないぞ。元気《げんき》になれ。いや、元気《げんき》にしてやるからな。うしろ足《あし》が動《うご》かなくても、決《けっ》して不幸《ふこう》にはし

ない。がんばろう、チャンプ。いっしょに精《せい》いっぱい、生《い》きていこうな)

チャンプはその後《ご》、秋田市内《あきたしない》の動物病院《どうぶつびょういん》で手術《しゅじゅつ》を受《う》けました。背骨《せぼね》が折《お》れているため、金属《きんぞく》のピンを埋《う》め込《こ》み、固定《こてい》することになったのです。

さらに、大学《だいがく》の獣医学部《じゅういがくぶ》で、あらためて精密検査《せいみつけんさ》をしてもらいました。

「これはひどい。神経《しんけい》がズタズタに切《き》れています。残念《ざんねん》ですが、治療《ちりょう》するのは無理《むり》ですね」

わずかな望《のぞ》みでもあればと、祈《いの》る気持《きも》ちでまつ三浦《みうら》さん夫妻《ふさい》に返《かえ》ってきた言葉《ことば》は、残酷《ざんこく》なものでした。

「こんなに医療技術《いりょうぎじゅつ》が進歩《しんぽ》したというのに、治《なお》らないものは、治《なお》らないのか」

「命《いのち》だけは助《たす》かったんだから、神《かみ》さまに感謝《かんしゃ》しないと」

ふたりはチャンプのけがの治療《ちりょう》はあきらめ、下半身《かはんしん》まひのチャンプにどんな生活《せいかつ》をさせればいいのか、考《かんが》えていくことにしました。

チャンプのつらい日《ひ》々《び》

秋田市《あきたし》からおよそ四十キロメートル。大曲市《おおまがりし》は奥羽《おうう》山脈《さんみゃく》と出羽《でわ》丘陵《きゅうりょう》に囲《かこ》まれた仙北《せんぼく》平野《へいや》の真《ま》ん中《なか》にある街《まち》。

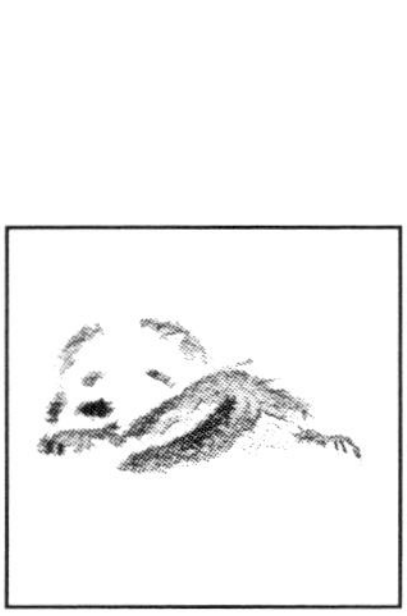

英司《えいじ》さんは、大曲市内《おおまがりしない》でスポーツセンターを経営《けいえい》しています。市内《しない》を流《なが》れる雄物川《おものがわ》を見《み》わたせる高台《たかだい》にあるスポーツセンター。そこの事務所《じむしょ》で、チャンプを飼《か》うことにしました。

自宅《じたく》では、三浦《みうら》さん夫妻《ふさい》が仕事《しごと》に出《で》かけたときに、チャンプがひとりぼっちになってしまいます。スポーツセンターにはゴルフの練習場《れんしゅうじょう》やバッティングセンターがあり、いろいろな人《ひと》が出入《ではい》りします。たくさんの人《ひと》に目《め》をかけてもらえるし、事務所《じむしょ》にはいつも人《ひと》がいるので、ここのほうがチャンプにとってはいい環境《かんきょう》ではないかと思《おも》われました。

「さあ、チャンプ、きょうからここが寝床《ねどこ》だよ」

事務所《じむしょ》のドアから真正面《まっしょうめん》の壁《かべ》ぎわに、毛布《もうふ》がしかれています。

「チャンプは動《うご》けないけど、ここにいたら、みんなのほうからチャンプに会《あ》いにきてくれるからな」

毛布《もうふ》に腹《はら》ばいになったチャンプは、従業員《じゅうぎょういん》の山口猛《やまぐちたけし》さんと三浦文子《みうらふみこ》さんを見《み》あげました。朝《あさ》から夕方《ゆうがた》まで、センターの事務所《じむしょ》でいっしょにすごし、チャンプの世話《せわ》をしてくれるふたりです。

「チャンプ、なかよくしような」

「よろしくね、チャンプ」

ふたりは腰《こし》をかがめて、チャンプの顔《かお》をのぞきこみました。

退屈《たいくつ》そうに寝《ね》そべっているチャンプ。時々《ときどき》、前足《まえあし》をつっぱって上体《じょうたい》を起《お》こしますが、腰《こし》から下《した》は動《うご》かせません。自分《じぶん》では、立《た》ちあがることも歩《ある》くこともできないのです。

それに、腰《こし》から下《した》の感覚《かんかく》がまひしているので、おしっこ、うんちはたれ流《なが》し。おしっこがしたい、おしっこが出《で》そうだという感覚《かんかく》がないため、ぼうこうがおしっこでいっぱいになると、自然《しぜん》に出《で》てきてしまうのです。

「あれ、ぼく、どうしちゃったんだろう。おしっこが出《で》ちゃったよ」と、ぬれたからだに気《き》がついて、不安《ふあん》そうに首《くび》をかしげるチャンプ。

「チャンプ、おしっこが出《で》たのか。いっぱい出《で》たんだね。そうかそうか、ぬれちゃったか。なぁに、気《き》にしなくてもいいんだよ」

英司《えいじ》さんはチャンプのからだをていねいにふいてやり、しきものを取《と》りかえました。

申《もう》し訳《わけ》なさそうに頭《あたま》をたれるチャンプ。きれい好《ず》きなチャンプにとって、身《み》の周《まわ》りを汚《よご》すのは、耐《た》えられないことです。英司《えいじ》さんはそれを気《き》にかけさせまいと、さりげなさをよそおいました。

「いっぱい出《で》たな。気持《きも》ちよくなったか。ようし、じゃあ、取《と》りかえよう。きれいにしような」

これから先《さき》ずっと、チャンプはだれかに世話《せわ》してもらわないと、おしっこもできません。チャンプにとっても、世話《せわ》をする側《がわ》にとっても、ごく当《あ》たり前《まえ》のことにしていかなくてはならないと、英司《えいじ》さんは思《おも》っていました。

何日《なんにち》かすぎると、動《うご》けなくてイライラするのか、チャンプはだんだん、きげんが悪《わる》くなりました。

「ぼくの足《あし》、どうしちゃったんだろう。全然《ぜんぜん》、動《うご》かないんだ。これじゃあ、どこにも行《い》けない。ぼくは、ここに、じっとしているしかないの？」

そんなことを、考《かんが》えているようでした。

すっかりしょんぼりしてしまい、遠《とお》くを見《み》つめています。いろんな人《ひと》から声《こえ》をかけてもらっても、ぼんやりとしていることが多《おお》くなりました。

「チャンプ、どうした？ 何《なに》も心配《しんぱい》することはないんだよ。ここで、のんびり、ゆっくりしていればいいさ」

英司《えいじ》さんはなだめながら、チャンプのからだを何度《なんど》もさすってやりました。

風《かぜ》のなかに冬《ふゆ》の気配《けはい》が感《かん》じられるようになりました。

そんなある日《ひ》、チャンプの姿《すがた》に三浦《みうら》さん夫妻《ふさい》は、思《おも》わず息《いき》をのみこみました。

「チャンプの毛《け》が……。こんなことってあるかい」

チャンプ自慢《じまん》のふわふわの長《なが》い毛《け》が、抜《ぬ》け落《お》ちています。顔《かお》と足《あし》としっぽに、申《もう》し訳《わけ》ていどに残《のこ》っているだけでした。

「かわいそうに……チャンプ」

海紀子《みきこ》さんの目《め》に涙《なみだ》があふれました。チャンプがふびんでなりませんでした。でも、何《なに》もしてあげられません。痛々《いたいた》しいからだを、やさしくなであげることしかできないのです。

「どうしたらいいんだろう」

チャンプのためにしてやれることはないかと、英司《えいじ》さんはくる日《ひ》もくる日《ひ》も、そればかりを考《かんが》えるようになりました。そのあいだにも、チャンプのストレスはたまる一方《いっぽう》です。

壁《かべ》ぎわに置《お》いてある家具《かぐ》、建《た》て具《ぐ》などを、思《おも》いっきりかむチャンプ。動《うご》けないイライラが、そうさせるのでしょうか。チャンプの前歯《まえば》は、とうとうボロボロになってきました。それなのに、かむのを止《や》めようとはしません。

「チャンプ。こんなところ、かじったらダメだよ」

チャンプの頭《あたま》を、英司《えいじ》さんが軽《かる》くおさえました。

「ワン、ワン、ワァン！」

鋭《するど》い目《め》つきで、ほえかかるチャンプ。初《はじ》めて見《み》るチャンプのけわしい表情《ひょうじょう》に、英司《えいじ》さんは胸《むね》がしめつけられました。

そんなチャンプの変《か》わり果《は》てた姿《すがた》に、安楽死《あんらくし》させなかった自分《じぶん》の判断《はんだん》が正《ただ》しかったのかどうか、初《はじ》めて疑問《ぎもん》をいだいたのでした。

（あのとき、安楽死《あんらくし》させたほうがよかったのではないだろうか。チャンプにとっては、そのほうが幸《しあわ》せだったのでは……こんなに毛《け》が抜《ぬ》けるほどのストレスがあるなんて、チャンプが哀《あわ》れで見《み》ていられない。あのとき、どうして、安楽死《あんらくし》を選《えら》ばなかったのだろう。自《みずか》ら死刑《しけい》をいいわたすようで、耐《た》えられなかったのではないか。安楽死《あんらくし》させたら、あとで悔《く》やんでも悔《く》やみきれないと、決断《けつだん》するのがこわかったのでは……）

英司《えいじ》さんは自分《じぶん》を責《せ》めました。

かわいらしかったチャンプの表情《ひょうじょう》は暗《くら》くなり、顔《かお》つきもどんどんけわしくなっていきました。

「このままでは、チャンプがだめになる……」

英司《えいじ》さんはとほうに暮《く》れました。

歩《ある》けないチャンプがどうなるのか、どんな生活《せいかつ》が待《ま》っているのか、いろいろと考《かんが》えたつもりでした。でも、チャンプにとっては、英司《えいじ》さんが想像《そうぞう》していたより、ずっとずっとつらいことだったのです。

チャンプの苦《くる》しみ、悲《かな》しみの深《ふか》さを思《おも》い知《し》らされ、英司《えいじ》さんは腕組《うでぐ》みをしたまま、宙《ちゅう》をにらんでいます。

「チャンプの心《こころ》は、涙《なみだ》でいっぱいだ。どうにかしなければ……」

手作《てづく》りの車《くるま》いす

外《そと》は見《み》わたすかぎりの銀世界《ぎんせかい》。

チャンプがスポーツセンターの事務所《じむしょ》に住《す》むようになって、一カ月《げつ》がすぎました。

「チャンプのうしろ足《あし》のかわりになるものを見《み》つけ、歩《ある》かせてやりたい……。何《なに》をどうすれば、チャンプが歩《ある》けるようになるんだろう」

朝《あさ》から晩《ばん》まで一日中《いちにちじゅう》、英司《えいじ》さんはそればかりが頭《あたま》にありました。

「チャンプ、ちょっと、立《た》ってみようか」

ある日《ひ》の昼《ひる》すぎ、寝《ね》そべっているチャンプに声《こえ》をかけると、英司《えいじ》さんはチャンプのうしろ足《あし》を持《も》ちあげました。そして、背中《せなか》とおなじ高《たか》さにたもち、ゆっくりと押《お》してみました。

「そう、そう。うまいぞ、チャンプ。できるじゃないか」

前足《まえあし》をふんばり、前《まえ》に進《すす》もうとするチャンプに、英司《えいじ》さんの声《こえ》がはずみます。

「なるほど。これなら作《つく》れるかもしれない……車《くるま》いすのようなものを」

チャンプの足《あし》がわりになる、歩行補助器《ほこうほじょき》のような車《くるま》いすを作《つく》ることを思《おも》い立《た》ち、すぐに、いろいろな部品《ぶひん》をそろえ始《はじ》めました。

「なんとかして、歩《ある》かせてやりたいんだ。足《あし》の不自由《ふじゆう》な人《ひと》がつかう車《くるま》いすのように、チャンプのような犬《いぬ》がつかえる、便利《べんり》な車《くるま》いすを作《つく》ってみせるよ」

従業員《じゅうぎょういん》の猛《たけし》さんと文子《ふみこ》さんにそういうと、もくもくと作業《さぎょう》を始《はじ》めました。

英司《えいじ》さんはもともと、建設資材販売《けんせつしざいはんばい》や土木機械《どぼくきかい》リースの仕事《しごと》が本業《ほんぎょう》で、二つの会社《かいしゃ》も経営《けいえい》しています。機械《きかい》の部品《ぶひん》、資材《しざい》の調達《ちょうたつ》や加工《かこう》はお手《て》のもの。頭《あたま》にひらめいた形《かたち》をすぐに図面《ずめん》にし、チャンプのからだのサイズをはかっては、また図面《ずめん》を直《なお》す作業《さぎょう》をつづけます。

そんな英司《えいじ》さんのかたわらで、うとうとするチャンプ。前足《まえあし》を真横《まよこ》に広《ひろ》げて腹《はら》ばいになると、その平《ひら》べったい姿《すがた》は、まるで一枚《まい》の大《おお》きな毛皮《けがわ》のようでした。

「チャンプ、おまえの車《くるま》いすだよ。ごめんよ、もっと早《はや》く気《き》づくべきだったよなあ。ごめんな、チャンプ」

チャンプは、上目《うわめ》づかいに英司《えいじ》さんを見《み》つめましたが、また、すぐ眠《ねむ》りに引《ひ》きこまれてしまいました。何《なに》もすることがないチャンプにとって、長《なが》い長《なが》い一日《にち》。外《そと》では、しんしんと雪《ゆき》が降《ふ》り積《つ》もっていました。

チャンプのからだを乗《の》せる本体《ほんたい》となる台《だい》は、アルミ製《せい》の板《いた》にしました。二十キロほどの体重《たいじゅう》を前足《まえあし》だけで支《ささ》えることになるので、なるべく軽《かる》いほうがいいのです。台《だい》の内側《うちがわ》には、おなかがこすれないように、スポンジをはります。

腹《はら》ばいになると、毛皮《けがわ》のしきものみたいだって、いわれちゃうんだよ。

台《だい》のうしろには、足《あし》のかわりになるスチール製《せい》の棒《ぼう》をつけ、その先《さき》に車輪《しゃりん》を取《と》りつけます。台《だい》の両《りょう》はしにはベルトをつけ、背中《せなか》のほぼ真《ま》ん中《なか》あたりでとめられるようにします。ベルトは幅広《はばひろ》の革《かわ》ベルトを選《えら》びました。使《つか》っているうちにしなやかになり、チャンプの背中《せなか》にしっくり合《あ》ってくるはずです。

車《くるま》いすに乗《の》って軽《かろ》やかに歩《ある》くチャンプの姿《すがた》が目《め》に浮《う》かびます。英司《えいじ》さんは仕事《しごと》そっちのけで、車《くるま》いす作《づく》りに夢中《むちゅう》になりました。

「もう少《すこ》しだぞ。待《ま》ってろよ、チャンプ、すごいのができるぞ」

汗《あせ》をかきながら、ペンチやドライバー、ヤスリなどをつかって車《くるま》いすを作《つく》る英司《えいじ》さん。そして、時々《ときどき》、うしろ足《あし》を持《も》ちあげられたり、巻《ま》き尺《じゃく》でからだのあちこちをはかられたり、道具《どうぐ》をからだに当《あ》てられたりして、わけがわからないという顔《かお》をしているチャンプ。

でも、いっしょにいられる時間《じかん》がふえ、英司《えいじ》さんがいつもそばにいてくれる安《やす》らぎを、チャンプは感《かん》じていました。

また、動《うご》けないという自分《じぶん》の境遇《きょうぐう》を知《し》り、不自由《ふじゆう》なからだでの生活《せいかつ》をようやく受《う》け入《い》れられるようになったのか、チャンプは前《まえ》より、わずかながら落《お》ち着《つ》いたようでした。

「よし、できたぞ……」

数日後《すうじつご》、英司《えいじ》さんは目《め》を細《ほそ》めてチャンプに声《こえ》をかけました。いったい、何《なに》ができたの、といった顔《かお》で、チャンプは英司《えいじ》さんの手元《てもと》をのぞきこんでいます。

「チャンプ、おまえの車《くるま》いすだよ。乗《の》ってみようか」

英司《えいじ》さんはチャンプをだきかかえ、できたばかりの車《くるま》いすにそうっと乗《の》せ、背中《せなか》のベルトをしめました。

「しめ具合《ぐあい》はこれぐらいかなっと……」

そういいながら手《て》をはなすと、その瞬間《しゅんかん》、車《くるま》いすの車輪《しゃりん》がはずれてしまいました。そして、チャンプは車《くるま》いすごと、ゴロンと横《よこ》にひっくり返《かえ》ってしまいました。

「ごめん、ごめん！チャンプ、だいじょうぶか？こりゃあ、まずい」

チャンプはがっしりとしたからだつきで、体重《たいじゅう》は二十キロ以上《いじょう》もあります。幼児用《ようじよう》の三輪車《りんしゃ》からはずした車輪《しゃりん》では軽《かる》すぎて、チャンプの体重《たいじゅう》を支《ささ》えきれなかったのです。

車《くるま》いすから投《な》げ出《だ》されたチャンプは、いったい、自分《じぶん》の身《み》に何《なに》が起《お》きたのかわかりません。目《め》を丸《まる》くして、英司《えいじ》さんのほうを見《み》つめています。

「失敗《しっぱい》だな、これは。チャンプ、ごめんよ。やり直《なお》しだ」

ふうっと大《おお》きく息《いき》をつくと、英司《えいじ》さんはまた机《つくえ》に向《む》かいました。

「そうか、車輪《しゃりん》はもっと重《おも》く……幅《はば》もあるほうがいいだろうな」

英司《えいじ》さんはぶつぶつひとりごとをいいながら、図面《ずめん》を直《なお》しています。車輪《しゃりん》を取《と》り替《か》えるほかに、ダラリとたれたうしろ足《あし》が車輪《しゃりん》にぶつかってしまったので、うしろ足《あし》は何《なに》か筒《つつ》のようなものに入《い》れてみてはどうかと頭《あたま》をひねります。

「チャンプ、待《ま》ってろよ。今度《こんど》はちゃんとしたものを作《つく》ってみせるからな。車《くるま》いすがあれば、自分《じぶん》の気《き》の向《む》くままに動《うご》けるようになるんだよ」

いまの生活《せいかつ》では、チャンプは世話《せわ》を受《う》けるだけで、おしっこをするのでさえ、人《ひと》に頼《たよ》らざるを得《え》ません。車《くるま》いすがあれば、自分《じぶん》で考《かんが》えて、自分《じぶん》の行《い》きたいところへ、自分《じぶん》の力《ちから》で行《い》けるようになります。英司《えいじ》さんの期待《きたい》はどんどんふくらみます。

「見《み》たいものがあれば自分《じぶん》で追《お》いかけ、行《い》きたいところがあれば自分《じぶん》で歩《ある》いて行《い》く……。車《くるま》いすができたら、前《まえ》とおなじようなことができるはずだよ」

一週間《しゅうかん》ほどして、二台目《だいめ》の車《くるま》いすが完成《かんせい》しました。

今度《こんど》の車輪《しゃりん》は、そうじ機《き》についていたものです。そして、台《だい》のうしろには丸《まる》い筒《つつ》をつけて、動《うご》かせない足《あし》を差《さ》しこんでみることにしました。

「さあ、チャンプ、乗《の》ってみようか」

チャンプはこのあいだのことを思《おも》い出《だ》したのか、また転《ころ》んでしまうのではないかと、身構《みがま》えています。

「心配《しんぱい》しなくてもいいよ。これは、ひっくり返《かえ》ったりはしないさ」

英司《えいじ》さんはチャンプを完成《かんせい》したばかりの車《くるま》いすに乗《の》せ、そうっと手《て》を放《はな》しました。びくともしません。バランスはしっかりとれています。

「ほら、だいじょうぶだろ。チャンプ、さあ、ここまでおいで」

英司《えいじ》さんが五メートルほど離《はな》れたところで、しゃがんでいます。でも、チャンプは動《うご》きません。じっとして、前足《まえあし》が小《こ》きざみにふるえています。

「ぼく、立《た》ってるのがやっとなんだ。動《うご》けないよ。早《はや》くおろして。ぼく、こわいよ」

「チャンプ、ふんばってごらん」

英司《えいじ》さんが押《お》しても引《ひ》っぱっても、動《うご》こうとはしません。

「なんで、動《うご》けないんだ。チャンプ、もっと、前足《まえあし》をふんばるんだ！」

苦心《くしん》して作《つく》った車《くるま》いすなのに、チャンプはちっとも動《うご》こうとしません。

英司《えいじ》さんの声《こえ》に、申《もう》し訳《わけ》なさそうな顔《かお》はしますが、一歩《いっぽ》も踏《ふ》み出《だ》せないのです。

仕方《しかた》なく背中《せなか》からベルトをはずそうとすると、チャンプは英司《えいじ》さんの手《て》をペロペロとなめ始《はじ》めました。

「ごめんなさい。ぼくのために一生《いっしょう》けんめい作《つく》ってくれたのに」

チャンプの悲《かな》しそうな瞳《ひとみ》が、英司《えいじ》さんを見《み》つめています。

「こっちこそ、ごめんな、チャンプ。動《うご》けないのはチャンプのせいじゃないのに、大《おお》きい声《こえ》を出《だ》したりして……。また、失敗《しっぱい》だったな。でも、あきらめないよ。おまえのからだにぴったり合《あ》ったものを作《つく》ってやるからな。待《ま》ってろよ。ぜったいに歩《ある》けるようにしてやるから」

英司《えいじ》さんにほおずりされると、チャンプもほっとした表情《ひょうじょう》で、何度《なんど》も何度《なんど》も英司《えいじ》さんの顔《かお》をなめました。

「やれ、やれ。わたしとしたことが。あせっちゃいけないことはわかっているはずが。つい、早《はや》く歩《ある》かせたくて……」

「社長《しゃちょう》、ちゃんとわかっていますよ、チャンプだって」

「もう一息《ひといき》ですよ」

そばで見《み》ていた、猛《たけし》さんと文子《ふみこ》さんが声《こえ》をそろえていいました。

チャンプが歩《ある》いた

英司《えいじ》さんはもう一度《いちど》、チャンプを車《くるま》いすに乗《の》せたまま、車《くるま》いすの具合《ぐあい》を細《こま》かく点検《てんけん》することにしました。もしかしたら、チャンプのからだと合《あ》わない部分《ぶぶん》があるのではないかと、あちこちに指《ゆび》を差《さ》し込《こ》んでみました。すると、やはり、胴体《どうたい》の両側《りょうがわ》に、わずかにすき間《ま》があることがわかりました。

「そうか、ここは、チャンプのからだに合《あ》わせて、もっと丸《まる》みをつけなければ、だめだったんだ」

さっそく、アルミ板《ばん》をはずし、チャンプのおなかに直接《ちょくせつ》当《あ》てて、丸《まる》みをつけることにしました。何度《なんど》も何度《なんど》も、指《ゆび》を差《さ》し込《こ》んでみては、すき間《ま》がないように調節《ちょうせつ》します。

車《くるま》いすの改造《かいぞう》を進《すす》める一方《いっぽう》で、チャンプのからだだけでなく、自宅《じたく》で飼《か》っているピレネーのからだにもさわって、骨格《こっかく》や筋肉《きんにく》を調《しら》べたり、からだの構《こう》造《ぞう》を本《ほん》で確認《かくにん》したりもしました。

英司《えいじ》さんの頭《あたま》のなかは、いつでも、どこにいても、チャンプのことでいっぱい。散歩《さんぽ》している犬《いぬ》に出《で》くわすと、立《た》ち止《ど》まって、じっと観察《かんさつ》するようになりました。

前足《まえあし》を出《だ》したとき、うしろ足《あし》の運《はこ》びはどうなるのか、上半身《じょうはんしん》と下半身《かはんしん》の動《うご》きやバランスはどうなるのか、大《おお》きな犬《いぬ》と小《ちい》さな犬《いぬ》ではちがいがあるのかなど、いろいろと気《き》になることがふえていくのでした。

車《くるま》いすを作《つく》り始《はじ》めたとき、チャンプの歩《ある》く姿《すがた》のイメージはありましたが、実際《じっさい》にさまざまな犬《いぬ》の動《うご》きを観察《かんさつ》してみると、頭《あたま》に描《えが》いていたものより、複《ふく》雑《ざつ》な動《うご》きであることがわかったのは、新《あたら》しい発見《はっけん》でもありました。

犬《いぬ》の歩《ある》く姿《すがた》をうしろから見《み》ると、お尻《しり》を左右《さゆう》に振《ふ》っているように見《み》えます。

さらに、上半身《じょうはんしん》はあまり動《うご》きませんが、下半身《かはんしん》はお尻《しり》の振《ふ》りに合《あ》わせて、一《いっ》定《てい》のリズムがあるように見《み》えました。上半身《じょうはんしん》と下半身《かはんしん》の動《うご》きには、微妙《びみょう》な振《ふ》りのずれがあることも見《み》つけました。

チャンプが動《うご》けない原因《げんいん》は、そのあたりにあるのではないかと思《おも》い当《あ》たったのです。

「そうか、ここが肝心《かんじん》なところなんだな。ここを改良《かいりょう》すれば、きっとうまくいくぞ」

英司《えいじ》さんの胸《むね》は高鳴《たかな》りました。

チャンプの腰《こし》の振《ふ》りに合《あ》わせて、台《だい》を一定《いってい》の角度《かくど》で動《うご》かすにはどうしたらいいのでしょうか。いまの車《くるま》いすでは、アルミ板《ばん》と鉄板《てっぱん》をくっつけたものが車輪《しゃりん》につながっているだけなので、上半身《じょうはんしん》と下半身《かはんしん》を別々《べつべつ》に動《うご》かすゆとりは生《う》まれません。

「そうだ。前《まえ》とうしろの境目《さかいめ》をボルトにして、そのあいだにベアリングを取《と》りつける。これだと、上半身《じょうはんしん》と下半身《かはんしん》を別々《べつべつ》に動《うご》かすことができるんじゃないか」

このアイデアをもとに図面《ずめん》を引《ひ》き、材料《ざいりょう》を切《き》り、溶接《ようせつ》して組《く》み立《た》てることにしました。

でも、そう簡単《かんたん》に図面《ずめん》どおりにはいきませんでした。微妙《びみょう》な動《うご》きがスムーズにできるようにするには、細《こま》かな調整《ちょうせい》が必要《ひつよう》でした。組《く》み立《た》てては、調整《ちょうせい》し、また最初《さいしょ》からやり直《なお》す——ということを何回《なんかい》もくりかえしました。そして、少《すこ》しずつ思《おも》い描《えが》いていたような動《うご》きをする車《くるま》いすができあがっていきました。そうして、ようやく三台目《だいめ》の車《くるま》いすが完成《かんせい》しました。

「どうだ、チャンプ、気《き》に入《い》ったか？」

でも、なんとなくチャンプの動《うご》きがぎこちないのです。

「どうしてかなぁ。どこが悪《わる》いのだろう？」

英司《えいじ》さんは、また作《つく》り直《なお》すことにしました。

さらに改良《かいりょう》を加《くわ》えて、材料《ざいりょう》をそろえ、組《く》み立《た》てます。

四台目《だいめ》が苦心《くしん》のすえに完成《かんせい》しました。

「今度《こんど》は、だいじょうぶ。改良《かいりょう》に改良《かいりょう》を重《かさ》ねたからね。安定性《あんていせい》もずっとよくなっているはずだよ」

チャンプを車《くるま》いすに乗《の》せ、

「さぁ、歩《ある》いてごらん」

「……」

またもや、戸惑《とまど》っています。ヨタヨタとしか、歩《ある》けません。

「さぁ、チャンプ、がんばれ！」

英司《えいじ》さんが声《こえ》をかけました。

でも、チャンプは上目《うわめ》づかいに英司《えいじ》さんを見《み》るばかりです。明《あき》らかに歩《ある》きづらそうです。

「チャンプが人間《にんげん》の言葉《ことば》を話《はな》せたらなぁ。どこをどうすればいいのか、教《おし》えてくれるだろうに……。もう一回《かい》、作《つく》り直《なお》してみよう」

英司《えいじ》さんは、気《き》を取《と》り直《なお》して、再《ふたた》びチャレンジすることにしました。

三度目《どめ》の正直《しょうじき》――という言葉《ことば》があります。

二回失敗《かいしっぱい》しても、三回目《かいめ》には成功《せいこう》する――という意味《いみ》ですが、すでに二回《かい》どころか四回《かい》も失敗《しっぱい》しています。それでも、英司《えいじ》さんは挑戦《ちょうせん》しつづけました。

チャンプの動《うご》かないうしろ足《あし》のかわりになる車《くるま》いすです。何度失敗《なんどしっぱい》しようが、完成《かんせい》するまで、作《つく》りつづけようと、英司《えいじ》さんは心《こころ》に決《き》めていました。

「もう一度《いちど》、チャンプに歩《ある》いてもらいたい。歩《ある》くよろこびを感《かん》じてもらいたい。風《かぜ》を切《き》って、走《はし》ってもらいたい」

英司《えいじ》さんの思《おも》いはそれだけでした。

五台目《だいめ》の車《くるま》いすを、作《つく》り始《はじ》めました。

作業《さぎょう》の手《て》を休《やす》め、チャンプに目《め》をやると、チャンプもこちらを見《み》ていました。

「もうすぐだからね」

そういって、またもくもくと手《て》を動《うご》かします。そして、しばらくしてチャンプに目《め》をやると、またチャンプは英司《えいじ》さんを見《み》ていました。

「待《ま》ってろよ、チャンプ……」

作業《さぎょう》のピッチがあがります。

チャンプは、英司《えいじ》さんが自分《じぶん》のために作《つく》ってくれていることがわかっているようでした。

「今度《こんど》こそ、きっと、うまくいく……」

動《うご》けないチャンプのイライラした気持《きも》ちをほぐそうと、なんとかして気持《きも》ちに張《は》りを持《も》たせようと、英司《えいじ》さんはどんなときでも、言葉《ことば》をかけるようにしていました。

また、チャンプのからだをなでたり、さすったりと、時間《じかん》の許《ゆる》すかぎり、英司《えいじ》さんはチャンプとすごすひとときを大事《だいじ》にしました。

いっしょにいたい人《ひと》と、いつもいっしょにいられる幸《しあわ》せ――チャンプの苦《くる》しみはどんなにいやされたことでしょう。車《くるま》いすは、なかなか完成《かんせい》しないけれども、チャンプの満《み》ち足《た》りた表情《ひょうじょう》に、英司《えいじ》さんもどんなにか気持《きも》ちが楽《らく》になったことでしょう。

五台目《だいめ》の車《くるま》いすは、建設現場《けんせつげんば》でつかう投光器《とうこうき》のタイヤを車輪《しゃりん》にしました。がんじょうで、動《うご》きもスムーズです。それに何《なに》より安定性《あんていせい》があります。

「さあ、チャンプ。やっと、できたよ。今度《こんど》のは自信作《じしんさく》だぞ」

事務所《じむしょ》のなかで海紀子《みきこ》さん、猛《たけし》さん、文子《ふみこ》さんが見守《みまも》っています。英司《えいじ》さんが「自信作《じしんさく》」と胸《むね》をはっても、いままで四回《かい》もうまくいかなかったのですから……。

でも、英司《えいじ》さんだけは、なごんだ表情《ひょうじょう》を見《み》せています。改良《かいりょう》を積《つ》み重《かさ》ねた、この車《くるま》いす第《だい》五号《ごう》には、確《たし》かな手《て》ごたえを感《かん》じていたのです。

英司《えいじ》さんがチャンプをかかえて第《だい》五号《ごう》に乗《の》せます。ベルトも背中《せなか》でしっかりとしめました。足《あし》もビニールパイプにぴったりおさまっています。チャンプも「待《ま》ち切《き》れない」といった面持《おもも》ちです。さあ、準備《じゅんび》は整《ととの》いました。

「チャンプ、がんばれ！」

周《まわ》りを囲《かこ》んだみんなに励《はげ》まされ、チャンプはわかったというように、こわごわ前足《まえあし》をふんばりました。

コト、コトッ、コトコトコト……。

「わぁ、やったぁ！」

みんなが声《こえ》をあげました。

「あれっ、ぼく、前《まえ》に進《すす》めるよ！」

動《うご》いた瞬間《しゅんかん》、チャンプ自身《じしん》もびっくりしました。

背中《せなか》に感《かん》じた重《おも》みは、前足《まえあし》をふんばったとたん、すうっとなくなり、最初《さいしょ》の一歩《いっぽ》が知《し》らないうちに出《で》ていました。それから、また一歩《いっぽ》、踏《ふ》み出《だ》してみると、からだが動《うご》いているんだと気《き》づきました。前足《まえあし》を踏《ふ》み出《だ》すだけで、一歩《いっぽ》、また一歩《いっぽ》と、軽《かる》く進《すす》めるのです。なつかしい感覚《かんかく》でした。

「いいぞ、チャンプ！ あわてるな、ゆっくり。そうそう、そのまま、そのまま……」

チャンプは、ゆっくりゆっくり、前《まえ》に進《すす》んでいます。うまくバランスをとりながら、一メートル、二メートル、そして、三メートル。

みんな、大《おお》よろこびです。

「歩《ある》いた！ 歩《ある》いた！ すごいぞ、チャンプ！」

「やったあ！ 大成功《だいせいこう》だあ」

車《くるま》いすに乗《の》って、初《はじ》めて歩《ある》くことができたチャンプ。祈《いの》るような気持《きも》ちで見守《みまも》っていた海紀子《みきこ》さん、猛《たけし》さん、文子《ふみこ》さんは、うれし涙《なみだ》で顔《かお》がくしゃくしゃです。

やったよ！ ぼく、歩《ある》けたよ。

英司《えいじ》さんも、目《め》がしらをおさえています。

「ぼく、動《うご》ける！　ぼく、歩《ある》けるよ！」

チャンプは、うれしさに息《いき》をはずませています。

英司《えいじ》さんが正面《しょうめん》のドアを開《あ》けると、チャンプは自分《じぶん》の力《ちから》で外《そと》へ出《で》ました。

あたたかい日《ひ》ざしが、チャンプをやわらかく包《つつ》みこんでくれます。

「気持《きも》ちいいなあ。ぼく、歩《ある》けるんだよ！　動《うご》けるんだよ！」

チャンプが事故《じこ》にあった十月《じゅうがつ》から約半年《やくはんとし》。いつのまにか、春《はる》がいっぱいあふれていました。英司《えいじ》さんの努力《どりょく》が実《みの》り、チャンプの心《こころ》もからだも解《と》き放《はな》たれた、記念《きねん》の日《ひ》となりました。

ふれあいの日々《ひび》

　チャンプは、日《ひ》ごとに車《くるま》いすを上手《じょうず》に使《つか》いこなすようになりました。初《はじ》めはゆっくりだったのが、動《うご》きもスムーズになり、だんだん速《はや》く進《すす》めるようになってきました。

「おい、見《み》ろよ！　チャンプがしっぽを振《ふ》っている」

「あら？　本当《ほんとう》に振《ふ》っているみたいね」

　チャンプは下半身《かはんしん》の感覚《かんかく》がなく、自分《じぶん》でしっぽを振《ふ》ることはありえません。でも、うしろから見《み》ると、ふさふさのしっぽを、うれしそうに左右《さゆう》に振《ふ》っているように見《み》えるのです。

　車《くるま》いすが前《まえ》に進《すす》むと、お尻《しり》が自然《しぜん》に左右《さゆう》にゆれ、しっぽもいっしょに動《うご》くからです。三浦《みうら》さん夫妻《ふさい》にはそれでも、チャンプが心《こころ》の底《そこ》からよろこんでいるように思《おも》えました。

車《くるま》いすに乗《の》るようになって、一週間《しゅうかん》がたちました。

動《うご》くことができる、歩《ある》くことができるよろこびが、チャンプの心《こころ》とからだに大《おお》きな変化《へんか》をもたらしました。

ふんわりとした白《しろ》い毛《け》がはえてきたのです。

家具《かぐ》をかむことも、なくなりました。

「これで、チャンプはだいじょうぶだな」

「見《み》て、チャンプの顔《かお》が生《い》き生《い》きしているわ」

三浦《みうら》さん夫妻《ふさい》の表情《ひょうじょう》も、晴《は》れやかです。


「ワンワン、ワァン！」

車《くるま》いすに乗《の》りたくなると、チャンプは声《こえ》で合図《あいず》を出《だ》します。

「よし、よし。チャンプだけで、だいじょうぶか？」

車《くるま》いすに乗《の》るようになってから、めきめき元気《げんき》になっていくチャンプ。車《くるま》いすだったら坂道《さかみち》やでこぼこ道《みち》でも、草《くさ》が生《は》えているところだって、へっちゃらです。

午前中《ごぜんちゅう》は八時《じ》から十一時《じ》ごろまで、午後《ごご》も一時間《じかん》ほど、そして、夕方《ゆうがた》も二時間《じかん》ほど乗《の》るようになりました。疲《つか》れないかと心配《しんぱい》になるほど、車《くるま》いすですごす時間《じかん》が多《おお》くなっていました。

チャンプが広《ひろ》い原《はら》っぱに向《む》かいました。タンポポの花《はな》がびっしり咲《さ》く原《はら》っぱは、黄色《きいろ》のじゅうたん。吹《ふ》きぬける風《かぜ》に、チャンプの白《しろ》とグレーの毛《け》がなびきます。

「やあ、チャンプ。散歩《さんぽ》かい？」

「いつも元気《げんき》ね、チャンプ。ずいぶん速《はや》く走《はし》れるようになったわね」

スポーツセンターを訪《おとず》れる顔《かお》なじみのお客《きゃく》さんに声《こえ》をかけられ、チャンプはごきげんです。

スポーツセンターの裏《うら》には、大《おお》きな松林《まつばやし》が広《ひろ》がり、静《しず》かで空気《くうき》も澄《す》んでいます。広《ひろ》い敷地《しきち》のなかで、アメリカン・ミニチュア・ホースという馬《うま》が四頭《とう》、猫《ねこ》が三匹《びき》飼《か》われています。

散歩《さんぽ》の途中《とちゅう》で、その馬小屋《うまごや》に必《かなら》ず立《た》ち寄《よ》るチャンプ。馬《うま》たちは「やあ、またきたのか」といった顔《かお》をして、チャンプをながめています。

猫《ねこ》たちとけんかをすることもありません。自由《じゆう》にお気《き》に入《い》りの場所《ばしょ》で遊《あそ》べるチャンプは、まるでボス気取《きど》り。

あちらこちらから、鳥《とり》のさえずりが聞《き》こえてきます。豊《ゆた》かな自然《しぜん》に囲《かこ》まれ、時間《じかん》がゆっくりすぎていきます。

チャンプは、風《かぜ》の音《おと》や木《こ》の葉《は》のすれあう音《おと》にまで耳《みみ》をそばだて、花々《はなばな》のにおいをかぎ、原《はら》っぱのなかを動《うご》きまわっています。

「ぼく、ここにいると、気分《きぶん》は最高《さいこう》さ」

事故《じこ》で下半身《かはんしん》が動《うご》かなくなってしまったことなど、気《き》にしていません。この車《くるま》いすがあれば、どこにだって行《い》けるのです。

「どう、ぼく、かっこういいでしょ。見《み》て見《み》て」

そんなチャンプの姿《すがた》に、周《まわ》りの人《ひと》も、ほのぼのと心《こころ》があたたまりました。


「ワンワン、ワァン」

車《くるま》いすに乗《の》せてと、チャンプがせがんでいます。

「チャンプ、見《み》てごらん。きょうは雨《あめ》が降《ふ》っているんだよ」

外《そと》は、大粒《おおつぶ》の雨《あめ》が降《ふ》っています。

チャンプは散歩《さんぽ》が大好《だいす》きで、雨《あめ》が降《ふ》っても、車《くるま》いすで外《そと》に行《い》きたがります。

でも、雨《あめ》のなかの散歩《さんぽ》はたいへんです。何《なに》しろチャンプの毛《け》は、ふさふさしているので、雨《あめ》がたっぷりしみこむと、泥水《どろみず》を吸《す》い取《と》ったモップみたいになるのです。

とてもかっこう悪《わる》いのです。でも、チャンプはそんなこと、おかまいなしです。

「行《い》こう、行《い》こう。散歩《さんぽ》、散歩《さんぽ》。ワン、ワン」

「しょうがないなぁ」

英司《えいじ》さんは思《おも》わず笑《わら》ってしまいました。そのとき、ピンとひらめきました。

「そうだ。雨《あめ》でもぬれないように、車《くるま》いすにおおいを作《つく》ってあげよう。これで、雨降《あめふ》りでも、からだがぬれることはないぞ」

英司《えいじ》さんがそういうと、チャンプの顔《かお》がほころびました。

「ねぇー、ねぇー。そんなことは後《あと》にして、散歩《さんぽ》、散歩《さんぽ》。早《はや》く、早《はや》く!!」

チャンプは元気百《げんきひゃく》パーセントで、英司《えいじ》さんにせがみました。

いつのまにか梅雨《つゆ》の雲間《くもま》から、真夏《まなつ》を思《おも》わせる日《ひ》ざしが降《ふ》りそそぐようになりました。

これが雨《あめ》の日用《ひよう》の車《くるま》いす。背中《せなか》もお尻《しり》もぬれないんだよ。

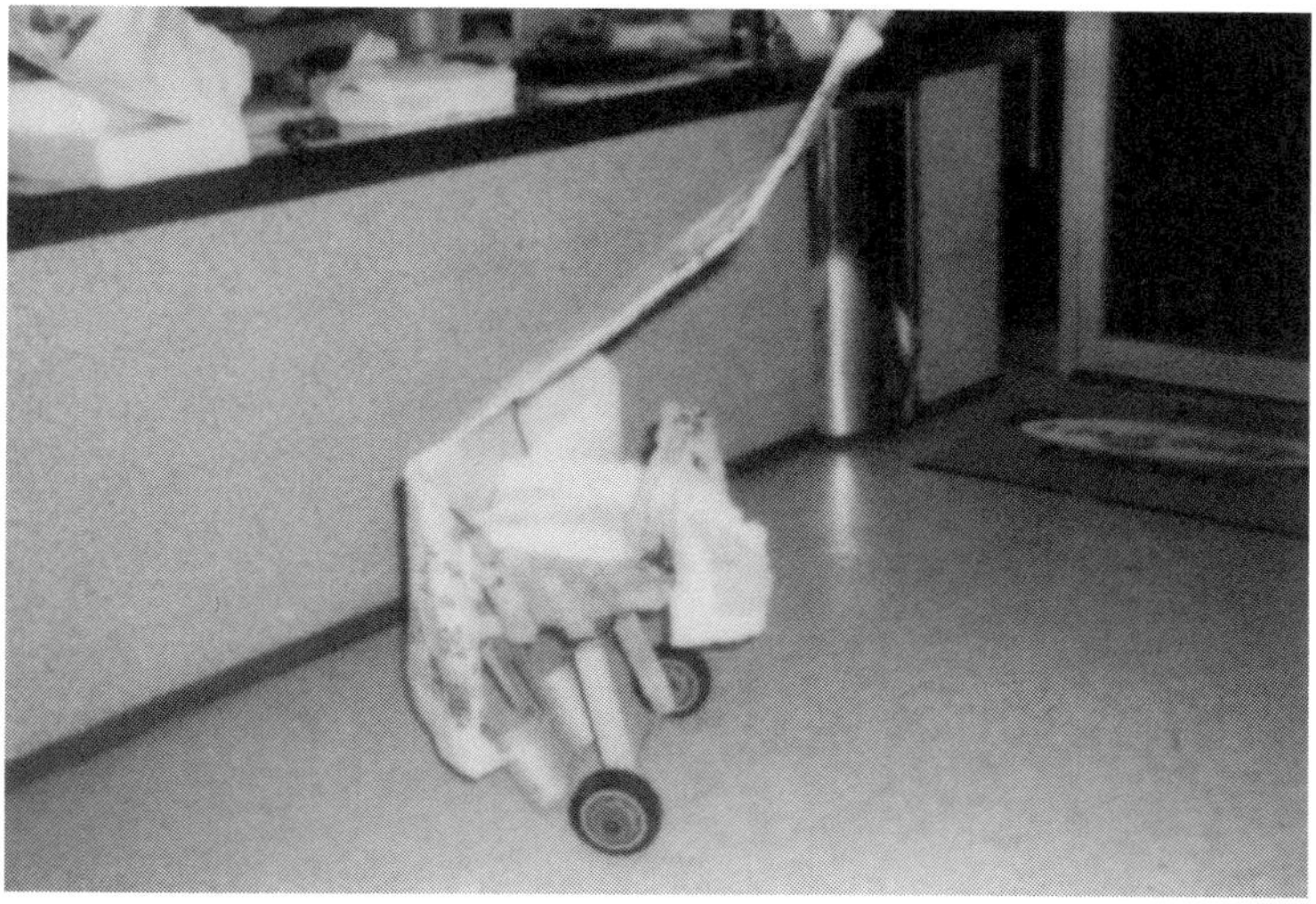

チャンプは見《み》ちがえるように活発《かっぱつ》になり、普通《ふつう》の犬《いぬ》とおなじように動《うご》きまわっています。前足《まえあし》から肩《かた》にかけては筋肉《きんにく》がついてたくましくなりました。でも、一つだけ、自分《じぶん》ではどうしてもできないことがあります。おしっことうんちです。

けがで神経《しんけい》がまひしているので、おしっことうんちをしたいという感覚《かんかく》がありません。そのため、おしっこがぼうこうにたまると、ぼうこう炎《えん》という病気《びょうき》になりやすく、また、たれ流《なが》しにすると汚《きたな》くなって、始末《しまつ》をするのがやっかいになります。ぼうこう炎《えん》になると、おしっこが出《で》にくなったり、おしっこがにごったり、ひどくなると、血《ち》がまじったりします。

そこで、一日《いちにち》に四回《かい》、決《き》まった時間《じかん》に、おしっことうんちをさせます。

最初《さいしょ》は、おしっこのたまっている、ぼうこうのあたりを押《お》します。オチンチンに容器《ようき》をあてて、おしっこが入《はい》るようにします。しばらく、その作業《さぎょう》をしていると、ジョロジョロと、おしっこが出《で》てきます。

次《つぎ》にうんちです。

おなか全体《ぜんたい》をマッサージしたあと、腸《ちょう》の形《かたち》になぞりながら、ぎゅうっとしぼるように押《お》します。すると、ゆっくりとうんちが出《で》てきます。

これを事務所《じむしょ》にいる人《ひと》が、交代《こうたい》でします。三浦《みうら》さん夫妻《ふさい》のときもあれば、猛《たけし》さんか文子《ふみこ》さんが世話《せわ》をするときもありました。一日《いちにち》に、四回《かい》、必《かなら》ず行《おこ》ないます。

この方法《ほうほう》は、大学病院《だいがくびょういん》の獣医科《じゅういか》で教《おし》えてもらったもの。初《はじ》めはなかなかうまくできませんでしたが、だんだん慣《な》れるにつれ、力《ちから》の入《い》れ具合《ぐあい》、しぼり具《ぐ》合《あい》がわかるようになりました。

「チャンプ、心配《しんぱい》するな。まかせとけ。チャンプもがんばっているんだからな、これぐらいのこと、だいじょうぶさ」

チャンプは初《はじ》めこそ、おなかを強《つよ》く押《お》されるのをいやがりましたが、やってもらうとすっきりし、からだの調子《ちょうし》がよくなるので、じっとして、されるままになっています。

また、英司《えいじ》さんは毎晩《まいばん》、チャンプのからだをマッサージして、ほぐしてやります。動《うご》けないために、内臓《ないぞう》の働《うご》きが悪《わる》くなっているので、まず、おなか全体《ぜんたい》をさするようにしてマッサージをします。

次《つぎ》は足《あし》。チャンプは下半身《かはんしん》を動《うご》かせないので、筋力《きんりょく》も衰《おとろ》え、血《ち》のめぐりも悪《わる》くなっています。血《ち》のめぐりをよくし、筋力《きんりょく》をたもつために、英司《えいじ》さんはチャンプのうしろ足《あし》をつかんで、曲《ま》げたり伸《の》ばしたりという運動《うんどう》をさせるのです。

両足《りょうあし》で約《やく》六百回《ぴゃっかい》、十分《じゅっぷん》ほどかけて、たんねんに動《うご》かしてやります。

「一、二、一、二……。一、二、一、二……。このぐらいかな。チャンプ、気持《きも》ちいいかい？」

「クゥーン」

冷《つめ》たかった足《あし》が少《すこ》しずつあたたまってきます。英司《えいじ》さんはそのぬくもりを手《て》に感《かん》じるたびに、「生《い》きてくれてて、よかったなぁ」と思《おも》いました。

だれかの助《たす》けがないと、チャンプは一日《いちにち》も生《い》きていけないからだです。三《み》浦《うら》さん夫妻《ふさい》は旅行《りょこう》に出《で》かけたり、遅《おそ》くまで外出《がいしゅつ》することはできませんが、いっしょに暮《く》らす家族《かぞく》として、当《あ》たり前《まえ》のことだと思《おも》いました。

キャバはなかよし

ある日《ひ》、英司《えいじ》さんが、一匹《ぴき》の犬《いぬ》を事務所《じむしょ》につれてきました。キャバリア・キング・チャールズ・スパニエルという種類《しゅるい》で、生後《せいご》半年《はんとし》ほどのおす犬《いぬ》です。

「チャンプ、きょうから新《あたら》しい家族《かぞく》になるキャバだよ。よろしくな」

チャンプは動《うご》けるようになって元気《げんき》になりました。また、多《おお》くの人《ひと》に世話《せわ》をしてもらえます。でも、広《ひろ》い敷地《しきち》のなかに一匹《ぴき》だけでは、やっぱりさびしそうでした。そこで、犬《いぬ》をもう一匹《ぴき》、いっしょに飼《か》うことにしたのです。

やんちゃ盛《ざか》りのキャバは、車《くるま》いすのチャンプを見《み》るなり、すたすたと近《ちか》寄《よ》っていきました。

「クウーン、クウーン」

と、あいさつしたあと、チャンプの鼻《はな》をペロッとなめました。チャンプはびっ

くりしてあとずさりし、受付《うけつけ》のカウンターのうしろに隠《かく》れようとしました。

でも、キャバはしっぽを振《ふ》りながら近《ちか》づき、チャンプの鼻《はな》をペロッ。チャンプは、また、あわててあとずさり。必死《ひっし》で逃《に》げようとします。

車《くるま》いすであとずさりをするのは、むずかしく、前《まえ》に進《すす》むときとはちがって、うしろに引《ひ》くのは別《べつ》の力《ちから》がいるようです。一歩《ぽ》一歩《ぽ》、のそりのそりという感《かん》じです。

「どうした、チャンプ。なかよくできるよな」

「この、しつこい子犬《こいぬ》、どうにかして」とでもいいたそうに、チャンプは困《こま》った顔《かお》をして、英司《えいじ》さんに助《たす》けを求《もと》めています。

「こらこら、キャバ。チャンプはお兄《にい》ちゃんなんだぞ。そんなに追《お》いかけまわしちゃだめだよ」

見《み》かねた英司《えいじ》さんが、キャバを止《と》めました。

すると、キャバは鼻《はな》をこすりつけながら、あっちをクンクン、こっちをクンクン。新《あたら》しい環境《かんきょう》に興味《きょうみ》しんしんで、事務所《じむしょ》のなかをきょろきょろと動《うご》きまわりました。

「うまくやっていけるだろうか、チャンプは」

英司《えいじ》さんの心配《しんぱい》をよそに、隣《とな》りで猛《たけし》さんがにこにこ顔《がお》で見守《みまも》っています。

「だいじょうぶ。すぐに慣《な》れますよ」

キャバは度胸《どきょう》がいいのか、チャンプにいやな顔《かお》をされてもおかまいなし。チャンプの足《あし》をなめ、車《くるま》いすのにおいをかぎまわっています。

あっちへこっちへと落《お》ち着《つ》かず、興味《きょうみ》があるものを、手当《てあた》りしだいなんでも持《も》ってきてかぶりつくキャバ。おもちゃを取《と》られてもしらんぷりのチャンプ。遊《あそ》びたくて遊《あそ》びたくてしょうがないキャバ。うさんくさそうに腹《はら》ばいで眠《ねむ》るチャンプ。そんな日《ひ》がしばらくつづきました。

対照的《たいしょうてき》な二匹《ひき》でしたが、それでも、いつのまにかなかよくなっていたから不思議《ふしぎ》です。

うるさがられても、無視《むし》されても、キャバはへこたれません。その無邪気《むじゃき》さが、チャンプの心《こころ》を少《すこ》しずつ溶《と》かしたようでした。「いっしょに遊《あそ》びたい」というキャバの一途《いちず》な気持《きも》ちが、チャンプにも伝《つた》わったのかもしれません。

「さあ、チャンプ。おしっこの時間《じかん》だぞ」

猛《たけし》さんが、おしっこを入《い》れるピンクの入《い》れ物《もの》を持《も》ってきました。キャバはすぐそばで、チャンプの動《うご》きや顔色《かおいろ》をじっと見守《みまも》っています。いつでも、「何《なに》をしたいのかな」という顔《かお》をして、チャンプのそばから離《はな》れようとはしません。

キャバがゴルフの練習場《れんしゅうじょう》に出《で》かけました。しばらくすると、ゴルフボールを口《くち》にくわえてきて、寝《ね》そべっているチャンプの顔《かお》のすぐ前《まえ》に、それを置《お》きました。「いっしょにボールで遊《あそ》ぼうよ」と、さそっているのです。

ゴルフボールのほかにも、食《た》べ物《もの》やおもちゃなど、なんでも運《はこ》んできては、

キャバはぼくの弟《おとうと》だけど、元気《げんき》がよくて、いつも遊《あそ》びたがっているんだよ。

チャンプの前《まえ》に置《お》きます。動《うご》かないうしろ足《あし》をペロペロなめてやったりもします。そんなときのキャバの顔《かお》は、「チャンプお兄《にい》ちゃんのことはぼくにまかせてよ」とでもいいたげです。

「そうか、そうか。キャバもチャンプを世話《せわ》してくれるのか、ありがとうよ」

二匹《ひき》の気《き》が合《あ》うのを見《み》て、英司《えいじ》さんはほっと胸《むね》をなでおろしました。

キャバがきてから、それまで静《しず》かだった事務所《じむしょ》に笑《わら》い声《ごえ》が響《ひび》くことが多《おお》くなり、チャンプもいっそう明《あか》るくなりました。

からだが不自由《ふじゆう》なチャンプと、身《み》の回《まわ》

りの世話《せわ》をする大人《おとな》だけでは、チャンプをかまいすぎて、甘《あま》やかしてしまうことが気《き》がかりでした。でも、キャバが加《くわ》わったことで、チャンプの周《まわ》りにさわやかな風《かぜ》がそよぎはじめました。

「いい弟《おとうと》だな、キャバは。まるで、自分《じぶん》の役目《やくめ》を知《し》っていたみたいだ」

二匹《ひき》がいっしょに、タンポポの原《はら》っぱをかけまわっています。チャンプの前足《まえあし》は、軽《かろ》やかにはずんでいます。めんどう見《み》のいい弟《おとうと》がいっしょで、チャンプはたいくつしている暇《ひま》などありません。

どこに行《い》くにも、何《なに》をするにも、二匹《ひき》はいつだっていっしょ。昼寝《ひるね》のときも、夜寝《よるね》るときも、キャバは自分《じぶん》のからだがチャンプのからだにふれるようにして横《よこ》になります。

これまでは、夜《よる》、スポーツセンターを閉《し》めてしまうと、チャンプは朝《あさ》までひとりぼっちでした。でも、キャバがいるおかげでさびしくはないし、三浦《みうら》さん夫妻《ふさい》も一安心《ひとあんしん》です。

スポーツセンターのなかの仕事《しごと》はいろいろありますが、敷地内《しきちない》の芝刈《しばか》りは、猛《たけし》さんの仕事《しごと》の一つです。雨《あめ》が降《ふ》ったあと、天気《てんき》のいい日《ひ》がつづいたので、芝《しば》がかなりのびていました。

ある晴《は》れた日《ひ》のこと。猛《たけし》さんが芝刈《しばか》り機《き》の準備《じゅんび》をしていると、チャンプが車《くるま》いすで近《ちか》づいてきました。

「チャンプ、いっしょにくるか？」

「ワン、ワァン！」

チャンプは待《ま》ってましたとばかり、うれしそうな声《こえ》で返事《へんじ》をしました。

チャンプは、大《おお》きな音《おと》を立《た》てて、芝《しば》の上《うえ》を動《うご》きまわるこの芝刈《しばか》り機《き》を、一度近《いちどちか》くで実際《じっさい》に見《み》てみたかったのです。大《おお》きな音《おと》が、ちょっと怖《こわ》いのですが、芝《しば》の強《つよ》いにおいにも、興味《きょうみ》がありました。

猛《たけし》さんがゴーカートのような型《かた》の芝刈《しばか》り機《き》に乗《の》りこむと、大《おお》きな音《おと》とともにに、芝刈《しばか》り機《き》がゆっくりと進《すす》みました。そのうしろを、チャンプがトコトコとついて歩《ある》きます。

そして、そのうしろを、キャバが追《お》いかけていきます。

芝《しば》が刈《か》られ、草《くさ》いきれが風《かぜ》に乗《の》って、あたり一面《いちめん》にただよっています。チャンプもキャバも、胸《むね》いっぱいにその風《かぜ》を吸《す》いこんで、気持《きも》ちよさそうです。

「ちょっと休《やす》もうか」

猛《たけし》さんが事務所《じむしょ》にもどると、チャンプもあとを追《お》いかけました。

「さあ、チャンプ。お手伝《てつだ》いのごほうびだよ」

チャンプはのどがかわいていたのか、お皿《さら》に入《い》れてもらった牛乳《ぎゅうにゅう》を、舌《した》ですくうように、ゴクッゴクッとのどに流《なが》しこみました。

ステンレス製《せい》の台《だい》に乗《の》せたお皿《さら》は、高《たか》さが床《ゆか》から三十センチほどで、車《くるま》いすのままでつかえるようにと、英司《えいじ》さんが手作《てづく》りしたもの。

床《ゆか》に置《お》いたお皿《さら》では、首《くび》をかなりおろさないと、チャンプの口《くち》は届《とど》きません。車《くるま》いすに乗《の》ったままで、楽《らく》に食《た》べたり飲《の》んだりできるように、工夫《くふう》をこらしてあるのです。

チャンプはこのお皿《さら》で、毎日《まいにち》、牛乳《ぎゅうにゅう》を何回《なんかい》も飲《の》みます。この日《ひ》は猛《たけし》さんから、大好物《だいこうぶつ》のチーズをもらって大満足《だいまんぞく》。もちろん、弟分《おとうとぶん》のキャバも、お手伝《てつだ》いのごほうびをもらっています。

「あら、いいわねえ、おいしそうねえ」と、文子《ふみこ》さんが声《こえ》をかけると、チャンプもキャバも「芝刈《しばか》りを手伝《てつだ》ったんだから、当《あ》たり前《まえ》さ」とでもいいたそうな顔《かお》をしました。猛《たけし》さんも思《おも》わず笑顔《えがお》になります。

冬《ふゆ》になると、猛《たけし》さんには除雪《じょせつ》の仕事《しごと》がふえます。チャンプはもともとスコットランド産《さん》の種類《しゅるい》の犬《いぬ》。寒《さむ》さにはへっちゃらで、雪《ゆき》の上《うえ》で遊《あそ》ぶのも大好《だいす》きです。雪《ゆき》かきをする猛《たけし》さんのうしろを、どこまでも追《お》いかけていきます。

冬《ふゆ》はスポーツセンターにくるお客《きゃく》さんは減《へ》りますが、チャンプとキャバは、寒《さむ》さを吹《ふ》き飛《と》ばすくらい、なかよく元気《げんき》に走《はし》りまわっています。

スポーツセンターは急《きゅう》な坂《さか》の上《うえ》の高台《たかだい》にあります。ある日《ひ》、二匹《ひき》はいっしょに坂《さか》をおりていきましたが、キャバだけがすぐに帰《かえ》ってきました。

「おや、チャンプはどうした。置《お》いてきぼりか」

英司《えいじ》さんが窓《まど》から坂《さか》の下《した》のほうを見《み》ました。チャンプは遊《あそ》びすぎて疲《つか》れたのか、車《くるま》いすが重《おも》たそうです。少《すこ》し進《すす》んでは休《やす》み、また少《すこ》し進《すす》んでは休《やす》むというふうに、ゆっくり歩《ある》いています。

「ほう、たいしたもんだ」

ずっとながめていた英司《えいじ》さんは、チャンプに感心《かんしん》してしまいました。よく見《み》ると、チャンプは坂道《さかみち》をまっすぐにあがるのではなく、斜《なな》めに進《すす》んでは休《やす》み、また、斜《なな》めに進《すす》んでは休《やす》み、坂道《さかみち》をジグザグにあがっています。

斜面《しゃめん》が急《きゅう》な登山道《とざんどう》は、このようなジグザグの道《みち》になっていることがあります。この方法《ほうほう》だと、時間《じかん》はかかりますが、安全《あんぜん》に、しかも楽《らく》に登《のぼ》れるのです。

チャンプはだれかに教《おし》えられたわけでもないし、見《み》たこともないのに、自《じ》分《ぶん》でこの方法《ほうほう》を考《かんが》え出《だ》していたのです。

「チャンプ、おかえり。かしこいなあ、チャンプは」

坂《さか》をあがりきって、事務所《じむしょ》にたどりついたチャンプの頭《あたま》を、英司《えいじ》さんはなでてあげました。

「見《み》ててくれたんだね。たいへんだったけど、ぼく、がんばったよ」

舌《した》を出《だ》し、荒《あら》い息《いき》をしながらも、チャンプの顔《かお》は満足《まんぞく》そうでした。

車《くるま》いすの仲間《なかま》、勘太《かんた》

チャンプが車《くるま》いすで歩《ある》けるようになり、元気《げんき》になったという話《はなし》は、獣医《じゅうい》さんたちのあいだにたちまち広《ひろ》まりました。すると、チャンプとおなじように、足《あし》が不自由《ふじゆう》になった犬《いぬ》の飼《か》い主《ぬし》の人《ひと》たちから、獣医《じゅうい》さんをとおして、連絡《れんらく》がくるようになりました。

ほとんどは、飼《か》っている犬《いぬ》が交通事故《こうつうじこ》で下半身《かはんしん》がまひしたので、車《くるま》いすに乗《の》せて歩《ある》かせてやりたいという依頼《いらい》です。

車《くるま》いすは、犬《いぬ》によって一台《だい》一台《だい》ちがいます。犬《いぬ》の大《おお》きさによって、長《なが》さや幅《はば》、車輪《しゃりん》の種類《しゅるい》を変《か》えなくてはなりません。問《と》い合《あ》わせがあると、英司《えいじ》さんは犬《いぬ》の体長《たいちょう》、体重《たいじゅう》、胴回《どうまわ》り、前足《まえあし》の長《なが》さなどを電話《でんわ》で細《こま》かく聞《き》きます。

「チャンプみたいに、歩《ある》けるようになればいいわね」

海紀子《みきこ》さんが心配《しんぱい》そうにいいました。

「一生《いっしょう》けんめいに手《て》をつくして、犬《いぬ》を生《い》かそうとする気持《きも》ちがうれしいね。なんとかして元気《げんき》にさせてやりたいなあ。みんな、チャンプの仲間《なかま》なんだからな」

電話《でんわ》のメモを見《み》ながら、英司《えいじ》さんはすぐに図面《ずめん》を引《ひ》き始《はじ》めました。


秋田市土崎《あきたしつちざき》に、「勘太《かんた》」という名前《なまえ》の柴犬《しばいぬ》がいます。

朝早《あさはや》く、飼《か》い主《ぬし》の黒沢《くろさわ》さんと散歩《さんぽ》しているときに、首輪《くびわ》がはずれて道路《どうろ》に飛《と》びだし、自動車《じどうしゃ》にひかれてしまいました。かかりつけの獣医《じゅうい》さんは、あいにく出張《しゅっちょう》でいなかったので、すぐに別《べつ》の動物病院《どうぶつびょういん》につれていったのですが、

「これじゃあ、どうしようもないですねえ。命《いのち》を取《と》りとめても、歩《ある》けるようにはなりませんよ」

と、その獣医《じゅうい》さんは勘太《かんた》を一目《ひとめ》見《み》ただけで、首《くび》を横《よこ》に振《ふ》りました。黒沢《くろさわ》さ

んは目《め》の前《まえ》が真《ま》っ暗《くら》になり、立《た》ちすくんでしまいました。

病院《びょういん》でしばらくあずかってもらうことにして、次《つぎ》の日《ひ》、奥《おく》さんの恵子《けいこ》さんがようすを見《み》にいきました。

すると、勘太《かんた》は何《なに》も治療《ちりょう》を受《う》けておらず、ケージに入《い》れられたままで、その顔《かお》は、おびえきっていました。勘太《かんた》が痛々《いたいた》しくて、なでてあげようと手《て》を差《さ》し出《だ》すと、獣医《じゅうい》さんに「ショックを受《う》けていますから、かまれるかもしれませんよ」と注意《ちゅうい》されました。

(勘太《かんた》がわたしをかむなんてことは、ないわ)

恵子《けいこ》さんがなでてやると、勘太《かんた》は悲《かな》しそうな目《め》をして、「クゥーン」と声《こえ》を出《だ》しました。

(勘太《かんた》、ごめんね。さびしい思《おも》いをさせて……)

そういおうとして、恵子《けいこ》さんは声《こえ》が詰《つ》まってしまいました。

勘太《かんた》にしてみれば、けがの手当《てあ》てもしてもらえず、事故《じこ》のショックがあるのに、知《し》らない場所《ばしょ》にひとりぼっちにされて、心《こころ》にも深《ふか》い傷《きず》を負《お》ってしまったのです。

恵子《けいこ》さんは、一晩《ひとばん》ここに置《お》いてきぼりにしたことを悔《く》やんで、すぐに家《いえ》へつれて帰《かえ》りました。


今度《こんど》は、かかりつけの獣医《じゅうい》さんにつれて行《い》くことにしました。

「お気《き》の毒《どく》ですが、脊髄《せきずい》をやられているので、歩《ある》くことはむずかしいかもしれません。元気《げんき》になっても、おしっこやうんちは、自分《じぶん》ではできませんね」

「なんとか、命《いのち》だけは助《たす》けてほしい」と、恵子《けいこ》さんは獣医《じゅうい》さんを信《しん》じて、手術《しゅじゅつ》を頼《たの》みました。

手術《しゅじゅつ》は五時間《じかん》もかかりましたが、無事《ぶじ》に終《お》わりました。でも、問題《もんだい》はほかにありました。

勘太《かんた》が食《た》べ物《もの》を受《う》けつけないのです。病院《びょういん》のスタッフの手《て》からは、ミルクをぜんぜん飲《の》まないと聞《き》いて、恵子《けいこ》さんがすぐにかけつけました。でも、恵《けい》子《こ》さんが飲《の》ませようとしても、まったく口《くち》をあけません。

(死《し》にたがっている……)

恵子《けいこ》さんは、前《まえ》に本《ほん》で読《よ》んだことを思《おも》い出《だ》しました。動物《どうぶつ》は大《おお》けがをしたり、重《おも》い病気《びょうき》になると、自分《じぶん》の死期《しき》を悟《さと》ると……。

(勘太《かんた》は、自分《じぶん》のけががひどいことがわかり、これでは生《い》きていけないと思《おも》っているのでは……。おなかがペコペコのはずなのに、一口《ひとくち》も食《た》べないし、水《みず》さえも拒《こば》むなんて、それしか考《かんが》えられない)

じっと、うずくまっているだけの勘太《かんた》がふびんで、恵子《けいこ》さんの心《こころ》は重《おも》くしずみました。一体《いったい》、どうしたらいいかわかりません。でも、毎日毎日《まいにちまいにち》、あきらめずに病院《びょういん》に通《かよ》いつづけました。

「勘太《かんた》、おはよう。ほら、おいしいミルクよ。これ飲《の》んで、早《はや》く、元気《げんき》になろうね」

いままでどおり、やさしく言葉《ことば》をかけ、あたたかく見守《みまも》りました。

それに、勘太《かんた》という名前《なまえ》をつけた長女《ちょうじょ》の恵里子《えりこ》さんの言葉《ことば》が、頭《あたま》から離《はな》れなかったのです。

「もし、おじいちゃんやおばあちゃんが、足《あし》が不自由《ふじゆう》になったら、どうする？　みんなで世話《せわ》をしてあげるでしょ。だれも、安楽死《あんらくし》させようなんて考《かんが》えない。勘太《かんた》だって家族《かぞく》なんだから、おなじよ。生《い》かしてあげなくちゃいけないのよ……」

恵子《けいこ》さんは、なかなか心《こころ》を開《ひら》いてくれない勘太《かんた》の顔《かお》を見《み》ると、あわれで涙《なみだ》ぐんでしまいますが、恵里子《えりこ》さんのこの言葉《ことば》に、励《はげ》まされました。

それから数日後《すうじつご》、勘太《かんた》は、やっとミルクを飲《の》むようになりました。そして、少《すこ》しずつ元気《げんき》になっていきました。

死《し》なないでほしい、たとえ歩《ある》けなくても生《い》きつづけてほしいという、黒沢《くろさわ》さんの家族《かぞく》の気持《きも》ちが伝《つた》わったのでしょうか。

手術《しゅじゅつ》から一カ月後《げつご》。まだ入院《にゅういん》したままの勘太《かんた》。

「ねえ、勘太《かんた》。いっしょにおうちに帰《かえ》ろう。ね、勘太《かんた》。そうしようね」

勘太《かんた》の耳《みみ》がぴくんと動《うご》きました。その瞳《ひとみ》の輝《かがや》きから、恵子《けいこ》さんは「もう、だいじょうぶ」と感《かん》じました。


勘太《かんた》が家《いえ》にもどってから、まひした足《あし》に効《き》くのではないかと、黒沢《くろさわ》さん夫《ふ》妻《さい》はいろいろなことを試《ため》してみました。

赤外線《せきがいせん》がいいと聞《き》いたら、さっそく当《あ》ててみました。温泉療法《おんせんりょうほう》がいいと教《おし》えられれば、毎日《まいにち》おふろに入《い》れてやりました。マッサージもしてみました。できるかぎりのことを、やってみました。

でも、勘太《かんた》の足《あし》は、元《もと》のようにはなりませんでした。

うしろ足《あし》は不《ふ》自由《じゆう》なものの、家《いえ》のなかだったら、勘太《かんた》は好《す》きなように動《うご》きまわることができます。ただ、足《あし》がダラリとのびたままで、足《あし》の先《さき》も逆向《ぎゃくむ》きになっているため、ひきずって皮膚《ひふ》がすれてしまいます。ですから、家《いえ》のなかではサポーターを巻《ま》いていました。

勘太《かんた》は、外《そと》に出《で》たがりました。やっぱり、太陽《たいよう》の下《もと》で、さまざまなにおいをかぎながら歩《ある》きたいのです。

ある日《ひ》、勘太《かんた》があまりにもせがむので、少《すこ》しだけ外《そと》に出《だ》してみました。コンクリート、小石《こいし》の道路《どうろ》、原《はら》っぱの草《くさ》の上《うえ》では、勘太《かんた》の足《あし》の皮膚《ひふ》はすぐにすりむけてしまうのでした。血《ち》がにじみ、見《み》るからに、痛々《いたいた》しい姿《すがた》です。

「やっぱり、無理《むり》よ、勘太《かんた》。おうちのなかに入《はい》ろうね」

でも、黒沢《くろさわ》さん夫妻《ふさい》は、外《そと》に出《で》たがる勘太《かんた》の願《ねが》いを、なんとかかなえてあげたいと思《おも》いました。

事故《じこ》から約半年後《やくはんとしご》、黒沢《くろさわ》さん夫妻《ふさい》は、知《し》り合《あ》いの人《ひと》が教《おし》えてくれた三浦《みうら》さん夫妻《ふさい》に会《あ》いに行《い》くことにしました。もちろん、勘太《かんた》もいっしょです。

「いらっしゃい、勘太《かんた》くん。待《ま》ってたよ」

英司《えいじ》さんがチャンプ、キャバといっしょに迎《むか》えてくれました。

「チャンプくんのように、歩《ある》けるようになるでしょうか」

「だいじょうぶですとも。勘太《かんた》くんに合《あ》った車《くるま》いすを作《つく》りますよ」

チャンプが元気《げんき》に歩《ある》くようすを見《み》て、黒沢《くろさわ》さん夫妻《ふさい》の胸《むね》に希望《きぼう》がわきました。

英司《えいじ》さんは図面《ずめん》を引《ひ》きながら、引《ひ》き受《う》けたからには、勘太《かんた》がちゃんと歩《ある》けるようにいいものを作《つく》らなければと、大《おお》きな責任《せきにん》を感《かん》じました。

勘太《かんた》はチャンプとちがい、うしろ足《あし》の感覚《かんかく》がわずかに残《のこ》っていて、ひきずってなら歩《ある》けます。そのうしろ足《あし》をどのようにしたらいいのか。斜《なな》めになるように板《いた》を取《と》り付《つ》け、のびた足《あし》をそこに置《お》けるようにしてはどうかと、あれこれ考《かんが》えをめぐらします。

「チャンプのように、うしろ足《あし》を筒《つつ》に入《い》れて保護《ほご》しなくても、動《うご》かせるのであれば、ほんのわずかでも動《うご》かして、その感覚《かんかく》がわかるようにしたほうがいいだろうなあ。ひょっとしたら、それがきっかけとなって、勘太《かんた》くんの足《あし》の感覚《かんかく》がもどるかもしれない」

前足《まえあし》を出《だ》すと、お尻《しり》が左右《さゆう》に振《ふ》れますが、勘太《かんた》の足《あし》はその動《うご》きに合《あ》わせて、いくらか上下《じょうげ》に動《うご》かせるゆとりが必要《ひつよう》になります。英司《えいじ》さんは勘太《かんた》のために特別《とくべつ》な工夫《くふう》をこらしました。

「黒沢《くろさわ》さんの家族《かぞく》に、あんなにかわいがられている勘太《かんた》くんは、幸《しあわ》せだなあ。車《くるま》いすで、いっしょに外《そと》を散歩《さんぽ》できたら、いうことなしだよなあ」

ふと、チャンプのときのことが目《め》に浮《う》かびました。ストレスから全身《ぜんしん》の毛《け》が抜《ぬ》け、イライラして、英司《えいじ》さんにまでほえかかったときのチャンプの険《けわ》しい顔《かお》つき。それが、いまでは、こんなに元気《げんき》にはつらつとしています。こうなるまでに、どれほど苦《くる》しんだのか、もう覚《おぼ》えていないかのように、チャンプは楽《たの》しそうです。

「なんとかしてやりたい。一日《いちにち》も早《はや》く、元気《げんき》に……」

「勘太《かんた》くんにぴったりの車《くるま》いすを作《つく》ってあげてね。早《はや》く、黒沢《くろさわ》さん夫妻《ふさい》のよろこぶ顔《かお》を見《み》たいわ」

勘太《かんた》のためにはもちろん、黒沢《くろさわ》さん家族《かぞく》のためにも、いい車《くるま》いすを作《つく》りたいと、英司《えいじ》さんは必死《ひっし》です。

からだの不自由《ふじゆう》な犬《いぬ》を世話《せわ》するという、黒沢《くろさわ》さんの家族《かぞく》のことを考《かんが》えると、英司《えいじ》さんも海紀子《みきこ》さんも思《おも》いはおなじ。できるだけ早《はや》く願《ねが》いをかなえてあげたいと、英司《えいじ》さんはもくもくと作《つく》りつづけました。

二週間後《しゅうかんご》、待《ま》ちに待《ま》った約束《やくそく》の日《ひ》。勘太《かんた》を車《くるま》いすに乗《の》せる日《ひ》がやってきました。事務所《じむしょ》のなかに、ピカピカの車《くるま》いすが置《お》かれています。

「勘太《かんた》くん、君《きみ》の車《くるま》いすだよ」

英司《えいじ》さんが勘太《かんた》をかかえ、ゆっくりと乗《の》せました。そして、背中《せなか》のベルトをしめました。からだにちょうどぴったり合《あ》っています。勘太《かんた》はおそるおそる前足《まえあし》を出《だ》しました。

「うまい、うまい。いいよ、その調子《ちょうし》、その調子《ちょうし》」

「よし！　勘太《かんた》、いいぞ」

「ワン、ワァン！」

勘太《かんた》が大《おお》きな声《こえ》をあげました。

事故《じこ》にあってから、半年以上《はんとしいじょう》も歩《ある》くことができなかった勘太《かんた》は、ハッハッと荒《あら》い息《いき》をしながら、みんなのほうに元気《げんき》な顔《かお》を向《む》けています。

外《そと》に出《だ》してもらうと、思《おも》いきり息《いき》を吸《す》い込《こ》みました。初夏《しょか》のやさしい光《ひかり》を全身《ぜんしん》に浴《あ》び、草《くさ》と土《つち》のにおいをかぎながら、一定《いってい》のリズムでトコトコと上手《じょうず》に進《すす》んでいます。

「勘太《かんた》は、散歩《さんぽ》が何《なに》よりも好《す》きだったものね」

「やっぱり、外《そと》を歩《ある》けるのはいいんだろうな」

勘太《かんた》の顔《かお》がよろこびではじけるのを見《み》て、黒沢《くろさわ》さん夫妻《ふさい》の目《め》に、涙《なみだ》があふれました。

「夢《ゆめ》みたいです。あんな生《い》き生《い》きした顔《かお》がまた見《み》られるなんて。どうもありがとうございました」

「なんの、なんの……」

英司《えいじ》さんは、ほっと胸《むね》をなでおろしました。

それまで、心配《しんぱい》そうに見《み》ていたチャンプが、「ぼくがお手本《てほん》を見《み》せるよ」と、車《くるま》いすに乗《の》ってタンポポの原《はら》っぱに向《む》かうと、勘太《かんた》も、そのあとをゆっくりと追《お》いかけました。

「おいおい、待《ま》ってくれよ。ぼくもいっしょに行《い》くよ」

そばにいたキャバも、気《き》になって仕方《しかた》がないといった顔《かお》で、二匹《ひき》のうしろについていきました。

ぼく、勘太《かんた》。散歩《さんぽ》がだいすき。外《そと》を歩《ある》くのは、気持《きも》ちがいいんだよ。

うしろから見《み》ると、ほらね「注意《ちゅうい》」と書《か》いてあるんだよ。
名前だってちゃんと「ＫＡＮＴＡ《かんた》」とあるよ。

安楽死《あんらくし》の陰《かげ》に

チャンプや勘太《かんた》のような犬《いぬ》が、日本中《にほんじゅう》にまだまだたくさんいるのかと思《おも》うと、英司《えいじ》さんはたまらない気持《きも》ちになります。車《くるま》いすを頼《たの》まれると、英司《えいじ》さんは、材料費《ざいりょうひ》ももらわずに作《つく》ります。その数《かず》はすでに十台《だい》以上《いじょう》にもなっていました。

英司《えいじ》さんは、けがをした犬《いぬ》をつれてくる飼《か》い主《ぬし》に会《あ》うと、ペットのけがに関《かん》する話《はなし》を聞《き》いたり、飼《か》い主《ぬし》の責任《せきにん》などについて話《はな》したりすることが多《おお》くなりました。

ある日《ひ》、大《おお》けがをしたチャンプを安楽死《あんらくし》させるかどうか、獣医《じゅうい》さんに聞《き》かれたという話《はなし》を英司《えいじ》さんが持《も》ち出《だ》したときのこと。訪《おとず》れていたふたりの飼《か》い主《ぬし》の人《ひと》と、こんなやりとりがありました。

「三浦《みうら》さんもそうだったんですか。実《じつ》は、わたしも安楽死《あんらくし》を勧《すす》められたんですよ。でも、薬《くすり》で死《し》なせるなんて、できませんでした。そんなこと、できっこないですよ」

「安楽死《あんらくし》を選《えら》ぶ人《ひと》たちは、その犬《いぬ》が自由《じゆう》に動《うご》けなくてかわいそうだからというんだそうですよ。そんなからだで生《い》きていても、不幸《ふこう》なだけだって」

それを聞《き》いた英司《えいじ》さんが、いぶかしげにいいました。

「でも、その理由《りゆう》、安楽死《あんらくし》させるのが犬《いぬ》のためという理由《りゆう》は、本当《ほんとう》なんだろうか」

「と、いいますと？」

「その犬《いぬ》を安楽死《あんらくし》させるのは、実《じつ》は、歩《ある》けないから犬《いぬ》が不幸《ふこう》だと考《かんが》えているんじゃない。世話《せわ》するのがたいへんだからとか、その犬《いぬ》が家《いえ》にいては、家族《かぞく》が困《こま》るからというのも理由《りゆう》、いや、本音《ほんね》ではないかとね……」

「でも、それだと、人間側《にんげんがわ》が身勝手《みがって》すぎませんか。世話《せわ》をするのがめんどうだからとか、手《て》がかかってたいへんだから安楽死《あんらくし》させるなんて……」

「そうですとも。安楽死《あんらくし》の道《みち》を簡単《かんたん》に選《えら》んでしまうのは、犬《いぬ》やねこを、ただの所有物《しょゆうぶつ》、物《もの》として扱《あつか》っているのとおなじじゃありませんか」

三人《にん》の会話《かいわ》を聞《き》いていた海紀子《みきこ》さんも、身《み》を乗《の》り出《だ》してきました。

「たとえ治《なお》る見込《みこ》みのない大《おお》けがでも、かけがえのない命《いのち》が、安楽死《あんらくし》で断《た》たれてしまうなんて、そんなの、やりきれないわねえ」

「なかには、重《おも》い病気《びょうき》で、安楽死《あんらくし》を選《えら》ぶしか方法《ほうほう》がないこともあるだろうね。それはかわいそうだけれど、仕方《しかた》のない場合《ばあい》だよ。でも、家族《かぞく》のようにかわいがってきた犬《いぬ》を、けがを理由《りゆう》に安楽死《あんらくし》させるのは、やっぱり納得《なっとく》いかないなぁ」

「そのとおりです。動物《どうぶつ》を飼《か》う以上《いじょう》、どんなことがあっても、一生《いっしょう》、最後《さいご》までめんどうをみる覚悟《かくご》が必要《ひつよう》ですね」

「からだが不自由《ふじゆう》な動物《どうぶつ》の世話《せわ》は、たいへんに見《み》えるだろうね。わたしだって、生身《なまみ》の人間《にんげん》。実際《じっさい》、チャンプの世話《せわ》をめんどうに思《おも》ったこともあったよ。それに、命《いのち》の尊《とうと》さを考《かんが》えさせられ、ずっしりと重《おも》くのしかかってくるように思《おも》うこともあった。でもね、わたしを信《しん》じきっているチャンプを見《み》ると、毎日《まいにち》の世話《せわ》は、飼《か》い主《ぬし》として当然《とうぜん》のことだという気《き》がするんだ。世話《せわ》をすれば、したただけのもの、いや、それ以上《いじょう》のものを、チャンプも返《かえ》してくれる。チャンプがいる暮《く》らしには、ぬくもりがあるし、安《やす》らぎがあるんだ」

英司《えいじ》さんの言葉《ことば》にも自然《しぜん》と力《ちから》がこもります。海紀子《みきこ》さん、ふたりの飼《か》い主《ぬし》も、うなずきながら聞《き》いていていました。

「うちは、主人《しゅじん》とわたしのほかに、ここの事務所《じむしょ》では猛《たけし》さんと文子《ふみこ》さんのふたりも世話《せわ》をしてくれるから、本当《ほんとう》に助《たす》かっているわね」

「そうだね。われわれができないときも、ふたりがやってくれる。いろいろ頼《たよ》ってしまって、申《もう》しわけないと思《おも》っているんだよ。いつも、すまないねえ」

英司《えいじ》さんが猛《たけし》さんと文子《ふみこ》さんに向《む》かってお礼《れい》をいいました。

「いいえ、いいえ。いいんですよ。チャンプの世話《せわ》は、もう、ごく当《あ》たり前《まえ》のことですから」

「チャンプがいるおかげで、わたしたちも張《は》り合《あ》いがあるんです。チャンプがいない事務所《じむしょ》なんて、さびしいですよ」

猛《たけし》さんと文子《ふみこ》さんがにこやかに返事《へんじ》をしました。


けがをした犬《いぬ》にとって、たとえ安楽死《あんらくし》を免《まぬが》れても、生《い》きることが苦《くる》しみの連続《れんぞく》でしかないのでは、生《い》きようという気力《きりょく》も失《う》せてしまうでしょう。車《くるま》いすに乗《の》って元気《げんき》になれるのだったら、英司《えいじ》さんはよろこんで車《くるま》いすを作《つく》ってあげるつもりでいます。飼《か》い主《ぬし》の都合《つごう》だけで、悲《かな》しい運命《うんめい》をたどるペットを救《すく》うため、少《すこ》しでも力《ちから》になれればと思《おも》っていました。

でも、せっかく、車《くるま》いすを作《つく》ってあげても、その後《ご》、まったく連絡《れんらく》をくれない飼《か》い主《ぬし》の人《ひと》もいます。

「元気《げんき》なんだろうか。かわいがってもらっているんだろうか。車《くるま》いすの調子《ちょうし》はどうなんだろう……」

不幸《ふこう》な運命《うんめい》の犬《いぬ》の姿《すがた》を想像《そうぞう》し、英司《えいじ》さんは胸《むね》がしめつけられます。

もしかすると、けがが悪《わる》くなったり、病気《びょうき》で死《し》んでしまったのではないだろうか。車《くるま》いすに乗《の》って歩《ある》けるようになったものの、ろくに世話《せわ》をしてもらっていないのではないだろうか。いや、ひょっとすると、車《くるま》いすはほこりをかぶったままで、世話《せわ》がやっかいだからと、じゃま者扱《ものあつか》いされたあげく、安楽死《あんらくし》させられたのではないだろうかと……。

チャンプは人気者《にんきもの》

「おはよう、チャンプ。きょうはお出《で》かけでいいわね」

そわそわと落《お》ちつきのないチャンプに向《む》かって、事務所《じむしょ》の文子《ふみこ》さんが声《こえ》をかけました。外《そと》では、猛《たけし》さんが自動車《じどうしゃ》で出《で》かける準備《じゅんび》をしています。

チャンプは一カ月《げつ》に一度《いちど》、ペットの美容院《びよういん》に行《い》くことになっています。毛《け》が長《なが》いうえに、車《くるま》いすに乗《の》っていないときは、寝《ね》そべっていることが多《おお》いので、よごれやすいのです。それに、スポーツセンターはお客《きゃく》さんの多《おお》く訪《おとず》れる場所《ばしょ》でもあり、身《み》ぎれいにしておかなければなりません。

チャンプは自動車《じどうしゃ》に乗《の》せてもらうのが大好《だいす》きです。前足《まえあし》をつっぱって上体《じょうたい》をおこし、窓《まど》から身《み》を乗《の》りだすようにして、街《まち》の景色《けしき》をきょろきょろながめています。

何時間《なんじかん》、外《そと》をながめても、飽《あ》きるということはありません。

「いらっしゃい、チャンプくん」

いつもの美容師《びようし》さんがニコニコして待《ま》っていました。チャンプも笑顔《えがお》を返《かえ》しています。ここはチャンプのお気《き》に入《い》りの場所《ばしょ》でした。

「じゃあ、まずはブラッシングね」

チャンプは気持《きも》ちいいのか、じっとして、されるままになっています。もう何年《なんねん》も通《かよ》っている美容院《びよういん》なので、次《つぎ》に何《なに》をされるのか、全部《ぜんぶ》知《し》っています。美容師《びようし》さんも、慣《な》れた手《て》つきで進《すす》めます。

ブラッシング、カット、シャンプー、ドライヤーの次《つぎ》は、つめとひげの手入《てい》れ、そして、耳《みみ》そうじ。

「チャンプはおりこうさんね。ほうら、こんなにきれいになった」

自慢《じまん》の長《なが》い毛《け》はツヤツヤし、ふんわり。さっぱりとした顔《かお》になって、ダンディーなチャンプのできあがり。

「チャンプに会《あ》うと、こちらもがんばらなくっちゃって、いつも励《はげ》まされるような気《き》がするわね」

「そうそう。チャンプくんは、元気《げんき》を運《はこ》んできてくれる不思議《ふしぎ》な犬《いぬ》なのよ」

美容師《びようし》さんたちが話《はな》しています。チャンプは人《ひと》なつっこく、愛《あい》きょうがあって、どんな人《ひと》にもかわいがられます。そこにいるだけで、周《まわ》りが明《あか》るくなるのです。

迎《むか》えにきた猛《たけし》さんが、チャンプをだきかかえて自動車《じどうしゃ》に乗《の》せました。

「おかげさまで、どうも。こんなにハンサムにしてもらって。また来月《らいげつ》もよろしく」

「チャンプくん、元気《げんき》でね。またね」

美容師《びようし》さんはいつまでも手《て》をふって見送《みおく》ってくれました。

ある年《とし》の九月《がつ》。動物《どうぶつ》愛護《あいご》の日《ひ》のこと。

チャンプは英司《えいじ》さんの自動車《じどうしゃ》に乗《の》せられて、秋田市《あきたし》の大森山《おおもりやま》動物園《どうぶつえん》に出《で》かけました。

動物園《どうぶつえん》には、大勢《おおぜい》の家族《かぞく》連《づ》れが集《あつ》まっていました。特別《とくべつ》ゲストとして、チャンプが紹介《しょうかい》されて登場《とうじょう》すると、あちこちから、ざわめきが聞《き》こえてきました。

「わぁ、車《くるま》いすに乗《の》ってる」

「足《あし》、どうしちゃったの。かわいそう」

チャンプの姿《すがた》に目《め》を丸《まる》くして驚《おどろ》く子《こ》どもたち。車《くるま》いすに乗《の》った犬《いぬ》を見《み》るのは、初《はじ》めてです。

英司《えいじ》さんはチャンプの交通事故《こうつうじこ》のこと、背骨《せぼね》が折《お》れて歩《ある》けなくなったこと、なんとか歩《ある》かせてやりたいと車《くるま》いすを作《つく》ったこと、毎日《まいにち》の世話《せわ》のことなどを話《はな》しました。

みんなに注目《ちゅうもく》されているのがわかるのか、チャンプは少《すこ》しはにかんだ顔《かお》をしながらも、英司《えいじ》さんの横《よこ》にぴったり寄《よ》りそっています。

「動物《どうぶつ》を飼《か》うということは、とても責任《せきにん》の重《おも》いことです。動物《どうぶつ》がけがをしたり、病気《びょうき》をしたりすることもあります。また、年《とし》をとったら、どんな動物《どうぶつ》でも、からだの働《はたら》きが弱《よわ》くなってきます」

子《こ》どもたちは、しいーんとして聞《き》いています。

「でも、ひとたび飼《か》った以上《いじょう》は、最後《さいご》まで世話《せわ》をする責任《せきにん》があります。人間《にんげん》とおなじように、この世《よ》に生《せい》を受《う》けた存在《そんざい》。一つの命《いのち》なのです。たった一回《いっかい》きりの、かけがえのない命《いのち》なのです。きょう、ここでチャンプと会《あ》ったみなさんは、一生《いっしょう》けんめい生《い》きているチャンプの姿《すがた》を、どうか、わすれないでください」

英司《えいじ》さんが話《はなし》を終《お》え、チャンプが車《くるま》いすで歩《ある》くところを見《み》せると、大《おお》きな拍手《はくしゅ》がわきあがりました。そして、チャンプをもっと間近《まぢか》で見《み》ようと、たくさんの子《こ》どもたちが、チャンプのそばに集《あつ》まってきました。

「おじさん、なでてもいい？」

「ああ、いいよ。チャンプもよろこぶよ」

すると、周《まわ》りにいた子《こ》どもたちが、いっせいにチャンプを囲《かこ》みました。たくさんの小《ちい》さい手《て》が、チャンプのからだをおおいました。

「チャンプはすごいね。がんばりやさんだね」

「えらいんだね、チャンプは」

次《つぎ》から次《つぎ》へ子《こ》どもたちが入《い》れ代《か》わっては、チャンプに言葉《ことば》をかけて、やさしく何度《なんど》もなでていきます。チャンプも、そんな子《こ》どもたちの気持《きも》ちがわかるのか、目《め》を細《ほそ》めていい顔《かお》を見《み》せています。

チャンプの行《い》く場所《ばしょ》は、いつでも、どこでも、ほのぼのとした雰囲気《ふんいき》に包《つつ》まれます。目《め》には見《み》えませんが、やさしい輪《わ》が広《ひろ》がっていくようでした。

チャンプの姿《すがた》が、こんなにも人《ひと》をなごませたり、元気《げんき》づけたりするのを見《み》て、英司《えいじ》さんはチャンプをつれてきてよかったと、しみじみうれしくなりました。

「チャンプ、お疲《つか》れさん。チャンプはどこにいっても、すごい人気者《にんきもの》だなあ」

帰《かえ》りの自動車《じどうしゃ》のなかで、英司《えいじ》さんがチャンプに話《はな》しかけました。ルームミラーで見《み》ると、ドライブが好《す》きなチャンプがめずらしく、腹《はら》ばいのまま眠《ねむ》っています。遊《あそ》び疲《つか》れて、眠《ねむ》ってしまった子《こ》どものようです。

自動車《じどうしゃ》のうしろで、スースーと寝息《ねいき》をたてて眠《ねむ》るチャンプ。その幸《しあわ》せそうなチャンプの寝顔《ねがお》に、満《み》たされた気持《きも》ちになる英司《えいじ》さん。はるかな山並《やまなみ》が、あかね色《いろ》にそまっています。ふたりを乗《の》せた自動車《じどうしゃ》を、夕日《ゆうひ》がやさしく包《つつ》み、いつまでも照《て》らしていました。

十五才《さい》のチャンプ

チャンプがスポーツセンターで暮《く》らすようになって、十三年《ねん》がたちました。お客《きゃく》さんにもかわいがられ、すっかり、ここの主《ぬし》といった顔《かお》をしています。

兄弟《きょうだい》のようになかよしで、遊《あそ》び友《とも》だちでもあったキャバは、一年《ねん》ほど前《まえ》に心臓《しんぞう》の病気《びょうき》で死《し》んでしまいました。

でも、事務所《じむしょ》の猛《たけし》さんと文子《ふみこ》さんが、かいがいしく世話《せわ》をしてくれたおかげで、チャンプはおだやかに暮《く》らしてきました。

いまではふたりとも、チャンプの表情《ひょうじょう》やしぐさ、鳴《な》き声《ごえ》ひとつで、いいたいことが何《なに》もかもわかります。十三年間《ねんかん》、ずっといっしょなのですから。

二〇〇二年《ねん》の九月末《がつすえ》。

周囲《しゅうい》の山々《やまやま》が、秋《あき》の色《いろ》にそまりかけていました。

黒沢《くろさわ》さん夫妻《ふさい》が勘太《かんた》をつれて、一年《ねん》ぶりに訪《おとず》れました。自動車《じどうしゃ》に定《さだ》められた車検《しゃけん》があるように、車《くるま》いすもときどき点検《てんけん》しなければなりません。車輪《しゃりん》を交換《こうかん》したり、金具《かなぐ》のつなぎ目《め》がゆるんでいるのを直《なお》したり、台《だい》にはってあるスポンジを、新《あたら》しくつけかえたりする必要《ひつよう》があるのです。

「勘太《かんた》くん、いらっしゃい。元気《げんき》だったかい」

「おかげさまで。散歩《さんぽ》に行《い》こう、行《い》こうって、うるさいくらいです。散歩《さんぽ》に行《い》くと、いろんな人《ひと》に声《こえ》をかけられるんですよ。わざわざ、自動車《じどうしゃ》を止《と》めて見《み》ていく人《ひと》も。実《じつ》は、初《はじ》めのころ、周《まわ》りの視線《しせん》が気《き》になって、恥《は》ずかしくなることもあったんです。でも、勘太《かんた》のよろこぶ顔《かお》を見《み》たら、そんなことなんか気《き》にしていられません。いまでは、まったく平気《へいき》になりましたよ」

「そりゃ、よかった。勘太《かんた》くんは、そんなに散歩《さんぽ》が好《す》きなのか。いいなあ、元気《げんき》いっぱいで」

「チャンプくんは、どうなんですか?」

「チャンプはね、年《とし》のせいかな。あまり外《そと》で遊《あそ》ばなくなってしまってね」

チャンプは心《こころ》なしか、車《くるま》いすを重《おも》たそうにひきずるようになったので、英《えい》司《じ》さんは、車輪《しゃりん》を軽《かる》いものに代《か》えてはどうかと考《かんが》えていました。

それもそのはず。チャンプは十五才《さい》で、人間《にんげん》でいえば、八十才《さい》ぐらいのおじいさんに相当《そうとう》する年令《ねんれい》。からだの力《ちから》が衰《おとろ》え、動《うご》きもゆっくりとなってくるのは仕方《しかた》がないことでした。


山々《やまやま》の紅葉《こうよう》が枯《か》れ葉《は》となって散《ち》り、十一月《がつ》になりました。

このところ、チャンプは元気《げんき》がなく、からだも重《おも》たそうです。

病院《びょういん》でみてもらったところ、おなかに腫瘍《しゅよう》があることがわかりました。でも、それほど大《おお》きくはなく、年《とし》もとっていることから、手術《しゅじゅつ》はしないことにしました。チャンプのからだにとって、手術《しゅじゅつ》はかなりの負担《ふたん》になるからです。

これまでも、チャンプは何度《なんど》かぼうこう炎《えん》になって、つらい思《おも》いをしました。いま、腫瘍《しゅよう》を取《と》り除《のぞ》くために手術《しゅじゅつ》をするというのは、チャンプには耐《た》え切《き》れないことのように思《おも》われました。

英司《えいじ》さんは、病院《びょういん》で治療《ちりょう》をしてもらうより、慣《な》れ親《した》しんだ場所《ばしょ》で、できるだけいっしょにいたいと思《おも》っています。

「チャンプ、そんな情《なさ》けない顔《かお》をしなくていいんだよ。だれだって、年《とし》をとるんだ。それに、こうやって、おしっこを出《だ》してもらって、すまないという気持《きも》ちがあるかもしれないけれど、チャンプが気持《きも》ちよくなったら、わたしだって、気持《きも》ちいいんだ。チャンプのためにしてあげられることがうれしいんだよ。むしろ、よろこんでやっているぐらいだ。チャンプだったら、わかるだろう」

「クゥン、クゥン」

おなかをさすってもらって、チャンプは気持《きも》ちよさそうに目《め》を閉《と》じていま

こんなに長生《ながい》きできたのは、みんなのおかげだよ。

す。

「チャンプ、聞《き》いているかい。人《ひと》に世《せ》話《わ》してもらったり、めんどうをかけることを、みじめに思《おも》うことはないのさ。それが、友《とも》だちとか、家族《かぞく》とか、心《こころ》が通《かよ》い合《あ》う人《ひと》だったら、なおさらだ。助《たす》けてもらったり、助《たす》けてあげたりすることで、お互《たが》いの関係《かんけい》がより深《ふか》まるんだ。それぞれの立場《たちば》をみとめ合《あ》うことで、絆《きずな》が強《つよ》く結《むす》ばれるようになるんだよ」

英司《えいじ》さんがずっと考《かんが》えていたことでした。「迷惑《めいわく》をかけないように」という言葉《ことば》を、みんなはよく口《くち》にします。それはそれで立派《りっぱ》だけれど、他人《たにん》を頼《たよ》らずに解決《かいけつ》しようとして、問題《もんだい》をかかえ込《こ》み、ますます自分《じぶん》の殻《から》に閉《と》じこもってしまうことも多《おお》いのではないだろうかと。

人間《にんげん》も動物《どうぶつ》も助《たす》け合《あ》って暮《く》らすもので、支《ささ》え合《あ》って生《い》きていくには、だれかに救《すく》いを求《もと》めても構《かま》わないし、それを恥《は》ずかしく思《おも》ったり、遠慮《えんりょ》したりする必要《ひつよう》はないように思《おも》うのでした。

「なあ、チャンプ。お互《たが》いに無理《むり》することも、気構《きがま》えることもなく、素直《すなお》な自分《じぶん》をさらけ出《だ》せるのが一番《いちばん》いいんだよな。ときには、何《なに》もしてあげられなくても、なんの見返《みかえ》りがなくても、いっしょにいて、楽《たの》しいと感《かん》じ合《あ》えるここそ、大事《だいじ》なんじゃないのかな。チャンプに出会《であ》って、いままで、いろんなことを教《おし》えてもらった気《き》がするよ。チャンプが十五才《さい》だから、こっちも年《とし》をとるわけだなあ」

犬《いぬ》の寿命《じゅみょう》は、十二才《さい》ほどといわれています。大《おお》きなけがをかかえたチャンプが十五才《さい》を迎《むか》えたというのは、奇跡《きせき》に近《ちか》いことなのです。

でも、チャンプの年令《ねんれい》やからだのことを考《かんが》えると、チャンプとの別《わか》れも、そんなに遠《とお》い日《ひ》のことではないだろうと、英司《えいじ》さんは思《おも》い始《はじ》めていました。

「チャンプの命《いのち》の炎《ほのお》も、もう少《すこ》しで燃《も》えつきてしまうんだろうか……」

愛犬《あいけん》との死《し》に別《わか》れは、飼《か》い主《ぬし》にとって、乗《の》り越《こ》えなければならない試練《しれん》です。

その悲《かな》しみの日《ひ》は、確実《かくじつ》に近《ちか》づいていました。

「かわいい！」

チャンプの顔《かお》がビデオの画面《がめん》に大写《おおうつ》しになっています。

三浦《みうら》さん夫妻《ふさい》が住《す》む大曲市《おおまがりし》の大曲中学校《おおまがりちゅうがっこう》の一年生《ねんせい》のクラスで、道徳《どうとく》の特別《とくべつ》授業《じゅぎょう》が行《おこ》なわれていました。

生徒《せいと》たちが見《み》ているテープは、担任《たんにん》の藤田英之《ふじたひでゆき》先生《せんせい》が前《まえ》もってチャンプの普段《ふだん》の生活《せいかつ》を録画《ろくが》したものです。

長《なが》くたれた毛《け》の奥《おく》に見《み》えるチャンプのつぶらな目《め》、その優《やさ》しい表情《ひょうじょう》には、どの生徒《せいと》も見《み》とれてしまいます。カメラが引《ひ》いて、チャンプの全体《ぜんたい》の姿《すがた》が画《が》面《めん》に現《あらわ》れました。

「うしろ足《あし》が……車《くるま》いすになっている！」

教室《きょうしつ》がざわめきました。まさか、そんな境遇《きょうぐう》の犬《いぬ》だとは、だれも思《おも》っていなかったのです。

「かわいそう」

「つらそうだなぁ」

生徒《せいと》たちから同情《どうじょう》の言葉《ことば》がもれました。

このあと、チャンプにおしっことうんちをさせたり、マッサージをしている英司《えいじ》さんの姿《すがた》が映《うつ》ると、生徒《せいと》たちは画面《がめん》を食《く》い入《い》るように見《み》つめました。どのようにして世話《せわ》をしているのかを目《ま》の当《あ》たりにすると、そのたいへんさはだれにでもすぐにわかります。

ビデオが終了《しゅうりょう》しました。

生徒《せいと》たちは、ふうっと、息《いき》をつきました。チャンプと、世話《せわ》をしている英司《えいじ》さんのことを考《かんが》えると、だれもため息《いき》しか出《で》ませんでした。

「たいへんだなぁ」

「あんなふうにしか生《い》きられないなんて……」

すると、教室《きょうしつ》のうしろから英司《えいじ》さんが登場《とうじょう》しました。藤田《ふじた》先生《せんせい》は生徒《せいと》たちに知《し》らせていません。みんなはびっくりしながらも、チャンプの姿《すがた》をきょろきょろ探《さが》しています。

「車《くるま》いすの犬《いぬ》は？」

「チャンプはどこ？」

「きょうはあいにく、チャンプはつれてこられませんでした。このところ、からだの調子《ちょうし》がよくないので、おとなしく留守番《るすばん》しています。みなさんに会《あ》ってもらいたいと楽《たの》しみにしていましたが、本当《ほんとう》に残念《ざんねん》です」

あいさつをする英司《えいじ》さんに、みんなの視線《しせん》が集《あつ》まりました。

「みなさんはチャンプの姿《すがた》をビデオで見《み》て、かわいそうとか、哀《あわ》れに思《おも》ったようですね。でも、同情《どうじょう》だけで世《せ》話《わ》をされたのでは、チャンプは不満《ふまん》に思《おも》うでしょう。それに、わたしも、かわいそうだからという気持《きも》ちだけで世《せ》話《わ》をしてきたのでは、十三年《ねん》もつづけてこられなかったのではないかと思《おも》っています」

英司《えいじ》さんは一人《ひとり》ひとりの顔《かお》を見《み》て、ゆっくりと言葉《ことば》を選《えら》びながら語《かた》りかけました。

「事故《じこ》のあと、安楽死《あんらくし》はさせないと決《き》めたときから、わたしには飼《か》い主《ぬし》としての責任《せきにん》があります。なんとか歩《ある》かせたくて、車《くるま》いすも作《つく》り、毎日《まいにち》の世話《せわ》もやってきました。でも、こちらがチャンプにしてあげるだけではないんです。チャンプから逆《ぎゃく》に励《はげ》まされたり、よろこびを与《あた》えてもらっていることのほうが多《おお》いかもしれません。チャンプがよろこぶとわたしもうれしいし、わたしがうれしいと、チャンプもそれで幸《しあわ》せなんです。お互《たが》いに支《ささ》え合《あ》っているという関係《かんけい》は、家族《かぞく》とおなじなんです」

話《はなし》の端々《はしばし》に、チャンプへのあたたかい気遣《きづか》いがあふれ、生徒《せいと》たちは、英司《えいじ》さんとチャンプのふれあいに、強《つよ》い絆《きずな》というものを感《かん》じていました。

一つひとつの言葉《ことば》に思《おも》いをこめて、英司《えいじ》さんはつづけました。

「最近《さいきん》はペットを飼《か》っても、捨《す》ててしまう人《ひと》があとをたちません。子犬《こいぬ》のときはかわいかったけど年《とし》をとったからとか、思《おも》ったより手《て》がかかるから、ほえるから、飽《あ》きてしまったからと。でも、いったん、動物《どうぶつ》を飼《か》うと決《き》めたのなら、どんなことがあっても、命《いのち》のあるかぎりめんどうをみるのが、飼《か》い主《ぬし》の務《つと》めです。動物《どうぶつ》の命《いのち》に関《かか》わるということを、もっと真剣《しんけん》に見《み》つめてほしいし、動物《どうぶつ》と暮《く》らすということに、家族《かぞく》みんなで向《む》き合《あ》ってほしいと思《おも》います」

ペットを飼《か》うときは、だれだって、「ちゃんとめんどうをみる。こんなかわいい動物《どうぶつ》たちをないがしろにするわけがない」と思《おも》うでしょう。でも、飼《か》い主《ぬし》に捨《す》てられ、病気《びょうき》やけがをしたからといって、殺処分《さっしょぶん》されたり、安楽死《あんらくし》させられる動物《どうぶつ》たちが多《おお》いのが現実《げんじつ》です。

生徒《せいと》たちがそんなことを考《かんが》えるきっかけになればと、英司《えいじ》さんは学校訪問《がっこうほうもん》を快《こころよ》く引《ひ》き受《う》けたのでした。

（チャンプのことを、中学校《ちゅうがっこう》の生徒《せいと》たちにいろいろ話《はな》してきたよ。今度《こんど》はいっ

しょにこような)
英司《えいじ》さんは学校《がっこう》からの帰《かえ》り道《みち》、心《こころ》のなかでつぶやきながら、具合《ぐあい》の悪《わる》いチャンプの元《もと》に足早《あしばや》に帰《かえ》りました。
特別授業《とくべつじゅぎょう》を受《う》けた生徒《せいと》たちは、英司《えいじ》さんの話《はなし》に心《こころ》を打《う》たれ、チャンプに会《あ》いたい、車《くるま》いすに乗《の》るチャンプに声《こえ》をかけてあげたいと思《おも》っていました。その願《ねが》いが、かなわなくなってしまうとは、だれ一人《ひとり》として考《かんが》えもしませんでした。
この特別授業《とくべつじゅぎょう》の日《ひ》からちょうど一週間後《しゅうかんご》、生徒《せいと》たちは突然《とつぜん》、悲《かな》しい知《し》らせを聞《き》くことになってしまいました。

さよなら、チャンプ

英司《えいじ》さんは毎晩《まいばん》九時《じ》になると、最後《さいご》にチャンプに会《あ》いにやってきます。どんな用事《ようじ》があっても、九時《じ》になると必《かなら》ず、チャンプの元《もと》にもどってくるのです。事故《じこ》があってから十三年間《ねんかん》、一日《いちにち》も休《やす》まずつづけてきたことでした。

チャンプのおしっこの世話《せわ》は、日中《にっちゅう》は、事務所《じむしょ》にいる猛《たけし》さんと文子《ふみこ》さんがすることが多《おお》くなっていましたが、寝《ね》る前《まえ》のこの時間《じかん》は、英司《えいじ》さんの務《つと》めになっていました。

どこかへ出《で》かけていても、チャンプのことを知《し》っている人《ひと》たちは、英司《えいじ》さんに声《こえ》をかけてくれます。

「三浦《みうら》さん、そろそろ時間《じかん》ですよ」

「そうだね。じゃ、お先《さき》に失礼《しつれい》」

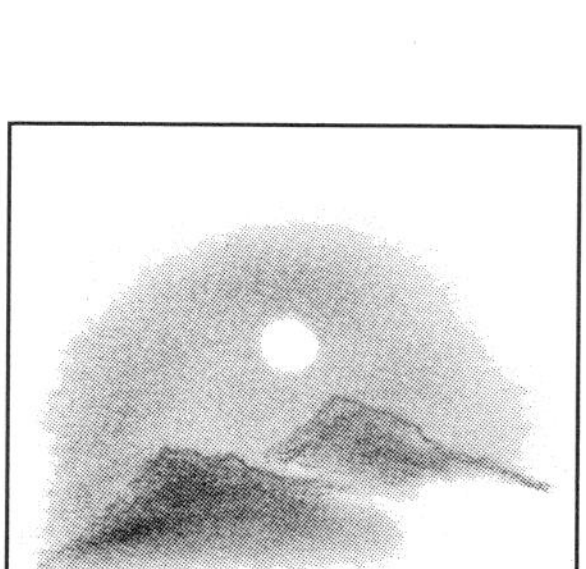

だれも引《ひ》き止《と》めようとはしません。みんな、チャンプが首《くび》を長《なが》くして、英《えい》司《じ》さんの帰《かえ》りを待《ま》っているのを知《し》っているからです。

「三浦《みうら》さんには頭《あたま》がさがるよ。毎日毎日《まいにちまいにち》、十三年《ねん》も。なかなかできることじゃあない」

「三浦《みうら》さんみたいな人《ひと》にかわいがられて、チャンプは幸《しあわ》せ者《もの》だよ」

残《のこ》った人《ひと》たちは口々《くちぐち》にそういいながら、英司《えいじ》さんとチャンプの仲《なか》のよさをうらやましがるのでした。

十一月《がつ》二十一日《にち》の晩《ばん》のこと。

「おうい、チャンプ。お待《ま》たせ。やけに冷《ひ》えこんできたな」

いつもの時間《じかん》に英司《えいじ》さんがやってきて、おしゃべりが始《はじ》まりました。チャンプに、その日《ひ》のことをいろいろ話《はな》して聞《き》かせるのです。

「チャンプは、きょうはどんな一日《いちにち》だった？」

チャンプの目《め》を見《み》つめて英司《えいじ》さんが話《はな》しかけます。声《こえ》をかけながらも手《て》は忙《いそが》しく動《うご》かしています。おなか全体《ぜんたい》をマッサージし、まず、おしっこを出《だ》してあげます。それから、腸《ちょう》の形《かたち》に合《あ》わせて、しぼるように押《お》して、うんちを出《だ》させます。

次《つぎ》に、足《あし》を曲《ま》げたり伸《の》ばしたりのマッサージを十分《じゅっぷん》ほどつづけます。チャンプのからだがあたたまり、英司《えいじ》さんの手《て》に伝《つた》わってきます。

英司《えいじ》さんは、チャンプの豊《ゆた》かな表情《ひょうじょう》や、素直《すなお》によろこぶ姿《すがた》を見《み》ると、一日《いちにち》の疲《つか》れもふっとび、なんだか、ほっとするのでした。

「チャンプ、きょうも元気《げんき》だったな。明日《あした》も元気《げんき》にがんばろうな」

そう声《こえ》をかけて、一日《いちにち》が終《お》わります。チャンプのリズムに合《あ》わせて、英司《えいじ》さんの生活《せいかつ》パターンも決《き》まっているといってもいいかもしれません。

「チャンプに寄《よ》りそって、チャンプを生《い》かそうとしてきたのに、なんだか、自分《じぶん》のほうこそ、生《い》かされてきたみたいだなあ」

チャンプといっしょに、一日一日《いちにちいちにち》を大切《たいせつ》にすごしてきたことは、気《き》づかぬうちに、英司《えいじ》さん自身《じしん》の毎日《まいにち》も充実《じゅうじつ》させていたのだと、いま、実感《じっかん》できるのでした。

「チャンプ、おなかの調子《ちょうし》はどうだい」

「クゥン」

チャンプは、英司《えいじ》さんの手《て》を何回《なんかい》もペロペロなめました。英司《えいじ》さんを見《み》つめる黒《くろ》い瞳《ひとみ》は、いつもと変《か》わることのない、信頼《しんらい》のまなざし。いとおしげなその瞳《ひとみ》の奥《おく》で、「ありがとう、ありがとう」とくり返《かえ》すチャンプの気持《きも》ちを、英司《えいじ》さんはひしひしと感《かん》じていました。

「こっちこそ、感謝《かんしゃ》しているんだよ。ありがとうよ、チャンプ」

どうしたことでしょう。ふいに涙《なみだ》があふれて止《と》まらなくなり、英司《えいじ》さんはタオルでぬぐいました。

チャンプは安心《あんしん》しきったように目《め》を閉《と》じて、ゆっくりあおむけになりました。

「そうか、そうか。もう少《すこ》しやってほしいのか。よし、よし」

「クウン、クウン」

チャンプの甘《あま》えた表情《ひょうじょう》を見《み》て、英司《えいじ》さんはいつもより長《なが》く、ていねいにおなかをさすってあげました。そのうち、珍《めずら》しいことに、あおむけのまま、チャンプは寝息《ねいき》をたてて眠《ねむ》ってしまいました。

「いい顔《かお》だなあ。どんな夢《ゆめ》を見《み》ているんだろう。きっと、いい夢《ゆめ》だな」

英司《えいじ》さんはチャンプの幸《しあわ》せそうな顔《かお》を見《み》つめながら、ふかふかのからだをまんべんなく、なでてあげました。

この晩《ばん》、英司《えいじ》さんは、なかなかその手《て》を止《と》めることができませんでした。なでるのをやめたら、せっかくのいい夢《ゆめ》が、とぎれてしまうような気《き》がしてならなかったのです。

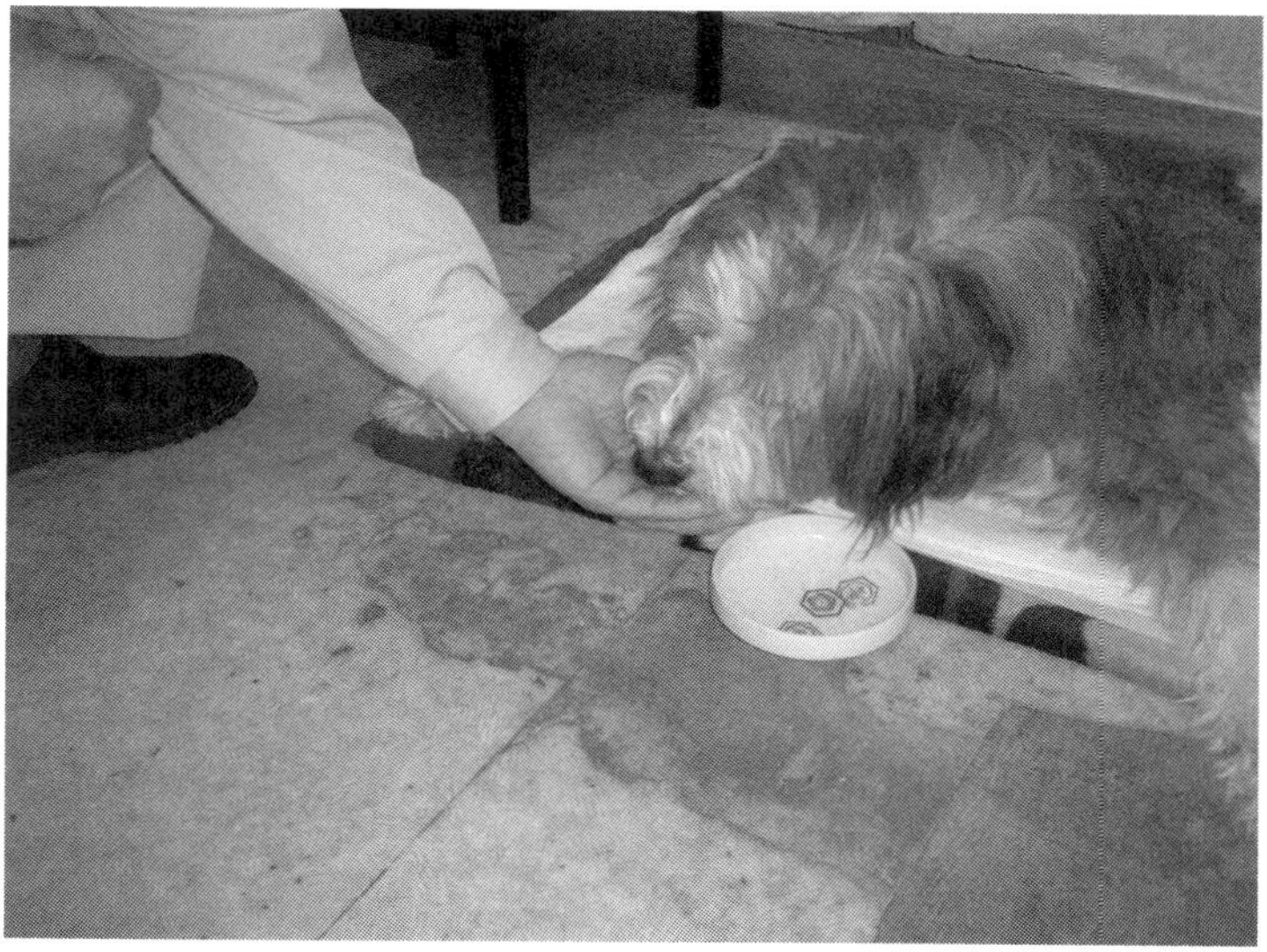

ぼくのお父《とう》さんの手《て》。頭《あたま》をなでてくれたり、おなかをさすってくれたり……。
いつもありがとう。

「おやすみ、チャンプ」

満《み》ち足《た》りた顔《かお》のチャンプに、静《しず》かに声《こえ》をかけました。

英司《えいじ》さんが事務所《じむしょ》を閉《し》めて自宅《じたく》にもどったのは、夜《よる》の十時半《じはん》をすぎていました。ほおに当《あ》たる風《かぜ》が冷《つめ》たく、雪《ゆき》でも降《ふ》ってきそうな静《しず》かな夜《よる》でした。


朝《あさ》になりました。

いつものように、八時《じ》すぎに、海紀子《みきこ》さんが事務所《じむしょ》にやってきました。すると、猛《たけし》さんがあわてています。

「奥《おく》さん！ チャンプのようすがおかしいんですよ」

チャンプはいつもの場所《ばしょ》に、横向《よこむ》きに寝《ね》ています。でも、ぐったりしていて、そのおなかは風船《ふうせん》のようにふくれあがっていました。

「チャンプ、どうしたの！」

目《め》がうつろのチャンプ。

「苦《くる》しいの。いま、お医者《いしゃ》さんを呼《よ》ぶからね!!」

受話器《じゅわき》を持《も》つ海紀子《みきこ》さんの手《て》がふるえています。

「あ、先生《せんせい》、三浦《みうら》です。チャンプの様子《ようす》が変《へん》なんです!! おなかがパンパンにふくれてしまって……」

そこまでいったとき、しゃがみこんでチャンプのからだをさすっていた猛《たけし》さんが叫《さけ》びました。

「奥《おく》さん、もう、だめだ! チャンプの息《いき》が……」

「え? まさか、そんな……」

海紀子《みきこ》さんは信《しん》じられませんでした。チャンプはおだやかな顔《かお》で眠《ねむ》っているように見《み》えます。

「チャンプ、起《お》きて! チャンプ、目《め》をあけて!」

海紀子《みきこ》さんは必死《ひっし》でチャンプのからだをゆすります。でも、息《いき》をしません。

呼吸《こきゅう》が止《と》まっています。あっけないほどの最期《さいご》でした。

海紀子《みきこ》さんの目《め》から、涙《なみだ》が次《つぎ》から次《つぎ》へとあふれました。夢《ゆめ》であってほしい……目《め》の前《まえ》が真《ま》っ暗《くら》になりながら、チャンプの名前《なまえ》を呼《よ》びつづけました。でも、チャンプが再《ふたた》び息《いき》をすることはありませんでした。

英司《えいじ》さんにもすぐに電話《でんわ》をしました。

「チャンプが、チャンプがね……」

海紀子《みきこ》さんの声《こえ》はそれ以上《いじょう》、言葉《ことば》になりません。

「見《み》てよ、ねえ、チャンプの顔《かお》……」

チャンプの顔《かお》は、本当《ほんとう》に安《やす》らかでした。

三浦《みうら》さん夫妻《ふさい》は代《か》わる代《が》わる、チャンプのからだをなでました。背中《せなか》、おなか、前足《まえあし》、動《うご》かすことができなかったうしろ足《あし》、しっぽ、そして、いつもやさしいまなざしを向《む》けてくれた顔《かお》……すべてがいとおしくてなりませんでした。

ぬくもりの残《のこ》るチャンプのなきがらに、ふたりはいつまでも手《て》をそえていました。

「きのうの晩《ばん》、チャンプはいつもより甘《あま》えんぼうだったんだよ。それで、いつもより遅《おそ》くまでいっしょにいてね……まるで、最後《さいご》だということがわかっていたみたいだ」

「そうだったの……。朝《あさ》までがんばって、わたしがくるのも待《ま》っていてくれたのかしら。チャンプらしいわ……」

ふたりの目《め》から、涙《なみだ》が、再《ふたた》びあふれ出《で》てきました。

ずっと世話《せわ》をしてきた猛《たけし》さんと文子《ふみこ》さんも、うなだれて、すすり泣《な》いています。

「チャンプは、本当《ほんとう》に、いい子《こ》だった……」

「もっと、もっと、長生《ながい》きしてほしかったのに……」

ありがとう、チャンプ

チャンプが死《し》んで、一カ月《げつ》がすぎました。

スポーツセンターはあたり一面《いちめん》、雪《ゆき》でおおわれています。チャンプのお気《き》に入《い》りだった場所《ばしょ》、タンポポのじゅうたんの原《はら》っぱも、さわやかな風《かぜ》が吹《ふ》きぬける松林《まつばやし》も、雪景色《ゆきげしき》に変《か》わってしまいました。

敷地《しきち》のなかにつくられたチャンプのお墓《はか》は、隣《とな》りのキャバのお墓《はか》とともに、雪《ゆき》にすっぽりとうずもれています。

チャンプがいつも寝《ね》そべっていた事務所《じむしょ》の壁《かべ》ぎわには、車《くるま》いすが置《お》かれ、お花《はな》が供《そな》えられています。チャンプが死《し》んだことは、地元《じもと》の新聞《しんぶん》でも取《と》りあげられたので、訪《おとず》れる人《ひと》がたくさんいました。

ある若《わか》い女性《じょせい》は、「病気《びょうき》を苦《く》に、生《い》きる希望《きぼう》をなくしていたとき、チャンプのことを知《し》って、会《あ》いにきたことがあるんです。チャンプの姿《すがた》に、目《め》が覚《さ》めたような気《き》がしました。もっと、わたしもがんばれるはずだって。チャンプはわたしの命《いのち》の恩人《おんじん》なんですよ。そのチャンプが死《し》んでしまうなんて」と涙声《なみだごえ》でつぶやき、車《くるま》いすの前《まえ》で長《なが》いあいだ、手《て》を合《あ》わせました。

「チャンプの姿《すがた》から、生《い》きる勇気《ゆうき》をもらっていた」

「不《ふ》自由《じゆう》なからだなのに、明《あか》るく人《ひと》なつっこいチャンプの姿《すがた》に、なぐさめられ、励《はげ》まされました」

そういいながら、お花《はな》とお菓子《かし》を供《そな》えてくれた人《ひと》が大勢《おおぜい》いました。チャンプとおなじように、けがをして足《あし》に障害《しょうがい》がある人《ひと》だったり、病気《びょうき》をわずらって病院通《びょういんがよ》いをしている人《ひと》だったり、身内《みうち》に不幸《ふこう》があって、悩《なや》んだりしている人《ひと》たちが多《おお》いようでした。

人間《にんげん》にしろ、犬《いぬ》にしろ、どのように生《い》きたかが問題《もんだい》なのです。チャンプはたくさんの人《ひと》に愛《あい》され、チャンプもそんな周《まわ》りのみんなが大好《だいす》きで、精《せい》いっぱい生《い》きました。

「命《いのち》は自分《じぶん》だけのものじゃないってことを、チャンプは自分《じぶん》の姿《すがた》で訴《うった》えていたんだなあ。人《ひと》も動物《どうぶつ》も、いろいろな人《ひと》と関《かか》わりあって生《い》きているんだ。それは、生《い》かされているといってもいいのかもしれない……」

チャンプの明《あか》るくけなげな姿《すがた》が、みんなを勇気《ゆうき》づけ、生《い》きる力《ちから》を与《あた》えていたことを知《し》り、英司《えいじ》さんの心《こころ》はふるえました。

「チャンプは、なんてキラキラ輝《かがや》いていたんだろう。苦《くる》しみや悲《かな》しみを乗《の》り越《こ》えたからこそ、本当《ほんとう》のよろこびを知《し》ることができたのかもしれないなあ……」

英司《えいじ》さんが特別授業《とくべつじゅぎょう》をした大曲中学校《おおまがりちゅうがっこう》の一年生《ねんせい》のクラスからは、生徒《せいと》たちの作文《さくぶん》が届《とど》き、車《くるま》いすが置《お》かれたうしろの壁《かべ》にはられました。授業《じゅぎょう》のすぐあとに、感想《かんそう》をまとめたものです。
「わたしは、初《はじ》めてチャンプを見《み》たとき、かわいそうだなあと思《おも》いました。
でも、三浦《みうら》さんの話《はなし》を聞《き》いて、チャンプは幸《しあわ》せなんだと思《おも》いました」
「わたしが飼《か》い主《ぬし》だったら、もう治《なお》らないといわれた時点《じてん》であきらめていた
かもしれません。でも、三浦《みうら》さんは、チャンプの気持《きも》ちを考《かんが》えて、最後《さいご》まで
めんどうをみるという気持《きも》ちで育《そだ》てています。生《い》き物《もの》を飼《か》うということの責《せき》
任《にん》の重《おも》さがわかりました」
「命《いのち》というものは一つしかなくて、尊《とうと》いものだと再確認《さいかくにん》しました。動物《どうぶつ》は飼《か》
い主《ぬし》を選《えら》べないから、飼《か》い主《ぬし》にはその分《ぶん》、重大《じゅうだい》な責任《せきにん》があるんだと思《おも》いまし
た」
「動物《どうぶつ》の言葉《ことば》は人間《にんげん》にはわからない。でも、その言葉《ことば》を理解《りかい》しようとする人《ひと》は、
その動物《どうぶつ》の命《いのち》を守《まも》れるように思《おも》います」
「チャンプの姿《すがた》を見《み》て、自分《じぶん》で生《い》きようとする強《つよ》い意志《いし》があれば、どんなこ

とでも、乗《の》り切《き》れるのではないかと思《おも》いました」

英司《えいじ》さんが伝《つた》えたいと思《おも》っていたことを、生徒《せいと》たちは素直《すなお》に受《う》け止《と》め、飼《か》い主《ぬし》の責任《せきにん》や、動物《どうぶつ》といっしょに幸《しあわ》せに暮《く》らす意味《いみ》を考《かんが》えてくれていました。

作文《さくぶん》を読《よ》んで、英司《えいじ》さんは気持《きも》ちが少《すこ》し楽《らく》になるのを感《かん》じました。


黒沢《くろさわ》さん夫妻《ふさい》が、勘太《かんた》をつれてお悔《く》やみにきました。

英司《えいじ》さんは、チャンプが長《なが》いあいだつかっていた車《くるま》いすの車輪《しゃりん》を、形見分《かたみわ》けとして、勘太《かんた》の車《くるま》いすにつけてあげることにしました。

「勘太《かんた》、よかったわね。チャンプくんがつかった車輪《しゃりん》なのよ。大事《だいじ》につかわせてもらおうね。三浦《みうら》さんには、なんとお礼《れい》をいったらいいのか……。勘太《かんた》がこうして元気《げんき》でいられるのも、チャンプくんのおかげです。チャンプくんのように幸《しあわ》せに、長生《ながい》きさせますから……」

恵子《けいこ》さんは指《ゆび》でそっと目頭《めがしら》をおさえています。

「チャンプの世話《せわ》だけでもたいへんなのに、こうして、勘太《かんた》のような犬《いぬ》のためにも、たくさん車《くるま》いすを作《つく》ってくださって、本当《ほんとう》にありがたいことだと、いつも感謝《かんしゃ》しているんです」

「骨身《ほねみ》をおしまずに世話《せわ》をする三浦《みうら》さんと、元気《げんき》にのびのび暮《く》らすチャンプくん。太《ふと》い絆《きずな》で結《むす》ばれているのを見《み》て、いいな、うらやましいな、わたしたちもそうなりたいなと思《おも》ってきたんですよ。それに、三浦《みうら》さんとチャンプの関係《かんけい》は、飼《か》い主《ぬし》とペットというより、お互《たが》いに対等《たいとう》につきあえる、すばらしいパートナーでしたね」

黒沢《くろさわ》さん夫妻《ふさい》にねぎらいの言葉《ことば》をかけられ、英司《えいじ》さんの目《め》に涙《なみだ》が浮《う》かびました。涙《なみだ》でぬれた顔《かお》を、チャンプがいつもいた壁《かべ》ぎわのほうへ向《む》けると、たくさんの花《はな》に包《つつ》まれたチャンプの車《くるま》いすが、ぼやけて見《み》えなくなってしまいました。

チャンプが三浦家《みうらけ》にやってきたのは、長女《ちょうじょ》の典子《のりこ》さんが高校生《こうこうせい》のときでした。それから十五年《ねん》たち、典子《のりこ》さんは結婚《けっこん》して、隣《となり》町《まち》に住《す》んでいます。

「チャンプは、みんなにめんどうをみてもらったけど、助《たす》けてもらうだけではなかった。その姿《すがた》をとおして命《いのち》の尊《とうと》さを伝《つた》え、みんなに元気《げんき》や勇気《ゆうき》を与《あた》えてくれていたのよね。チャンプの一生《いっしょう》は、チャンピオンという名前《なまえ》にふさわしいものだったわ。チャンプ、どうぞ安《やす》らかに……」

典子《のりこ》さんは天国《てんごく》にいるチャンプの姿《すがた》を思《おも》い浮《う》かべて、静《しず》かに語《かた》りかけました。

チャンプがいなくなって、三浦《みうら》さん夫妻《ふさい》は悲《かな》しみにくれていました。でも、「歩《ある》かせてやる」という約束《やくそく》を守《まも》り、心《こころ》が通《かよ》いあっていた十五年間《ねんかん》のことは、胸《むね》に残《のこ》っています。そのふれあいの日々《ひび》を思《おも》うと、悲《かな》しみや嘆《なげ》きを越《こ》えて、おだやかな気持《きも》ちになれるのが、不思議《ふしぎ》なほどでした。

「チャンプは、まぶしいほど堂々《どうどう》と生《い》きてくれたし、命《いのち》がきらめいていたね。そんなチャンプといっしょにいられて、本当《ほんとう》に楽《たの》しかった……」

「一生《いっしょう》のうちのほとんどは、車《くるま》いすの生活《せいかつ》だったけど、チャンプは幸《しあわ》せだったわよね。わたしたちにも幸《しあわ》せを運《はこ》んできてくれたわ」

「チャンプは心のなかに生《い》きているし、いつか、また、どこかで会《あ》えるような気《き》がするなあ」

「そうね。もし、生《う》まれ変《か》わったら、きっと、また、わたしたちの元《もと》にきてくれるわね」

三浦《みうら》さん夫妻《ふさい》は、チャンプのことを、かたときも忘《わす》れることができません。チャンプと十五年間《ねんかん》いっしょに歩《あゆ》み、その命《いのち》をまっとうさせられたことに満足《まんぞく》しています。

そして、いつもやさしいまなざしで見《み》つめ、強《つよ》く生《い》きる力《ちから》を分《わ》けてくれたチャンプに、心《こころ》の底《そこ》から感謝《かんしゃ》しています。

チャンプも、そんな三浦《みうら》さん夫妻《ふさい》の元《もと》で暮《く》らせたことを、幸《しあわ》せに感《かん》じていたはずです。

家族《かぞく》の一員《いちいん》として大事《だいじ》にしてくれたふたりのことを、猛《たけし》さんや文子《ふみこ》さんをはじめ、世話《せわ》をしてくれたみんなのことを、そして、声《こえ》をかけてくれたたくさんの人《ひと》たちのことを、天国《てんごく》から見守《みまも》ってくれているのではないでしょうか。

ずっと、ずっと、いつまでも……。

終《お》わり

あとがき

〈生《い》きる力教《ちからおし》えてくれた／大曲《おおまがり》の車《くるま》いす犬《けん》／人々《ひとびと》に感動《かんどう》残《のこ》し／チャンプ逝《い》く〉

新聞《しんぶん》の見出《みだ》しにくぎ付《づ》けになったのは、二〇〇二年《ねん》十二月中旬《がっちゅうじゅん》、秋田市内《あきたしない》の実家《じっか》でのことです。

オーストラリアの首都《しゅと》キャンベラに住《す》んで、十五年以上《ねんいじょう》になります。里帰《さとがえ》り中《ちゅう》に偶然《ぐうぜん》、新聞《しんぶん》で目《め》にした車《くるま》いすの犬《いぬ》の姿《すがた》が、頭《あたま》から離《はな》れなくなりました。けがに負《ま》けず、車《くるま》いすに乗《の》って明《あか》るく生《い》きたチャンプと、その生涯《しょうがい》を支《ささ》えた飼《か》い主《ぬし》の三浦《みうら》さん夫妻《ふさい》とのふれあいに、胸《むね》を打《う》たれたのです。

キャンベラにもどる日《ひ》が一週間後《しゅうかんご》に迫《せま》り、「ぜひ、チャンプのお話《はなし》を聞《き》かせてほしい」と、三浦《みうら》さん夫妻《ふさい》に電話《でんわ》をかけました。

年《とし》が明《あ》けて、一月二日《がつふつか》。大曲市《おおまがりし》の三浦《みうら》さんが経営《けいえい》するスポーツセンターの事務所《じむしょ》を訪《おとず》れると、そこには、チャンプが使《つか》っていた車《くるま》いすが置《お》かれ、色《いろ》とりどりのお花《はな》と、たくさんのお菓子《かし》が供《そな》えられていました。また、うしろの壁《かべ》にはられた中学生《ちゅうがくせい》の作文《さくぶん》、寄《よ》せ書《が》きを見《み》て、みんなにかわいがられたチャンプの命《いのち》の輝《かがや》きに、思《おも》いをめぐらさずにはいられませんでした。

「安楽死《あんらくし》を選《えら》ばなかったのは正《ただ》しかったのかと、悩《なや》んだ時期《じき》もありました。でも、できるかぎりのことをしました。長生《ながい》きさせることができて、悔《く》いはありません。チャンプはこれからもずっと、わたしたちの心《こころ》のなかにいますから……」

飼《か》い主《ぬし》としての責任《せきにん》をまっとうした三浦《みうら》さん夫妻《ふさい》の言葉《ことば》に、命《いのち》の尊《とうと》さと、いまもつづくチャンプとの深《ふか》い絆《きずな》を感《かん》じました。

チャンプといっしょに歩《あゆ》んだ十五年間《ねんかん》。おそらくまだまだ語《かた》りつくせない思《おも》い出《で》がたくさんあるのだと思《おも》いました。

そばに寄《よ》りそって耳《みみ》をかたむけながら、奥《おく》さんの海紀子《みきこ》さんが涙《なみだ》ぐんでおられたのが、とても印象的《いんしょうてき》でした。

＊　＊

朝《あさ》から降《ふ》りつづけた雪《ゆき》で、スポーツセンターはあたり一面《いちめん》、真《ま》っ白《しろ》になっていました。

おふたりからチャンプの思《おも》い出《で》をうかがっていると、その雪景色《ゆきげしき》のなかに、車《くるま》いすに乗《の》って遊《あそ》んでいるチャンプの姿《すがた》が、見《み》えるような気《き》がしました。

（ぼくのことを、大事《だいじ》にしてくれて、ありがとう。ぼくは、この家族《かぞく》の一員《いちいん》になれて、本当《ほんとう》に幸《しあわ》せだったよ……）

チャンプの声《こえ》が、わたしの心《こころ》に聞《き》こえました。

この本《ほん》では、けなげなチャンプの姿《すがた》をとおして、かけがえのない命《いのち》の尊《とうと》さと生《い》きるよろこびを伝《つた》えたいと思《おも》いました。また、三浦《みうら》さん夫妻《ふさい》とチャンプの日々《ひび》のふれあいを通《とお》して、飼《か》い主《ぬし》の責任《せきにん》、人間《にんげん》と動物《どうぶつ》の絆《きずな》、人間《にんげん》と動物《どうぶつ》がいっしょに幸《しあわ》せに暮《く》らすことの意味《いみ》などについて、子《こ》どもたちが考《かんが》えるきっかけになればという願《ねが》いをこめました。

最後《さいご》に、この本《ほん》は、たくさんの方々《かたがた》のご協力《きょうりょく》があってできあがりました。取材《しゅざい》に訪《おとず》れるたびに、親切《しんせつ》に応《おう》じてくださった三浦《みうら》さんご夫妻《ふさい》、そして、勘《かん》太《た》の飼《か》い主《ぬし》の黒沢《くろさわ》さんご家族《かぞく》、警察犬《けいさつけん》訓練士《くんれんし》の山岡《やまおか》さん、大曲中学校《おおまがりちゅうがっこう》の藤田《ふじた》先生《せんせい》、本当《ほんとう》にどうもありがとうございました。そして、出版《しゅっぱん》にあたり、いろいろご助言《じょげん》くださった、ハート出版編集長《しゅっぱんへんしゅうちょう》の藤川《ふじかわ》さんに、心《こころ》からお礼《れい》を申《もう》し上《あ》げます。

二〇〇四年《ねん》三月《がつ》　キャンベラにて　池田《いけだ》まき子《こ》

●作者紹介

池田まき子（いけだ まきこ）

1958年、秋田県鹿角市生まれ。

雑誌の編集者を経て、1988年留学のためオーストラリアへ渡って以来、現在も首都キャンベラ市に在住。フリーライターとして日本の新聞や雑誌などに執筆。また、児童書の執筆、翻訳なども手がけている。

著書に「走れたいよう　天国の草原を」（秋田魁新報社）、「アボリジニのむかしばなし」（新読書社）、“You Can Draw Australian Animals”、“Origami”（オーストラリア・ヒンクラー出版）、紙芝居「カンガルーのポケット」（童心社）、訳書「すすにまみれた思い出ー家族の絆をもとめて」（金の星社）、「フールーはどこ？（第1巻・第2巻）」（共訳書／カワイ出版）などがある。

本文中使用した写真
三浦英司氏提供—— 11,17,57,65,73頁
藤田英之氏提供—— 39,111,125頁
池田まき子—— 93頁

本文イラスト——すーぼー
カバーイラスト／デザイン——サンク

ぼくのうしろ足《あし》はタイヤだよ
車《くるま》いすの犬《いぬ》チャンプ

平成16年4月14日　第1刷発行

ISBN4-89295-302-4 C8093
発行者　日高裕明
発行所　ハート出版
〒171-0014
東京都豊島区池袋3-9-23
TEL・03-3590-6077　FAX・03-3590-6078
ハート出版ホームページ http://www.810.co.jp/

印刷　中央精版印刷

★乱丁、落丁はお取り替えします。その他お気づきの点がございましたら、お知らせ下さい。
編集担当／藤川すすむ

ドキュメンタル童話・犬シリーズ

本体価格各 1200 円

帰ってきたジロー	綾野まさる
捨て犬ポンタの遠い道	桑原崇寿
3本足のタロー	桑原崇寿
おてんば盲導犬モア	今泉耕介
実験犬ラッキー	桑原崇寿
名優犬トリス	山田三千代
聴導犬捨て犬コータ	桑原崇寿
こんにちは！盲導犬ベルナ	郡司ななえ
がんばれ！盲導犬ベルナ	郡司ななえ
さようなら！盲導犬ベルナ	郡司ななえ
盲導犬チャンピィ	桑原崇寿
身障犬ギブのおくりもの	桑原崇寿
女王犬アレックの夢	おいかわさちえ
赤ちゃん盲導犬コメット	井口絵里
実験犬シロのねがい	井上夕香
瞬間接着剤で目をふさがれた犬 純平	関朝之
幸せな捨て犬ウオリ	マルコ・ブルーノ
タイタニックの犬ラブ	関朝之
捨て犬ユウヒの恩返し	桑原崇寿
介助犬武蔵と学校へ行こう！	綾野まさる
救われた団地犬ダン	関朝之
走れ！犬ぞり兄弟ヤマトとムサシ	甲斐望
学校犬クロの一生	今泉耕介
2本足の犬 次朗	桑原崇寿
のら犬ティナと4匹の子ども	関朝之
郵便犬ポチの一生	綾野まさる
高野山の案内犬ゴン	関朝之
昔の「盲導犬」サブ	新居しげり
ほんとうのハチ公物語	綾野まさる
ガード下の犬ラン	関朝之
のら犬ゲンの首輪をはずして！	関朝之
麻薬探知犬アーク	桑原崇寿
アイヌ犬コロとクロ	今泉耕介

以下、続々刊行

本体価格は将来変更することがあります。

パルマケイア叢書……23

日本主義と東京大学

昭和期学生思想運動の系譜

井上義和［著］

柏書房

はじめに

もっと思想のアンビヴァレントな可能性に着目すれば、ある可能性は、結果からみるとついに伸びなかったけれども、発端においては現実の結果とはちがった、別の方向への可能性があった、あるいは先ほどの進歩と反動という言葉で単純化して申すならば、反動的な結果になった思想にも進歩的な契機がふくまれていた、こういうとらえ方をすることが可能になる。（丸山眞男「思想史の考え方について」）★1

昭和十年代の「政治的に正しい」言論空間で何ができるか

ポリティカル・コレクトネス（political correctness、ＰＣ）という言葉がある。人種・民族・宗教・性差などによる差別・偏見をなくすという目的にかなった「政治的に正しい politically correct」状態や表現、またはそれを実現するための運動や配慮のことを指す。差別・偏見のない社会が万人にとっての理想であり政策目標として正しかったとしても、差別・偏見を助長すると見なされた言葉遣いや表現を修正していく運動が、攻撃的な言葉狩りや過剰な自己規制というかたちで摩擦を引き起こすことがある。したがって、ＰＣと揶揄的に略称されるとき、しばしば理想社会に向けた運動が標語レベルに矮小化されがちであること、そして建設や生産ではなく排除や修正といったネガティブな方向に先鋭化しがちであることが含意されている。

昭和十年代の日本の言論空間もまた、そうした意味でのＰＣに満ち満ちていた。もちろん取り除くべき対象は差別・偏見を助長する表現ではなく、日本の国体を破壊しようとする表現である。言論空間には強力な磁場が張り巡らされ、人々の社会的行為にミクロな作用を及ぼしていた。PC違反がどれほどのリスクを負っていたのかを考えると、当時の「政治的な正しさ」の範囲と威力は現代とは比べ物にならない。あまりに苛烈だったために、敗戦を境に、この時代を振り返るときには反対の意味で「政治的に正しい」扱い方が要求されるようになった。つまり不自由極まりない「政治的に正しくない」言論空間だった、というのが「政治的に正しい」結論となる。しかしそれが昭和十年代の言論空間のすべてだとしたら、現代のわれわれの知的好奇心をそそる要素はゼロということになる。

しかし本当にそうだろうか。

結論を下してしまう前に、次のような思考実験を試みてほしい。昭和十年代の「政治的に正しい」言論空間に、もしも現代のわれわれがタイムスリップしたとしたら、どのように振る舞うことが可能だろうか——。

ややせっかちな活動家タイプなら「あのような過ちを二度と繰り返さないためにも、言論の自由の大切さを訴えていかなければならない」と急いで決意表明するかもしれない。当時の「政治的に正しい」言論空間は支配層が民衆を戦争に動員するために作り上げたものであるから、言論の自由や表現の自由を制限する動きに対しては、厳しくチェックしていかなければならない、と。しかし、この思考実験が考えようとしているのは、われわれが今どのように振る舞うかではない。ならば昭和十年代の同時代人たちに向かって言論の自由を訴え「君たちは騙されている！」と説いてまわるか。しかし「分かっていても抗えない」のがPCの厄介な所以である。

それに対して、良識的な研究者タイプなら「現代の知的資源の高みから歴史を裁いてはならない」と戒めるかもしれない。当時猛威を振るった「政治的な正しさ」は現代の知的資源（intellectual resources）の高みからすれば狂気の沙汰としか思えないかもしれないが、そんな簡単な批判で済ませてしまうのではなく、どうして同時代人たちがそのような「政治的な正しさ」を積極的に（または消極的に）担わざるをえなかったのかを考えるべきだ。だからタイムスリップするとしても、戦後に蓄積された知的資源をいったん括弧に入れて「分かっていても抗えない」メカニズムを解明するべきだ、と。

しかし、この思考実験はそうした方法的なエポケー（括弧入れ）の問題とも違う。タイムスリップというからには、「政治的に正しい」言論空間にわれわれが生身で放り込まれるということである。もち込みたければ、現代の最高水準の知的資源をもち込んでもよい。活動家タイプなら、言論の自由やそれを守る運動に関する最新の理論をもち込んでよい。「昭和十年代では手遅れだ。そうした言論空間が形成される以前でなければ意味がない」というなら、お望みの時代まで遡ってもよい。「いくら何でもたった一人では無理だ。仲間も連れていってよいか」というのなら、活動家仲間に参加を呼びかけてもよい。研究者タイプなら、戦後に蓄積された政治史や思想史の研究成果をもち込んでよい。お望みの時代まで遡ってもよいし、研究者仲間に参加を呼びかけてもよい。治安維持法成立以前か？　帝国憲法成立以前か？　それとも明治維新以前か？

早くも絶望的な気分になってくるが、お望みなら、民間の活動家や非力な研究者ではなくて、政治力を行使できる政治家や高級官僚になってもよいとしよう。活動家タイプなら政治家になって志を同じくする代議士に呼びかけたり議会で発言したりしてもよい。研究者タイプなら官僚になって政策立案や行政指導に関与したり、戦後の理論を使って官僚仲間を説得したりしてもよい。

いかがだろうか。仮に現代の知的資源をもち込めたとしても、昭和十年代の「政治的に正しい」言論空間は揺らぎそうにない。やはりPCという魔物をコントロールすることはできないのだろうか。

現代の知的資源の限界

ここで第三のタイプを思いついた人がいるに違いない。いっそのこと「政治的な正しさ」に積極的に乗っかってしまおうという要領の良い現実家タイプである。活動家タイプや研究者タイプのように政治的に無力な状態に留め置かれるぐらいなら、同時代の支配的な価値意識に同調することで現実に深く関与したほうがまだマシと考える。これは一概に裏切りとは言えない。「政治的な正しさ」の基準が許す範囲内で、その論理回路に即したかたちでなら、裁量の余地はある。自分の無力さに切歯扼腕するよりも、少しでも社会的影響力を発揮できる環境に身を置きたい。「虎穴に入らずんば虎子を得ず」という諺もあることだし、自ら積極的に入り込んで内側から魔物をコントロールしてやろう、と。もとは活動家タイプや研究者タイプだったとしても、この現実家タイプへの転向の誘惑は決して小さくない（戦後的価値判断を留保できる研究者タイプのほうが現実家タイプと親和性が高いかもしれない）。

しかし現実家タイプの場合でも、現代の知的資源をもち込む限り、せいぜい「政治的に正しい」標語を振り回すことぐらいしかできず、同じように「政治的に正しい」標語で対抗された場合には簡単に身動きがとれなくなり、結局は状況に追随することになる。そうなると標語遣い同士の争いでは、権威や権力の大きいほう、同格なら声の大きいほうが勝つ（そして現代人よりも同時代人のほうが標語遣いとしては上手だろう）。また標語レベルの争いはかえって「政治的に正しい」言論空間を強化することになり、外から見ると「ミイラ取りがミイラになる」結果に終わりかねない。

したがって「現代の知的資源の高みから歴史を裁いてはならない」という戒めは――過去に対する現代の知的優位を暗黙の前提にしているという意味で――現代人の傲慢と言うべきであり、むしろ「現代の知的資源をいくら総動員しても、当時の歴史を動かすことはできない」という敗北宣告として謙虚に受け止めたほうがよい。

と言っても研究者タイプはまだ食い下がるに違いない。もともと研究者の本業は、活動家と違って歴史に積極的に参加するよりも距離を置いて観察することである。仮に歴史を動かすことができなかったとしても、同時代人たちもまた個人の力では動かせなかったわけで、注目すべきは歴史的社会的状況の動かしがたさのほうではないのか。現代のわれわれに課せられた仕事は、そうした状況をもたらしたメカニズムを解明することではないのか、と。もちろんそうした問題意識は重要である。しかし昭和十年代に「それ以外の振る舞い方はどれだけ可能だったのか」という問いを欠落させたままの歴史研究は、同時代の可能性を低く見積もりすぎているのではないだろうか。

また、標語遣いとしてやるだけのことはやった現実家タイプは、この敗北宣告を「どうあがいても歴史は変えられない」という諦念とともに受け入れるかもしれない。だからと言って「当時の人たちは様々な制約条件のもとで精一杯やったのだ」と過去の歴史的行為を全面的に正当化するならば、それも現代人の傲慢である。本当にあがいたのか。様々な制約条件のもとでギリギリまで可能性を追求したのか。やはり同時代の可能性を低く見積もりすぎているのではないか。

第四のタイプの可能性――日本主義的教養の担い手

ここまでの思考実験で「当時の歴史を動かすことができなかった」とすれば、敗北したのは現代のわれわれの知的資源である。確かにわれわれの手もちの知的資源だけでは、昭和十年代という時代状況での行為の選択可能性を思考するには限界がある。しかしそれは同時代に蓄積されていた知的資源までもがいっさい無効だったということを意味しない。現代の知的優位を前提にした思考実験にとって、この同時代の知的資源が有する潜在的可能性というのはちょうど死角に当たる。「当時の歴史を動かすには、同時代の知的資源をフル活用すべし」――これが第四の道のヒントである。

昭和十年代の「政治的な正しさ」に正統性を付与していた知的資源が《日本主義的教養》である。これはさしあたり日本歴史や日本思想史に素材を求め国体論的な観点から編集された知・情・意のセットと考えてよい。素材が同じでも編集が加わる以上、複数のセットが並立しうる。同時代の知的資源を活用する、というのは日本主義的な標語を適切に遣いこなすという以上に、《日本主義的教養》に基づいた価値判断と論理展開が自在にできるということを意味する。これは自ずと「政治的な正しさ」を体現した振る舞いとなるが、複数の《日本主義的教養》が並立するならば、各論によっては複数の「政治的な正しさ」が対立する場面もありうる。

この第四の日本主義者タイプは、現実家タイプとは似て非なる存在である。現代のわれわれには外見からは区別がつきにくいが、日本主義者から見れば現実家との差異は歴然としている。現代のわれわれにとって不自由でしかない「政治的に正しい」言論空間は、日本主義者たちにとっては、《日本主義的教養》の解釈可能性を鍛える闘技場であり、また標語遣いである似非日本主義者（現実家）たちとの思想戦の戦場である。ＰＣに満ち満ちていた不自由で抑圧的な言論空間は、彼らを主人公に設定した途端、自由と闘争の言論空間に変わる。

現代の知的資源をいくら総動員しても、当時の歴史を動かすことはできなかった。それに対して、同時代の知的資源の高みからは、巷に流布する「政治的な正しさ」などは許し難いほど中途半端で歪曲に満ちて見えるだろう。この視界を獲得した日本主義者にとって、もはやＰＣ的な標語レベルの排除と修正（言論空間での抑圧機能）を超えて、理論レベルでの政策批判ひいては体制批判（政治空間での批判機能）へと展開するのを押し留めるものは何もない。

先に「同時代の可能性を低く見積もりすぎるのは現代人の傲慢ではないか」と述べたが、返す刀で「同時代の知的資源を十分に活用できなかったのは同時代人の怠慢ではないか」と述べることもできる。《日本主義的教養》は現代人の死角にあるが、同時代人にとってすら死角にあった可能性がある。

「そのような危険な知的資源に近づきすぎると、昭和十年代の日本はもっと大変な事態を招いていたはずだ」という危惧は、現代人はもちろん同時代人も抱くかもしれない。しかし、繰り返すが《日本主義的教養》とは日本歴史や日本思想史に素材を求め国体論的な観点から編集された知・情・意のセットである。複数のセットが並立可能である。そこから機械的に昭和十年代の具体的な政策や事件や戦争が導き出されるわけではない。具体的政策への適用には、必ず生身の人間の解釈と判断が介在している。

そして《日本主義的教養》には、キリスト教やマルクス主義と異なり、正統な解釈権を排他的に独占する教会や党などは存在しない。つまり、日本政府のどこを探しても（皇室や軍部にも）正統な解釈権を独占する部署は存在しなかった、ということである。この相互牽制の構造が、ＰＣ的な標語レベルの排除と修正に終始した原因でもある。逆に言えば、これほど政治的威力を発揮しながら解釈可能性に開かれていた知的資源はほかにない。

そう考えると、昭和十年代の言論空間ほど、知的好奇心をそそる対象はない。何しろ、《日本主義的教養》という厳格なルールのもと命がけの思想戦が繰り広げられ、いまだ潜在的可能性が汲み尽くされずに埋蔵された「未完」の知的資源が眠っているのだから――。

日本学生協会・精神科学研究所

本書では昭和十年代の「政治的に正しい」言論空間を舞台に、《日本主義的教養》の可能性を限界まで追究した学生思想運動の系譜を取り上げる。

この学生思想運動は、欧米思想追随の高等教育や学術研究の実態を憂える東京帝国大学の学生たちが、昭和十三年（一九三八）六月に東大精神科学研究会を結成するところから始まる。彼らは《日本主義的教養》に基づく思想研鑽を重ねつつ、教学理念を正し学風改革を推し進める運動を展開した。中核メンバーのひとりが無期停学処分となった東大小田村事件をきっかけに、運動は全国に広がり、日本学生協会（昭和十五年五月）および精神科学研究所（昭和十六年二月）へと発展していく。しかしその過程で大学・学校当局と衝突し、文部省の文教政策を攻撃し、戦時体制の指導理念を批判するようになる。そして昭和十八年（一九四三）二月のメンバー一斉検挙を経て、同年十月解散に至った。

ここに取り上げられる日本学生協会・精神科学研究所の歴史は、したがって正味五年間である。しかし、単発の打ち上げ花火のような孤高の反体制運動ではない。彼らの思想的源流は、大正末期から昭和初期（一九二〇年代）のちょうど左翼学生運動全盛期まで遡る。その頃から第一高等学校の狭い知的サークルのなかで営まれてきた文化活動が、昭和十年代の教育の危機、日本の危機という事態に直面するなかで、短期間のうちに帝国大学から全国の高等学校まで広範な高等教育機関において支持基盤を固め、政財官界を巻き込み、当時の政治的指導層に看過できないインパクトを与えた。帝国議会でも賛否両方の立場から取り上げられた。両義的な評価をめぐって体制側も一枚岩ではなかったのである。取り締まりに関しても内務省警保局や司法省検事局は消極的で、メンバーの検挙も結局、東条英機首相兼陸軍大臣直属の東京憲兵隊によって実行された。彼らの軌跡を鏡にすれば、戦時体制下の様々なアクターの立ち位置や政治力学までもが浮かび上がってくる。

もちろん、昭和十年代の学生たちが日本の危機に向き合う姿勢と道筋は実に多様であったから、日本学生協会・精神科学研究所が当時の学生思想運動の「平均」を示しているわけでもないし、また全体を「代表」するわけでもない。平均的な学生たちは戦時体制の指導理念を公然と批判しなかっただろうし、彼らを代表していたのならもっと違った歴史を辿っていただろう。日本学生協会・精神科学研究所の悲劇は、《日本主義的教養》の可能性を限界まで追究することで初めてもたらされた、歴史の「意図せざる結果」である。その意味で、彼らの思想と実践の軌跡は、《日本主義的教養》に基づく昭和十年代の学生思想運動のひとつの到達水準を示している。それは左翼運動／右翼運動、左傾学生／右傾学生といった類型的な把握では決して見えてこないものだ。

三度繰り返すが、《日本主義的教養》の具体的な展開の道筋はこれが唯一ではなく、複数ありえたはずだ。したがって本書で取り上げる学生思想運動の系譜は、《日本主義的教養》が有する潜在的可能性のひとつにすぎない。歴史に埋もれたままの別様の思想運動の系譜についても、今後発掘が進むことを期待したい。

なお、本書で「日本主義」という場合、昭和十年代までに蓄積された知的資源としての《日本主義的教養》から積極的に可能性を引き出そうとする立場、という以上の意味は込めていない。その指示内容は実際には「右翼」「右傾」「国家主義」などと重なる場合もあるが、後者の語を使う場合も歴史用語として以上の意味は込めていない。

本書の構成

本書は九つの章からなる。以下に概略を掲げるが、第二・第三章（東大小田村事件）、第五・第六章（思想運動の全国展開）、第七・第八章（革新右翼と観念右翼）はそれぞれ内容的に連続しており、第一章、第四章、第九章は独立している。

第一章「「右翼」は頭が悪かったのか――文部省データの統計的分析」では、官庁の統計データを利用して昭和十年代の学生思想運動の担い手の属性を分析的に把握する。大正末期から現代に至るまで「左翼は頭が良い↔右翼は頭が悪い」という格付け言説が繰り返されているが、少なくとも日中戦争（支那事変）後の右傾学生は一味違う。高等学校・帝国大学という学歴貴族の正系ルートほど思想系の国家主義団体への自発的な結集が多いことから、旧制高校的な教養主義が右傾培養器としても機能したことが分かる。

第二章「政治学講義と国体論の出会い――『矢部貞治日記』を中心に」では、昭和十二年から十三年にかけての帝大粛正キャンペーンを東京帝国大学法学部の矢部貞治助教授の目線で描写する。外部からの攻撃が徐々に身近に迫ってきて、遂に自分に矛先が向けられた。相手は政治学講義の受講生・小田村寅二郎。試験の答案に国体論的な観点からの講義批判が展開されたのをきっかけに、東京帝大における政治学講義のあるべき姿をめぐって何度も書簡が往復された。矢部はついに批判を受け入れ、講義案の改訂を決意する。

第三章「学風改革か自治破壊か――東大小田村事件の衝撃」では、矢部貞治との往復書簡のあとで起こった東大小田村事件の経緯を辿る。東京帝大法学部教授の講義を名指しで批判し、学風改革を訴える論文を公表した小田村寅二郎を、法学部教授会は無期停学処分とした。田中耕太郎学部長が処分を急いだ背景には、小田村論文は民間や議会の右派勢力および経済学部の土方派からなる帝大粛正のネットワークが東大の本丸である法学部に仕掛けた「爆弾」ではないか、という仮説があった。事実はそうした想定を超えて展開する。

第四章「若き日本主義者たちの登場――一高昭信会の系譜」では、小田村寅二郎の人物像を中心に、小田村とその仲間たちの思想運動の母胎となった第一高等学校昭信会について解説する。曾祖母は吉田松陰の妹、曾祖父は維新の勲功華族という家系に生まれ育った小田村寅二郎は、学習院初等科→府立一中→一高→東京帝大法学部というエリートコースを辿ってきた。田所廣泰らが黒上正一郎を師と仰いで結成した一高昭信会は、聖徳太子と明治天皇の精神を讃仰して「祖国の悠久の生命」を実感する思想実践の作法を開発した。

第五章「学生思想運動の全国展開――日本学生協会の設立」では、昭和十三年に東大精神科学研究会を結成してから、小田村処分糾弾の運動を通じてみるみるうちに全国に支持者を増やし、昭和十五年五月に日本学生協会という全国組織を結成するまでの経緯を辿る。日本学生協会の顧問には近衛文麿を筆頭に各界の著名人が並び、国民精神総動員中央連盟や外務省、陸軍省、内閣等の政府関係機関からの助成金を含む豊富な外部資金を集めていた。正大寮という活動拠点と『学生生活』という月刊の機関誌をもっていた。

第六章「逆風下の思想戦――精神科学研究所の設立」では、昭和十五年夏頃から近衛新体制運動の進行とともに日本学生協会の運動に対しても逆風が吹くようになったが、勢いはまったく衰えることがなく、昭和十六年二月には精神科学研究所を結成して政治状況に対する批判的な言論活動を展開した挙句、昭和十八年二月にメンバーが一斉検挙されるまでの経緯を辿る。《日本主義的教養》に忠実な彼らの運動が、大学・学校当局や文部省の方針と齟齬をきたし、取り締まり当局からは「反体制」と見なされるようになる。

第七章「「観念右翼」の逆説――戦時体制下の護憲運動」では、彼らの逆風下の思想戦を「革新右翼」対「観念右翼」という政治史的な文脈に位置づけ、なぜ体制批判が可能だったのかを考察する。二つの政治的潮流の対立は、第二次近衛文麿内閣の新体制運動をきっかけに顕在化した。観念右翼は、革新右翼が推進する強力な政治システム（一国一党）は天皇大権を犯す幕府的存在なり、また統制経済は偽装された共産主義思想なり、と《日本主義的教養》に基づく国体論や憲法論によって批判した。

第八章「昭和十六年の短期戦論――違勅論と軍政批判」では、精神科学研究所を他の観念右翼から区別するユニークな言論として短期戦論を取り上げ、それがどのように《日本主義的教養》から組み立てられたのかを再構成する。人間の不完全性と戦争の道徳性を両方満たす解は短期戦しかありえないが、にもかかわらず長期戦論が主張される背景には、戦争に便乗して国家改造という別の目的を達成しようという意図が隠されている。また軍の権威と統帥権の神聖性を守るためにこそ、軍は政治から分離されねばならない。

第九章「「観念右翼」は狂信的だったのか――日本型保守主義の可能性」では、精神科学研究所の言論活動が革新的政策や長期戦論にブレーキを掛ける保守主義として徹底することができた理由について、これまでの章を振り返りながら考察する。彼らは「エリートが大衆を支配するための国体論」ではなく「エリートが自己を拘束するための国体論」を目指していた。観念右翼陣営から一歩抜け出た彼らは、通常イメージされるように狂信的どころか、《日本主義的教養》に基づく日本型保守主義の方向を指し示している。

■註

1　丸山眞男「思想史の考え方について――類型・範囲・対象」『忠誠と反逆』ちくま学芸文庫、一九九八年、四六六頁。

日本主義と東京大学　目次

凡例

一、資料の引用に際して、旧字体の漢字は原則として新字体に改め、仮名遣いは原文通りとした。
一、引用文中の〔 〕は引用者による註記である。

日本主義と東京大学　昭和期学生思想運動の系譜

第一章 「右翼」は頭が悪かったのか——文部省データの統計的分析

四種類の学生

最も頭の良い学生は社会科学を研究し、次の連中が哲学宗教に没頭し、三番目のものは文学にはしり、最下位に属するものが反動学生になる——。学生の左傾化が社会の注目を集めるようになった大正末年頃、こんな格付け言説がまことしやかに囁かれていたという。★1 それがまた頭の良さを自任する学生たちを左翼運動に駆り立てた。よほど流行したフレーズだったらしく、次に引用するように、それから一五年たった後も「かつて」の左翼全盛期を振り返る手掛りとして参照されている。

> 嘗て左翼学生運動の華やかなりし時代或人は謂つた。学生には四種ある、最も頭脳明敏な学生は社会科学を研究して結局左翼運動に奔り、次に位する者は専心に学校の課程を勉強し、次に位する者は映画演劇麻雀撞球等の享楽に奔り、最も下級に在る者のみが右翼運動に参加するに至ると、然し是は今日の右翼学生運動に関する限りは当を得て居ない。★2（傍点引用者）

これは昭和十五（一九四〇）年に刊行された司法官僚による右翼学生運動に関する動向調査報告書（後述）のなかでの表現である。二番目の「哲学宗教」が「勉強」に、三番目の「文学」が「享楽」に置き換わっているのは、筆者の記憶違いというよりも、その時々の学生風俗が代入される任意の変数として、格付け言説のもっともらしさを担保するために置かれているからだろう。

社会科学 ＞ 哲学宗教 ＞ 文学 ＞ 反動
左翼 ＞ 勉強 ＞ 享楽 ＞ 右翼

重要なのは、一番目（社会科学—左翼）と四番目（反動—右翼）の不動の関係である。様々なバリエーションを含みながら語り伝えられたのは、要するに反動・右翼とのあいだには頭の良さで「超えられない壁」があるという左傾学生の矜持にほかならない。この種の格付け言説はいまでもインターネット上の掲示板などで戯画的に反復されているが、その起源は実に八〇年以上も遡ることができるのだ。

「然し」——と筆者は言う。日中戦争以降の右翼学生運動には、これは必ずしも当てはまらないというのだ。大正末年の格付け言説を一応認めたとしても、それは一五年後の「今日」に限っては成り立たない、と。いったいどういうことだろうか。右翼は頭が悪かったのではないのか。本章では、この司法官僚が驚きを込めて観察した戦時期の「例外状態」を手掛かりに、右傾学生の系譜を歴史の忘却から救い出してみたい。

大正末年の社会科学

それにしても、なぜ社会科学が最上位でなければならないのか、まずは当時の左傾学生の矜持を可能にした歴史的社会的文脈を押さえておきたい。[★3]

東京帝国大学は明治時代から現代（東京大学）に至るまで国家エリート養成の中核を担ってきたが、学生の思想運動に関しても全国の高等教育機関に影響力をもつナショナルセンターであった。左翼学生運動は大正七（一九一八）年に東京帝大で結成された「新人会」を嚆矢として、ここから出身高校の同窓会ネットワークを通じて、全国の旧制高等学校に次々と伝播していった。なかでも早かったのは第一高等学校で、翌大正八年には社会問題研究会を発足させた（のち社会思想研究会）。ちょうど高等学校の増設期と重なっていたこともあり、同じような社会科学系の学内団体は瞬く間に全国に増殖し、大正十一年にはそれらが集まって学生連合会（学連）が結成された。学生連合会も、その発会式がロシア革命五周年記念日の十一月七日に行われたように、明らかに共産主義運動を志向していた。直前の七月には日本共産党（非合法）が結成されたばかりでもあった。翌十二年一月には高等学校連盟が結成され学生連合会に合流、十三年十一月時点において学連加盟校は五三校（関東連合会二七校、関西連合会二〇校、東北連合会六校）、会員数一六〇〇人に達した。[★4]

冒頭に引用した報告書の筆者、藤嶋利郎が東京帝国大学法学部法律学科に入学したのは大正十四（一九二五）年のことであるが（『東京帝国大学一覧』）、高等学校在学中からすでに社会科学系の団体が一世を風靡していた（高校一年のときに学連結成）。この世代なら左翼でなくとも社会科学の必読文献を多少かじった経験があっても不思議はない。

ところで冒頭から頻出している「社会科学」についても注釈が必要だろう。社会科学とは、通常、社会現象を科学的方法で研究する学問領域（法学・政治学・経済学・社会学など）を指すが、当時はもっと実践的な目的意識が込められていた。現実社会の矛盾に気づき、歴史の発展法則を捉え、根本的解決の道筋を探るために、専門分化した学問領域を一貫した理論的枠組みのもとに組み替え結束すること。その指導的役割を果たすのがマルクス主義であり、その影響力は労働者・農民主体の社会運動よりも学生主体の思想研究において強力に作用した。また同時に社会科学という枠は、ともすれば実践的な社会運動に性急にコミットしたくなる傾向に対して「学生として可能なる範囲に於て」[★5]という歯止めをかける自己拘束具でもあった。実際、「研究か実行か」というテーマは学連内部でも盛んに議論され、大正十三年九月の全国代表者懇親会において学生社会科学連合会と改称されるに至った。

それ以前の学生たちの規範文化は、哲学宗教に没頭するか文学にはしる教養主義であり、確かに深刻な煩悶と真摯な思索はあった。しかしながら、社会的矛盾を目の前にして何をなすべきかを繰り返し自問する社会科学特有の強迫的な緊張感を知ってしまったあとでは、哲学や文学などはいかにも甘っちょろく映り、ましてや勉強や享楽などは現実逃避も同然である。こうしたエリートの卵としての矜持と負い目が合わさった使命感からすれば、歴史の

「進歩」に逆行するような「反動」勢力の思考回路は理解不能であり、また理解しようという余裕すらもてなかったとしても無理はない。

「右翼」は頭が悪かったのか?

再び冒頭の文章に戻るが、「然し是は今日の右翼学生運動に関する限りは当を得て居ない」。これは頭の良い学生が右傾化している、ということだろうか。あるいは、「右翼」はほんとうに頭が悪かったのか?

「右翼」は頭が悪かったのか、という問いは、特定の思想家(の思想内容や思考過程)ではなく、その思想の担い手集団(の社会的属性や析出過程)に照準するので、これは思想史的というより社会学的な問いである。思想史研究者なら「これは思想史が答えるべき問いではないが」と前置きしたうえで、北一輝や大川周明のような定評のある右翼思想家や帝国大学や高等学校で結成された国家主義団体を反例として列挙し、「一概に言えない」と判断を留保するのが模範解答であろうか。ちなみに「右翼思想などを信奉する時点ですでに頭が悪い(に決まっている)」という別解もありうるが、思想史研究者はこのような頭の悪い断定はしない。

もっと直截に言えば、ある社会集団の頭の良し悪しという問題は、小声で密やかに囁かれはしても大声で堂々と論じるのが憚られる「禁断の問い」であって、思想史研究者でなくとも「私はその問いにはコミットしない」と拒絶するのが良識ある態度とされている。ただし例外がある。社会集団と頭の良し悪しの関連については、社会学、なかでも教育社会学が伝統的に取り扱ってきた。もちろん「頭の良し悪し」とは言わずに、学力や学歴や教育達成といった用語に置き換えて問題を定式化している。

経験科学としての社会学は様々な方法を洗練させてきたが、現代の社会現象を扱うものであれば、社会調査(social research)が最も有効である。実際、社会調査のトレーニングを受けた研究者にとって、この問いに答えるための質問紙調査を設計するのはさして難しいことではない。まず、この問いから二つの変数を分離する。ひとつは「右翼か否か」=「右傾化」変数、もうひとつは「頭の良し悪し」=「学力」変数である。次に変数を測定可能な指標に置き換える。「右傾化」の程度を測定するには、例えば「皇室を敬う」「伝統を重んじる」といった価値規範から「首相の靖国参拝」の是非といった政治判断まで多様な尺度が考えられるが、これらの多角的な質問項目への回答パターンから変数を要約・合成することができる。「学力」の程度を測定するには、通常は最終学歴（中卒から大学院卒まで）または教育年数（大卒なら一六年）を使用するが、調査対象が大学生の場合には、所属大学・学部名から得られる受験偏差値情報（大手予備校提供）を使用すればよい。二つの変数を再び結合すると「右傾化と学力は反比例する（負の相関関係にある）」という仮説になり、これはデータの統計的な解析によって容易に検証可能である。さらに、こうした単純な相関分析にとどまらず、「右傾化」に対してどの変数の説明力が最も大きいかを調べる規定要因分析に進むことができる。

厳密に考えるなら、「右翼思想」や「右傾化」の中身をどう定義するかはそれ自体が論争的であるが、そうした辞書的な意味内容をめぐる概念的定義の問題を回避しつつ、測定可能な指標化の手続きに落とし込む操作的定義（operational definition）を工夫するのが、社会調査の基本的発想である。例えば「皇室を敬う」人が必ずしも「首相の靖国参拝」を支持するとは限らないが、大量サンプルの回答分布パターンから「皇室を敬う」と「首相の靖国参拝」のあいだに強い相関が認められるならば、両者に共通する「右傾化」因子が存在すると考えてよい。また「頭の良し悪し」の判定基準についても、厳密に考えるなら「受験学力は人間の知的能力のほんの一部分にすぎない」、「最終学歴は受験学力以外に本人の希望する進路や家庭の経済事情にも左右される」といった反論がありうるが、広義の知的能力と受験学力と最終学歴のあいだに強い相関が認められるならば、三者に共通する「頭の良し悪し」因子が存在すると考えてよい。

こうして経験科学としての社会学は、哲学的な概念を代理指標で置き換え、大量サンプルの分布パターンを解析することで、精度を多少犠牲にする代わりに大筋で正しい結論を得ることを目指してきた。「右傾化と学力の関連」に限らず、政治意識一般の規定要因を分析する実証的研究は、戦後、政治学・社会学・社会心理学などで蓄積されてきたので、過去の知見をつなぎ合わせれば長期的な変動を辿ることもできる。

とはいえ、社会調査の対象は基本的に同時代であり、先行研究の知見から分かるのは戦後に限られる。われわれが問題にしている戦時期日本の「右傾化と学力の関連」についてはどのように調べたらよいだろうか。社会調査とデータ解析を重んずる社会学者なら「その問いに答えられるだけのデータは存在しないが」と前置きしたうえで、T・W・アドルノ『権威主義的パーソナリティ』（一九五〇年）やE・フロム『自由からの逃走』（一九四一年）といったフランクフルト学派の古典的研究の参照を促すかもしれない。しかし外国の調査研究からの経験的一般化が日本社会にどの程度当てはまるのかを評価するためには、比較する国どうしの政治体制や経済状態をはじめとする諸々の歴史的社会的文脈を考慮しなければならない。

そこで、社会調査からさらに精度を落として、既存資料の利用を考えてみる。まず日記や回顧録など特定個人の視点を借りて当時の状況を観察する方法があるが、これは具体的な事実関係の確認には向いているものの、「右傾化と学力」のような抽象的な因果関係については、個人や時代のバイアスを計算に入れなければならない。できるだけ客観性の高い資料を利用しながら、カテゴリを分割・結合したり度数や割合を計算したりして、変数間の関連を浮かび上がらせること。この段階ではもはや社会調査のようにデータ収集・分析の手続きが標準化されているわけではない。自らの問いを操作的に定義し直しつつ、利用可能な資料を加工・配列しながら答えを導き出してみよう。

昭和十四年の二つの調査

右翼学生運動を研究するにあたっては、対象の範囲（外延と内包）をどのように画定するかという問題を避けて通れない。政治思想史においては丸山眞男の一連の著作をはじめとする（日本ファシズムの存否を含む）ファシズム研究が蓄積されており、分析・評価と並んで定義問題も論争点のひとつになっている。[★6] その重要性は十分承知したうえで、本章では右翼学生運動の全体像を分析的に把握するために、具体的な言説や行動に表れた思想内在的な違いよりも、担い手の属性や分布、趨勢などの統計的な偏りに着目する。思想内容はいったん括弧に入れたうえで、さしあたり政府当局が設定したカテゴリをそのまま「右翼＝国家主義」の操作的な定義として採用する。後述するように、内務省・司法省・文部省などの報告書では「右翼」と「国家主義」がどちらも同じ対象を指示しているので、本章でも当時の語法にならって右翼と国家主義とを同じ意味で用いる。

戦時期における右翼学生運動の概況を把握するために、ここでは二つの調査報告を用いることにする。藤嶋利郎『最近に於ける右翼学生運動に付て』（司法省刑事局、昭和十五年）と文部省教学局編『学内団体一覧』（昭和十五年）である（以下それぞれ「藤嶋報告」『一覧』と略記）。国家主義学生団体に関する調査報告書はこれら以外にも刊行されているが[★7]（表1）、特にこの二つに着目する理由は次のとおりである。まず、国家主義学生団体の設立時期は日中戦争勃発後にピークを迎える（後述）から、昭和十二（一九三七）年以降のデータが必要である。また第二次近衛文麿内閣のいわゆる「新体制」政策によって、既存の学内団体は新団体へと改廃・再編されるから[★8]、昭和十五年以前のデータで十分である。したがって、本章の分析目的において昭和十四年時点の実態を反映した上記の調査報告を用いることは妥当である。

調査時期の妥当性に加えて、次に述べるように調査範囲の網羅性も備えている。「藤嶋報告」に掲載された集計表と『一覧』巻末統計は、いずれも文部省直轄の官公私立高等教育機関を対象としており、大学や高等学校など高級のエリート教育機関だけでなく、中堅の専門的職業人を養成する専門学校までを網羅している[★9]。「藤嶋報告」は大きく分けて二つの部分から構成されている。第一章「総説」では、右翼学生運動の歴史的な流れについて時期区分を導入して整理したうえで（第一節）、学生団体を四種類に分類して学校種別ごとに団体数（計二〇七）と会員数を集計し（第二節）、学生が関係した直接行動事件を紹介している（第三節）。第二章から第六章にかけて大学・高等学校・専門学校における三一六の学内団体および連盟・塾・寮における六三の学外団体の概要を詳述している。特にこの後半部分は最も広い意味での右翼学生団体を集めたカタログとして、これまでの研究でもしばしば利用されてきた。

もう一方の『一覧』は大学・高等学校・専門学校の学生生徒が組織する学内団体（学校当局公認のクラブ活動）全般を網羅的に調査した資料である。「藤嶋報告」とは対照的に、これまでの研究ではほとんど注目されてこなかったが、当時の学生文化をうかがい知るうえで貴重なデータを提供してくれる。調査項目は、学校名、団体名、目的・事業、創立年月日、会長指導者、員数である。巻末の「学内団体ニ関スル諸統計」には、団体の内容別分類と学校類型ごとの団体数を示す集計表が掲載されている。われわれにとって重要なのは、「国家主義」に分類された

表1　国家主義学生団体に関する主な調査報告書

A	文部省学生部『国家主義的立場ヲ標榜スル学生団体』1934年2月
時期	1934年2月11日現在
対象	大学、高等学校、専門学校
項目	学校名、団体名、創立年月日、主義綱領、会員数、指導監督者、事業行動
団体数	学内団体90（大学46、高等学校20、専門学校24）、学外団体15
その他	冒頭に学校類型ごとの団体数（創立年別、主義綱領別）の集計表を掲載
B	文部省思想局『資料』第4輯、1936年1～3月
時期	1936年3月現在
対象	大学、高等学校、専門学校
項目	学校名、団体名、創立年月日、目的、備考
団体数	学内団体109（大学64、高等学校20、専門学校25）、学外団体28
C	文部省思想局『思想』第9輯、1937年1～3月
時期	1937年3月現在
対象	大学、高等学校、専門学校
項目	学校名、団体名、創立年月日、目的、備考
団体数	学内団体104（大学64、高等学校17、専門学校23）、学外団体16
D	文部省教学局『学内団体一覧』1940年3月
時期	1939年8月現在
対象	大学、高等学校、専門学校
項目	学校名、団体名、目的・事業、創立年月日、会長指導者、員数
団体数	学内団体194（大学113、高等学校29、専門学校52）＊ ＊巻末統計にて「国家主義」に分類される団体
その他	巻末統計に学校類型ごとの団体数（内容分類別）の集計表を掲載
E	藤嶋利郎『最近に於ける右翼学生運動に付て』司法省刑事局、1940年5月
E1	「昭和14年9月末文部省調査」と記された統計表
内容	創立年別、学校類型別の集計表（調査学校数、学生生徒数、団体数、会員数）
団体数	学内団体207（大学112、高等学校32、専門学校63）
E2	右翼学生団体各論
時期	明記されていない。「現存のもののみならず、既に解散又は自然消滅したるものをも網羅」
項目	学校名、団体名の他、創立年月日、目的、指導者、会員数などの情報が含まれている。
団体数	学内団体316（大学187、高等学校52、専門学校77）、学外団体63（連盟組織40、塾・寮23）＊ ＊ただし名称変更や組織再編で出来た団体も重複してカウントしている。

（注）A～Cは思想調査資料集成刊行会編『文部省思想局　思想調査資料集成』第22・23巻（日本図書センター、1981）、Eは社会問題資料研究会編『社会問題資料叢書第1輯　思想研究資料特輯号』第76号（東洋文化社、1972）にそれぞれ所収。Dは未復刻。

団体である（計一九四）。なお、「藤嶋報告」は司法省刑事局から刊行されているが、第一章第二節の集計表には「（昭和十四年九月末文部省調査）」と付記されている。ほぼ同時期の調査結果である『一覧』の集計とは必ずしも数字が一致しないが、団体ごとの会員数などの詳細なデータを管理していたのは、司法省ではなく文部省だったことが分かる。

二度の創立ブーム

まず、国家主義学内団体の創立ブームの時期を画定しておこう。表2は「藤嶋報告」掲載の「創立年別に依る学内団体数」から作成したものである。これは昭和十四（一九三九）年時点で存在するものであるから、すでに消滅してしまった団体までは含まれない。量的な変動を見るには、本来、各時点に存在した団体数を集計すべきところであるが、ここでは特定時点（昭和十四年）に存在した団体の創立年を集計することで代替している（参考のため昭和九年時点の調査結果も併記した）。その点に注意しながら表を見ると、多くの団体が大正期後半以降に創立されているが、特に昭和期になってから創立ブームが二度訪れていることが分かる。一度目は昭和七〜九年、二度目は昭和十二〜十四年である。

このおおまかなトレンドに、藤嶋利郎による時期区分を重ね合わせてみる。藤嶋は右翼一般の運動の沿革を三期に分けている（表3）。第一期は明治初期から第一次世界大戦末期（大正七年）まで、第二期は第一次大戦後からロンドン海軍軍縮条約締結直前（昭和五年）まで、そしてそれ以後が第三期である。参考までに、丸山眞男による日本ファシズム運動史の時期区分も併記した。

国家主義学内団体の創立ブームは二度とも第三期に起こっているが、その前史についても概観しておこう。第一期は、「学生運動としては左右孰れながら殆んど見るべきものなく」[★10]とある。早稲田大学「東亜協会」（明治三十六年）と東京帝国大学法科大学の上杉慎吉教授を中心とする「木曜会」（大正五年）が挙げられているが、前者は文献を欠くので詳細は不明とされ、後者はいまだ修養団体にとどまっており右翼学生運動の萌芽期と位置づけられる。学生文化史のなかでは、日露戦争後から登場してきた煩悶青年や文学青年を担い手とする教養主義が、岩波書店

表２　創立年別・国家主義学内団体数

創立年		大学					高等学校				専門学校				合計	1934調査
和暦	西暦	帝大	官立	公立	私立	小計	官立	公立	私立	小計	官立	公立	私立	小計		
明治	～1912				1	1									1	
大正２	1913										1			1	1	
大正３	1914															
大正４	1915															
大正５	1916				2	2									2	
大正６	1917										1			1	1	
大正７	1918															
大正８	1919	1				1									1	
大正９	1920															
大正10	1921															
大正11	1922				1	1									1	1
大正12	1923				1	1	1			1	1			1	3	1
大正13	1924										1			1	1	
大正14	1925	1			3	4					2			2	6	1
大正15	1926	1			4	5	1			1	1			1	7	4
昭和２	1927				2	2									2	2
昭和３	1928	1				1					1		1	2	3	4
昭和４	1929				1	1	1			1					2	2
昭和５	1930				3	3					2		1	3	6	6
昭和６	1931	1	1		3	5					2		2	4	9	7
昭和７	1932	5	2		6	13	3			3	3			3	19	27
昭和８	1933	3		1	10	14	1			1	7		4	11	26	32
昭和９	1934	1	5		6	12	2			2	2		1	3	17	3
昭和10	1935		1		3	4	1			1	3		1	4	9	－
昭和11	1936	1			2	3									3	－
昭和12	1937	1			5	6	5	1	1	7	5	2	2	9	22	－
昭和13	1938	7	1		7	15	8			8	7	1	4	12	35	－
昭和14	1939	3	2		15	20	6		1	7	2	1	2	5	32	－
合計		26	12	1	75	114	29	1	2	32	41	4	18	63	209	90

（注１）「藤嶋報告」の集計表をもとに作成。データの出所は「昭和14年９月末文部省調査」とされている。
（注２）「藤嶋報告」の集計表では帝大24、官立専門学校40、私立専門学校19、団体数の合計は207となっている。
（注３）右端欄「1934調査」は表１の資料Aをもとに作成。

表3　右翼学生運動関連年表

<table>
<tr><th rowspan="2">和暦</th><th rowspan="2">西暦</th><th rowspan="2">出来事</th><th rowspan="2">創立ブーム</th><th colspan="3">藤嶋利郎による区分</th><th>丸山眞男による区分</th></tr>
<tr><th colspan="2">右翼学生運動</th><th>左翼学生運動</th><th>日本ファシズム運動</th></tr>
<tr><td>明治元</td><td>1868</td><td>明治維新</td><td rowspan="6"></td><td colspan="2" rowspan="3">第1期：萌芽期</td><td rowspan="3"></td><td rowspan="3"></td></tr>
<tr><td>…</td><td>…</td><td></td></tr>
<tr><td>大正7</td><td>1918</td><td>第一次世界大戦終結</td></tr>
<tr><td>…</td><td>…</td><td></td><td colspan="2" rowspan="2">第2期：台頭期(後半)</td><td rowspan="2">台頭期(前半)～全盛期(後半)</td><td rowspan="3">第1期：準備期(民間における右翼運動の時代)</td></tr>
<tr><td>昭和5</td><td>1930</td><td>ロンドン海軍軍縮条約</td></tr>
<tr><td>昭和6</td><td>1931</td><td>満州事変</td><td rowspan="11">第3期</td><td>第1小期：勃興期</td><td>潜行期</td></tr>
<tr><td>昭和7</td><td>1932</td><td>五・一五事件</td><td rowspan="3">↕</td><td rowspan="5">第2小期：興隆期</td><td rowspan="5">凋落期</td><td rowspan="5">第2期：成熟期(急進ファシズムの全盛時代)</td></tr>
<tr><td>昭和8</td><td>1933</td><td>京大瀧川事件</td></tr>
<tr><td>昭和9</td><td>1934</td><td></td></tr>
<tr><td>昭和10</td><td>1935</td><td>天皇機関説事件</td><td rowspan="2"></td></tr>
<tr><td>昭和11</td><td>1936</td><td>二・二六事件</td></tr>
<tr><td>昭和12</td><td>1937</td><td>支那事変</td><td rowspan="3">↕</td><td rowspan="5">第3小期：全盛期</td><td rowspan="5">準壊滅期</td><td rowspan="5">第3期：完成期(日本ファシズムの完成時代)</td></tr>
<tr><td>昭和13</td><td>1938</td><td></td></tr>
<tr><td>昭和14</td><td>1939</td><td></td></tr>
<tr><td>…</td><td>…</td><td></td><td rowspan="2"></td></tr>
<tr><td>昭和20</td><td>1945</td><td>第二次世界大戦終結</td></tr>
</table>

（注）「藤嶋報告」および丸山眞男『増補版　現代政治の思想と行動』未来社、1964年をもとに作成。

(大正二年創業)をはじめとする出版ルートを通じて全国に普及していく時期に相当する。

第二期は「左翼学生運動の華やかなりし時代のことと て赤化防止共産主義運動撲滅を主旨とし、そのためには時に暴力的手段に訴へても目的を貫徹せんと試みた」[★11]とある。先に述べたように、ちょうど東京帝国大学「新人会」を嚆矢として全国の大学高等学校に社会科学系の団体が広がっていく時期と重なっている。それに対抗して、木曜会の流れを汲む東京帝国大学「興国同志会」(大正八年)、北一輝・大川周明らの影響を受けた猶存社系の第五高等学校「東光会」、拓殖大学「魂の会」、東京帝国大学「日の会」、早稲田大学「潮の会」(以上大正十一年)などを先駆けとして、大正末期から昭和初期に三〇近くの団体が創立され「右翼学生運動については後半期を以つて僅かに台頭期に入つた」[★12]。左傾学生が得意の絶頂に達して、冒頭に紹介した格付け言説が流行した時期に相当する。

第三期は三小期に細分される。第一小期（ロンドン海軍軍縮会議から満州事変直前まで）は、ロンドン海軍軍縮条約への政府の対応を軟弱外交として攻撃する一般国家主義運動に影響されて、各大学の学生有志により「興国学生連盟」（昭和四年）や「売国条約反対全国学生同盟」（昭和五年）が結成されるなど、学内の啓蒙・修養運動の枠を超える大学横断的な政治運動が登場した。「左翼運動の潜行活動時代であるとともに右翼学生運動の勃興時代」と位置づけられる。

さて、一度目の創立ブームは、第三期の第二小期（満州事変勃発から日中戦争直前まで）に相当する。この時期は「満洲事変勃発し国論大いに昂揚するにつれ学生の国家主義運動も亦一段と拍車を加へられ、愛国的学生運動は急激に伸展し各大学専門学校に各種の愛国団体簇生し空前の盛況を示すに至つたが、殊に此小期の特徴としては学内団体のみならず各学校団体を基本とする連盟組織のもの多く結成され活発に愛国的政治運動を始むるに至つた」[★13]。左翼学生運動の凋落とは対照的に、右翼学生運動は「華やかなる興隆時代」を迎えるが、それは同時に、非合法の直接行動が頻発した時期でもあった。昭和七年の血盟団事件から昭和十一年の帝都叛乱事件（＝二・二六事件）まで四年間で約三〇件の直接行動事件が起こり、「極めて少数なりとは云へ学生生徒にして連累者を出したこと」によって、かえって学生のあいだで不人気を被ったり学校当局の指導監督が厳重になったりしたという[★14]。昭和十・十一年に創立数が急減し、一時的に熱が冷めたかのように見えるのはそのためと考えられる。

二度目の創立ブームは、第三期の第三小期（日中戦争勃発以降）に相当する。この時期、「右翼学生運動は益々隆盛に赴き新団体の結成されたることは寧ろ前期以上に多数であるが、多くは学術研究のためのもの及銃後の任務を果さんことを目的とするものである」[★15]。一度目のブームに特徴的だった直接行動はまったく後を絶ち、「学生らしき真摯と熱情と穏健と冷静とを指導精神として皇国の為学徒としての本分を尽すことに専念してゐる如くである」[★16]（傍点引用者）と高く評価されている。冒頭で触れたように、藤嶋が右傾学生の変容ぶりに目を瞠ったゆえんである。

ここは重要なポイントである。戦前の右翼というと一般に過激なイメージがあるかもしれないが、右翼運動がテロやクーデターなど非合法の直接行動と結びついた時期は血盟団事件から二・二六事件までの四年間であり、そうした派手な事件はかえって学生の急進的な右傾化に水を差すことになった。学生のあいだで右翼運動が再燃するのは、日中戦争勃発後である。そして藤嶋によれば、それ以前と以後で右傾学生に質的変容が認められるという。もっともこれは司法省の報告書なので、たんに体制にとって都合の良い存在――すなわち国体明徴運動・国民精神総動員から大政翼賛会に至る「日本ファシズム」の積極的な担い手――になっただけとも受け取れる。それまでの憂国の志士のような過激なイメージから、国策に粛々と従う従順なイメージへの転換は、見方によっては、思想運動としては「後退した」と評価されるかもしれない。

二・二六事件画期説

右翼運動一般に関する戦後の研究も、昭和十一年前後で運動が質的に大きく変わっている点に注目してきた。なかでも有名なのは丸山眞男による規定である。

　運動としてのファシズムを中心として考える場合は、やはり二・二六事件というものが最も大きな分水嶺になつてまいります。というのは二・二六事件を契機としていわば下からの急進ファシズムの運動に終止符が打たれ日本ファシズム化の道程が独逸や伊太利のようにファシズム革命乃至クーデターという形をとらないことがここではつきりと定まつたからであります。従つてこれ以後の進展はいろいろのジッグザッグはあつても結局は既存の政治体制の内部における編成がえであり、もつぱら上からの国家統制の一方的強化の過程であるということが出来ます。★17（傍点ママ）

二・二六事件を分水嶺として、「下から」自然発生的に起こった急進運動が「上から」指導・統制される官製運動に取って代わられる、という丸山の観察は（その解釈枠組みはともかく）異なる角度からの検証にも耐えてきた。例えば「日本ファシズム」ではなく復古―革新派という分析概念を採用する――つまり丸山とは学問的立場を異にする――伊藤隆も、右翼団体数および団体員数の経年変化を検討して、昭和七年の三〇万人から十一年の六六万人まで急速に増加したにもかかわらず以後六〇万人前後で推移していることに注目し、実質的に丸山の二・二六事件画期説を数量データから裏付けている。

このことは復古―革新派全体の急テンポな増大のなかで一九三六年前後まで増加した「右翼」が、以後もなお増加したと考えられる「復古―革新」派の中でその組織を拡大し得なかったことを示している。……メンバーの増加の見られた一九三六年ごろまでと横ばいになったそれ以後で「右翼」運動を二つの時期に分けることができるように思われる。それは一九三五年の天皇機関説問題と一九三七年の日中戦争の開始に始まる戦時体制によって、ほぼ「復古―革新」的原理が国家の原理として確立されたことがその境目になると考えられるからである。★18

伊藤隆の言う「「右翼」運動」は丸山眞男の「下からの急進ファシズム運動」にほぼ重なる。二・二六事件後には多くの政治集団が「復古―革新」派化することで「右翼」運動の存在意義が低下した、というのが伊藤の解釈である(「復古―革新」的大同団結構想は近衛新体制に結実する)。

官憲の右翼研究報告書の分類や語法を検討した安部博純は、もともと警戒心と共感が入り交じった複雑な右翼観をもっていた官憲の側も、二・二六事件以後は「警戒心は希薄となり共感の側面が強まる」方向へと変化していったという。★19 安部はその典型として「昭和十四年新春」の日付が入った昭和十三年度思想特別研究員・東京地裁検事、斎藤三郎による報告書を取り上げ、「右翼思想犯罪事件の綜合的研究」という表題にもかかわらず本文では「右翼」という表現がほとんど見られないことに注目する。

右翼思想はいまや体制イデオロギーに「昇格」し、「一億総右翼」が国民教化の目標となる。日本ファシズムが急進運動の段階から体制定着段階に入るにつれて、官憲の右翼観も微妙に変化していく。……従来、とかくマイナス・イメージを与えてきた「右翼」に代って、「国家主義」、「日本主義」が使われ、「右翼運動」に

代って「日本改造運動」、「国家革新運動」が用いられるようになったのである。[★20]

以上から右翼運動一般について言えるのは、二・二六事件を契機として体制内化するとともに危険なエネルギーが無害化された、ということである。この二・二六事件画期説を敷衍するならば、急進性を失った二度目の右翼学生運動ブームも、しょせん、「結局は既存の政治体制の内部における編成がえであり、もっぱら上からの国家統制の一方的強化の過程」（丸山眞男）ということになってしまうのだろうか。

しかしながら、例えば左翼学生運動の盛衰のプロセスが左翼運動一般のそれに還元できないように、右翼学生運動についても独自の論理と発展の条件があったはずである。次章以降では、そうした右翼運動一般の歴史過程とは相対的に独立して——つまり二・二六事件後に編成替えも頭打ちもすることなく——日中戦争を契機として再燃し、全盛期を迎えるに至った右翼学生運動のほうに注目する。こうした運動への順風は昭和十五年頃までの短期間ではあったが、この時期には、一方では敵対してきた左翼運動も直接行動的な右翼運動もともに沈静化し、しかし他方では「上からの国家統制の一方的強化」が学校まで完全には及んでいない、つまり右翼学生運動が最も「学生らしく」自由にのびのびと活動できる環境が整っていたのである。

先取りして言えば、右翼一般の動向とは逆に、この時期の右翼学生運動には思想面でも実践面でもラディカルな展開を見せ、結果として官憲の警戒心を再び呼び起こすものが登場する。しかもそれが過激な直接行動の時代への逆戻りではなく、「学生らしき真摯と熱情と穏健と冷静と」を徹底させていった帰結だったとしたら、藤嶋利郎は、果たして何と評価するだろうか。

その前に、「右翼」は頭が悪かったのか、という問いに戻らねばならない。

国家主義学内団体を担ったのは誰か

では、この時期の国家主義学内団体にはどのような特徴があったのか。まずは、国家主義団体を多く輩出したのはどの学校類型だったのかを見てみよう。表4は「藤嶋報告」掲載の「学校種別に依る学内団体数及会員数」と

表4　国家主義学内団体数および会員数

学校類型		日本精神		亜細亜		国　防		団体数合計	調査学校数	学生生徒数
		団体数(a)	会員数(b)	団体数	会員数	団体数	会員数	(c)	(d)	(e)
大　学	帝大	14	373	8	475	2	3,250	24	7	21,343
	官立	3	128	5	787	4	146	12	11	8,982
	公立	1	63	-	-	-	-	1	2	1,443
	私立	29	4,003	27	2,280	19	3,957	75	25	74,805
	小計	47	4,567	40	3,542	25	7,353	112	45	106,573
高等学校	官立	18	328	9	304	2	1,327	29	25	12,555
	公立	-	-	1	20	-	-	1	3	1,089
	私立	-	-	1	25	1	600	2	4	1,012
	小計	18	328	11	349	3	1,927	32	32	14,656
専門学校	官立	9	642	20	3,331	11	4,722	40	64	26,202
	公立	-	-	1	80	3	1,165	4	10	3,241
	私立	4	332	8	1,278	7	2,116	19	90	37,450
	小計	13	974	29	4,689	21	8,003	63	164	66,893
合計		78	5,869	80	8,580	49	17,283	207	241	188,122

（注）「藤嶋報告」の集計表をもとに作成。データの出所は「昭和14年9月末文部省調査」とされている。

表5　学校当たり団体数、団体当たり会員数、構成比率

学校類型		日本精神			亜細亜			国　防			1校当たり団体数（c/d）
		団体数構成比率（a/c）	1団体当たり会員数（b/a）	学生生徒数に占める割合（b/e）	団体数構成比率	1団体当たり会員数	学生生徒数に占める割合	団体数構成比率	1団体当たり会員数	学生生徒数に占める割合	
大　学	帝大	58.3%	27	1.7%	33.3%	59	2.2%	8.3%	1,625	15.2%	3.4
	官立	25.0%	43	1.4%	41.7%	157	8.8%	33.3%	37	1.6%	1.1
	公立	-	63	4.4%	-	-	-	-	-	-	0.5
	私立	38.7%	138	5.4%	36.0%	84	3.0%	25.3%	208	5.3%	3.0
	小計	42.0%	97	4.3%	35.7%	89	3.3%	22.3%	294	6.9%	2.5
高等学校	官立	62.1%	18	2.6%	31.0%	34	2.4%	6.9%	664	10.6%	1.2
	公立	-	-	-	-	20	1.8%	-	-	-	0.3
	私立	-	-	-	-	25	2.5%	-	600	59.3%	0.5
	小計	56.3%	18	2.2%	34.4%	32	2.4%	9.4%	642	13.1%	1.0
専門学校	官立	22.5%	71	2.5%	50.0%	167	12.7%	27.5%	429	18.0%	0.6
	公立	-	-	-	-	80	2.5%	-	388	35.9%	0.4
	私立	21.2%	83	0.9%	42.1%	160	3.4%	36.8%	302	5.7%	0.2
	小計	20.6%	75	1.5%	46.0%	162	7.0%	33.3%	381	12.0%	0.4
合計		37.7%	75	3.1%	38.6%	107	4.6%	23.7%	353	9.2%	0.9

（注）表4をもとに作成。

「主義綱領別に依る学内団体数及会員数」から再構成したものである。[21]さらにこれを分析用に加工すると、学校類型別の特徴がはっきりする（表5）。また、ひとくちに「国家主義」と言っても、主義綱領によって少なくとも三つ[22]に分類されているので、学校類型ごとにどの下位分類が多かったのかも分かる。以下は『一覧』巻末統計による定義である（以下《　》で略記）。

・日本精神ノ闡明発揚ヲ主旨トスルモノ　《日本精神》
・支那、満蒙等亜細亜ノ研究ヲ主旨トスルモノ　《亜細亜》
・国防意識ノ涵養ヲ主旨トスルモノ　《国防》

まず、団体数合計（c）を調査学校数（d）で割った1校当たり団体数（c／d）を求める。多いのは帝大（三・四）と私立大（三・〇）、次いで官立高（一・二）と官立大（一・一）であり、これらは各学校に少なくとも一つは国家主義団体が存在する計算になる。一般に学内団体の数は大学で多く、専門学校で少ない。そこで『一覧』巻末統計を用いて団体総数に占める国家主義団体の割合を求めてみると、やはり帝大（三・六％）、私立大（六・五％）、官立高（三・九％）において他の学校類型よりも多いことが確認できた（表は省略）。国家主義団体の担い手は、専門学校よりも大学・高等学校において輩出されていたのである。

次に、学校類型ごとに、国家主義団体に占める三つの下位分類（日本精神・亜細亜・国防）の割合（a／c）を求める。《日本精神》が多いのは帝大（五八・三％）と官立高（六二・一％）、《亜細亜》が多いのは官立大（四一・七％）と専門学校（官立五〇・〇％、私立四二・一％）である。私立大ではこうした分布の偏りはない。先の結果と合わせると、学校類型は大きく二つのグループに分けて考えることができる。すなわち、団体数が多く《日本精神》の割合が高い帝大・官立高グループと、団体数が少なく《亜細亜》の割合が高い官立大・専門学校グループである。

また、下位分類によって1団体当たり会員数（b／a）が大きく異なる。例えば高等学校で見ると、《日本精神》

は一八人、《亜細亜》は三二人、《国防》は六四二人、という具合にこの順序で会員数が多くなっている。思想的・修養的な志向が強い《日本精神》が少数精鋭集団をなし、国策追随・戦時対応的な《国防》は広範な層を組織している、と考えると、二つのグループの質的な差異も浮かび上がってくる。すなわち、帝大・官立高グループは教養主義的な思想性の高い団体をより多く輩出したのではないか、あるいは官立大・専門学校グループは国策追随的な「上から」指導された団体をより多く輩出したのではないか。これらの仮説については次項で検討する。

「上から」の指導と思想性

「藤嶋報告」の集計表からは、以上のことまでしか分からない。前項で予想したような傾向性を検証するためには、『一覧』本体の団体リストに立ち戻って、目的・事業および会長指導者の情報をデータに追加したうえで再分析する必要がある。しかしここで重大な問題がある。『一覧』に掲載された団体には、どれが「国家主義」なのかが明示されていない。仮に国家主義団体が特定できたとしても、それがどの下位分類に当てはまるのかも分からない。文部省の『一覧』編集担当者は、団体リストと巻末統計を作成する際に、作業用の中間生産物である「分類付団体リスト」を必ず参照していたはずであるが、それが存在しないのである。そこで次善の策として、昭和十四年時点の「分類付団体リスト」を次の手続きによって再構成する。

①『一覧』の団体名および目的・事業から国家主義団体の候補を挙げる。
②資料A（昭和九年調査）から国家主義団体と下位分類の判定基準を推測する。団体数は『一覧』の半分以下の九〇であるが、下位分類がほぼ同定できる（『一覧』の雛型）。
③資料E（「藤嶋報告」）からも国家主義団体の基準を推測できる。ただし団体ごとの説明は詳細であるが、必ずしも『一覧』と国家主義団体の基準が一致しないので、あくまでも候補選定の参考にする。
④『一覧』の巻末統計の数字と照合する。

この手続きによる再構成はもとより完全なものではない。私立大は『一覧』巻末統計では七六団体となっているが、特定できたのは六四団体だった。また団体数が合致しても、下位分類が怪しいものも若干含まれている。したがって、再構成の精度を高めていく余地は残されており、それによってはパーセンテージも多少は変動しうるものの、しかし当面の目的の仮説検証にはこれで十分であろう。

学内団体の指導責任者の多くは一般教員であるが、なかには校長・学長や生徒主事・学生主事、配属将校などの場合もある。後者の占める割合は、思想善導や国防体制づくりといった「上から」の政策意図がどの程度反映されているかの指標と見なすことができる。それと比べて、一般教員に指導された場合は相対的に「下から」の自発的な結集ということになる。表6は、『一覧』巻末統計の団体数（f）と、「分類付団体リスト」から判明した「上から」の指導体制が敷かれている団体数（g）から、国家主義団体全体に占める割合（g／f）を求めたものである。

表6　「上から」の指導体制

学校類型		国家主義			計 f(g)	「上から」 g/f
		日本精神	亜細亜	国　防		
大　学	帝大	14(2)	8(0)	2(0)	24(2)	8.3%
	官立	3(2)	5(2)	4(1)	12(5)	41.7%
	公立	1(0)	0(0)	0(0)	1(0)	-
	私立	29(3)	28(3)	19(4)	76(10)	13.2%
	小計	47(7)	41(5)	25(5)	113(17)	15.0%
高等学校	官立	15(1)	8(1)	3(0)	26(2)	7.7%
	公立	0(0)	1(0)	0(0)	1(0)	-
	私立	1(0)	1(1)	0(0)	2(1)	-
	小計	16(1)	10(2)	3(0)	29(3)	10.3%
専門学校	官立	12(5)	16(7)	7(5)	35(17)	48.6%
	公立	3(3)	1(0)	0(0)	4(3)	-
	私立	2(2)	6(2)	5(1)	13(5)	38.5%
	小計	17(10)	23(9)	12(6)	52(25)	48.1%
合計		80(18)	74(16)	40(11)	194(45)	23.2%

（注）　括弧内の数字が「上から」指導される団体数。「上から」とは団体の指導者が校長、生徒主事、配属将校などの場合。表の見方については本文を参照。

「上から」が多いのは官立大（四一・七％）と専門学校（官立四八・六％、私立三八・五％）であり、少ないのは官立高（七・七％）、帝大（八・三％）、私立大（一三・二％）である。すなわち、国家主義団体のうち「上から」指導されたものは、帝大・官立高グループでは一割に満たないのに対して、官立大・専門学校グループでは四割に達する。逆に言えば、帝大・官立高グループの九割は「下から」の自発的な結集なのである。

また、下位分類のなかでは相対的に抽象度が高そうな《日本精神》についても、官立大・専門学校グループはより実践系に傾いていることが分かる。例えば、官立大の《日本精神》三団体のうち「上から」指導された二団体は、岡山医科大学勅教会（目的・事業「陸軍衛生部依託学生、海軍軍医学生、一般学生の勅教聖旨の普及を期す」）と東京文理科大学・東京高等師範学校の桐花明徳会（「教育勅語普及徹底の使徒として己を捨て教育報国に精進せんことを期す」）であり、どちらも天皇の教えを普及することを自らに課している。専門学校では《日本精神》一七団体のうち半数以上が「心身鍛錬」や「勤労奉仕」を目的・事業に掲げる実践系である（そのほとんどが「上から」の指導）。それに対して、帝大・官立高グループは純粋な思想系が大半を占めている。例えば、第一高等学校の《日本精神》二団体は、瑞穂会（「日本民族の文化、精神の究明自覚を期す」）も昭信会（「聖徳太子及明治天皇の御精神を仰信し文化的貢献を期す」）も、他者に働きかけたり身体を鍛えたりといった実践的な要素はきわめて薄い。以上の結果は、帝大・官立高グループは「下から」自発的に結集した思想系、官立大・専門学校グループは「上から」の指導で組織された実践系が多い、という仮説を支持するものである。

右傾培養器としての教養主義

最後に、表5の「学生生徒数に占める割合」から右傾学生がどのぐらいいたのか（輩出率）を推計しておこう。すでに述べたように、《日本精神》＜《亜細亜》＜《国防》の順で1団体当たり会員数は多くなる。異なる下位類型のあいだでは重複所属（掛け持ち）があった可能性を考慮すると、これらを単純に合計するのは危険である。そこで、右傾学生の最もコアな分子を《日本精神》で代表させるならば、どの学校類型でも、そうしたコアな分子が少なく見積もっても二〜四％程度はいたと考えられる。

しかし、これがいったい多いのか少ないのか、数字をどのように評価したらよいかという問題がある。思想的な運動だから絶対的な評価は難しい。そこで、戦前期の左翼学生運動と比較しながら相対的な評価を試みてみよう。左傾学生に関しては竹内洋が、大正末期から昭和初期の新潟高校調査では一％、東京帝大新人会の会員は全学生の三％、昭和初期の一高で「思想的理由」で何らかの処罰を受けた学生は在校生の二〜三％、という数字を挙げている。[★23] 竹内はまた別のところで、左傾学生の検挙率・処分率（在学生数を分母にした輩出率）を学校類型別に計算しているが、それによると左翼運動が活発だった官立高等学校において、最も多い検挙者を出した昭和五年で、検挙率一・八％強、処分率二・六％だった。[★24] 最もコアな分子はここに含まれるので、左傾学生の輩出率はせいぜい三%というのが妥当な値である。それと比べても、右傾学生の輩出率（二〜四%程度）は決して遜色がない。

先にも述べたように、昭和十四年の時点では、左翼学生運動の衰退から相当時間が経過しているので、左傾学生の思想的転向による流入の影響は考えにくい。もっと単純に、新たに登場した右傾学生がすでに退場した左傾学生と同じぐらい存在したということである。その程度は、五〇人のクラスがあれば一人か二人はやや極端な思想の持ち主がいるだろうと考えると蓋然性の高い（いかにもありそうな）数字である。それでも全学・全校では十数人から数十人の規模になるから、思想系の団体活動を成り立たせるには十分なのである。

学生の左傾化のきっかけは、社会人の場合とは逆に、現実社会に対する問題意識よりも左翼理論に関する文献の影響のほうが大きかったから、旧制高校的な教養主義こそが「左傾培養器」（竹内洋）だった。右傾学生の場合は、竹内が左傾学生の試験成績・健康状態・家庭環境などの特徴を見るために参照したような被処分者の身上調査は利用できない。サンプル（被処分者）が少なすぎるからである。しかし、これまでの分析結果が重要なヒントを与えてくれる。国家主義学内団体の学校類型別分布の特徴は、帝大・官立高のグループには1校当たりの団体数が多く、それも「下から」自発的に結集した思想系の割合が高い。それに対して官立大・専門学校のグループには1校当たりの数は少なく、あるとしても「上から」の指導で組織された実践系の割合が高い、ということだった。積極的な右傾学生を輩出しているのは、学歴貴族の正系ルートである帝大・官立高のほうなのだ。だとすれば、左傾と同じく旧制高校的な教養主義が右傾培養器としても機能したことになる。

冒頭で紹介した「右翼=無教養」説からすると、意外な結果と言うべきである。しかしこれには次のような反論もありうる。（傍点ママ）

もちろん右翼の運動にも学生が参加しておりますが、その学生は教養意識の点で、むしろ第一のグループ〔=擬似インテリ〕に属しているものが多い（御承知のように、日本ほど、大学生と呼ばれるものの実質がピンからキリまであるところは一寸まれでしょう。）そういう意味で、インテリ的学生層〔=本来のインテリ〕は終始ファシズム運動の担い手とはならなかった。★25（傍点ママ）

インテリなのに右傾化するのは、彼らが本来のインテリではなくて、教養意識が低い擬似インテリだからなのか。もしそうだとすれば帝大・官立高グループにおいても国策追随的＝反教養主義的な実践系の割合が高くなるはずであるが、分析結果はそれとは逆だった。教養主義的な思想系と言っても、日本精神にイカれるなんてやっぱり頭が悪いのではないか、と食い下がってみてもよい。しかしそれを言うなら、同じように左翼思想にイカれるなんて実は頭が悪いのではないか、というありうべき問いに先に答える必要があるが、そのような水掛け論をしてもあまり生産的ではない。

「右翼」は頭が悪かったのか？　否。少なくとも昭和十四年の時点では「頭の良い」学生ほど日本主義的な思想運動に自発的にコミットする傾向があった。これは藤嶋利郎の印象を裏書きする結果である。

なぜ「頭の良い」学生が右傾化したのか？

インテリにもかかわらず（教養意識が低いために）右傾化したのではなく、インテリであるがゆえに（教養意識が高いために）右傾化したのだとすれば、それは何故なのか。このことは、さしあたり二つの観点から説明されてきた。暫定的な答えとして挙げておくが、次章以下において具体的な思想運動を検討するなかで修正されるだろう。

第一に、大正末期から昭和初期の左傾化も昭和十年代の右傾化も、根元は同じ心情であったとする左右等価気分説である。橋川文三は、保田與重郎の日本浪曼派にイカれた自らの体験から出発して次のような仮説を立てた。「日本ロマン派は、前期共産主義の理論と運動に初めから随伴したある革命的レゾナンツであり、結果として一種の倒錯的な革命方式に収斂したものにすぎないのではないかと考えている。〔中略〕いずれもが、大戦後の急激な大衆的疎外現象――いわゆる、マス化・アトマイゼーションをともなう二重の疎外に対応するための応急な「過激ロマン主義」の流れであったことは否定できないのではないか？」[★26]。昭和十四年の学生は大正十一年生まれの橋川と同じく「左翼を知らない世代」である。生まれるのがもう少し早ければ左翼理論にイカれたかもしれなかった。[★27]こうした過激な「気分」は、資本主義諸国の左翼陣営からは小市民階級にありがちな小《プチ》ブル急進主義（petit bourgeois radicalism）としてたしなめられており、当時の日本だけに特有なものでもない。

第二に、近代化の過程で西欧への幻想が対抗意識・超克意識へと反転していく原理主義説である。松本健一が言う「西洋＝近代に抵抗しつつ、それを超える文明的な原理を掲げる、思想的なベクトル」[★28]としての原理主義である。西欧の文化と最も親しく接する旧制高校的な教養主義のなかからこそ、思想系《日本精神》は生まれなければならなかった。彼らはたまたま左翼を知らなかったからではなくて、必然性をもって右傾化したのである。[★29]左右等価気分説が、急激に大衆化する社会のなかでは左傾化と機能的には入れ替え可能という消極的な説明だったのに対して、原理主義説のほうは、遅れて近代化する社会が必然的に生み出すものという積極的な説明である。おそらく両方の説明が同時に成り立つのがこの時代の日本だったのだろう。運動論的な観点から言えば、後者が右翼運動を牽引するリーダー層を、前者がそれを受容・支持するフォロワー層を生み出す。二つの条件のどちらか一方が欠けても運動は広がりも続きもしない。

ただし、これらは右翼学生運動が一般的に発生するための必要条件ではあっても、個々の運動の具体的な歴史過程を導くような十分条件ではない。次章以下では、特定の思想運動を事例として取り上げながら、戦時期の「頭の良い」日本主義学生運動の可能性と限界について考察したい。

■註

1 竹内洋「「左傾学生」の群像」稲垣恭子・竹内洋編『不良・ヒーロー・左傾』人文書院、二〇〇二年、三三頁。

2 藤嶋利郎『最近に於ける右翼学生運動に付て』司法省刑事局、一九四〇年（以下「藤嶋報告」）、二一頁。

3 戦前の左翼学生運動の歴史については、菊川忠雄『学生社会運動史』海口書店、一九四七年に詳しい。

4 菊川忠雄、前掲書、二一六頁。「学生社会運動も、十三年度に於て、一応数的には飽和点に達した」。

5 後藤寿夫（林房雄の本名）「学生運動について」学連会報大正十三年六月二十五日号（菊川忠雄、前掲書、二五一頁）。後藤の提案した方針に沿って、学生社会科学連合会に改称された。

6 定義・分類の問題については、安部博純「戦前日本における国家主義団体の類型」『北九州大学法政論集』

六巻四号、一九七九年、三九七〜四三八頁が整理している。

7　文部省の思想関係部局の変遷については、『日本近代教育百年史（一）』国立教育研究所、一九七三年、九五九頁〜、荻野富士夫「文部省思想統制体制の確立——学生運動取締と思想善導」『歴史評論』通号三九四、一九八三年、二〇〜四〇頁などを参照のこと。一九二八年十月三十日、専門学務局内に学生課を新設し、同時に各大学・高等学校・専門学校に専任の学生生徒主事を置く。一九二九年七月一日、学生課を学生部（学生課・調査課）に昇格。一九三四年六月一日、学生部を拡充し、思想局（思想課・調査課）を設置。一九三七年七月二十一日、思想局を廃し、外局の教学局（庶務課・企画部・指導部）を設置。

8　近衛「新体制」政策による学内団体の再編過程については、宮崎ふみ子「東京帝国大学『新体制』に関する一考察——全学会を中心として」『東京大学史紀要』一号、一九七八年、六三〜一〇〇頁、山本哲生「戦時下の学校報国団設置に関する考察」日本大学教育学会『教育学雑誌』一七号、一九八三年、七八〜九〇頁などを参照。

9　「専門学校」は専門学校令（一九〇三年）によって定められた、高等の学術技芸の教授を目的とした高等教育機関であり、その多くが戦後は新制大学になった。高等工業学校、高等農林学校、高等商業学校、高等商船学校、医学専門学校、歯科医学専門学校、薬学専門学校、外国語学校、芸術体育専門学校、女子専門学校、その他の専門学校、および大学附属の専門学校からなり、必ずしも実業教育だけを目的とするものばかりではない（百瀬孝『事典　昭和戦前期の日本　制度と実態』吉川弘文館、一九九〇年、三八八頁以降参照）。

10　「藤嶋報告」五頁。

11　「藤嶋報告」一三頁。

12　「藤嶋報告」一三頁。

13　「藤嶋報告」一七頁。

14　「藤嶋報告」二〇頁。内務省警保局編『社会運動の状況』（一九二九年以降毎年）において右翼（国家主義）運動に関する記述が登場するのは一九三二年、文部省学生部が思想局に拡充して国家主義学生団体に関して本格的に調査を開始するのは一九三四年（表1資料A）である。

15　「藤嶋報告」二〇頁。

16　「藤嶋報告」二一頁。

17　丸山眞男『増補版　現代政治の思想と行動』未来社、一九六四年、三九頁。
18　伊藤隆「右翼運動と対米観――昭和期における「右翼」運動研究覚書」細谷千博他編『日米関係史　開戦に至る一〇年3　議会・政党と民間団体』東京大学出版会、一九七一年、二七一～二七二頁。伊藤論文が主に依拠する資料は、内務省警保局編『社会運動の状況』（一九二九年～）、司法省刑事局編『国家主義団体の動向に関する調査』（思想資料パンフレット別輯、一九三九年～）である。「復古―革新」派とは、「復古（反動）―進歩（欧化）」と「革新（破壊）―漸進（現状維持）」という二軸の組み合わせのなかに位置づけられる政治勢力である。
19　安部博純、前掲書、四〇三頁。官憲の国家主義運動観ないし右翼観については、高橋正衛「資料解説」『現代史資料二三――国家主義運動（三）』（みすず書房、一九七四年）も参照。
20　安部博純、前掲書、四一四頁。
21　『一覧』巻末統計からも似た形式の集計表が得られるが、会員数と学生生徒数が分からない。ここでは分析に使える情報量を優先して、藤嶋報告の集計表を採用した。
22　当初は四つに分類されていた。例えば一九三四年の文部省調査報告（表1資料A）では、四番目として「学内の軽佻浮薄なる気風を一掃し極左並反動的右傾学生を排撃し国家思想の涵養に努め堅実なる学風を樹立せんとするもの」という分類があった。しかし一九三九年時点では文部省は三分類を採用しており、「藤嶋報告」掲載の集計表でも「其の他（学風刷新を目的とするものを含む）」の項目は空欄（「統計を欠く」）になっている。この間、敵対していた左翼運動と過激な直接行動の沈静化により、不要になったと考えられる。
23　竹内洋『学歴貴族の栄光と挫折』中央公論新社、一九九九年、二四二頁。
24　竹内洋、前掲書「「左傾学生」の群像」四二頁。竹内洋『教養主義の没落』中公新書、二〇〇三年、四八頁。
25　丸山眞男、前掲書、六四頁。
26　橋川文三『［新装版］増補　日本浪曼派批判序説』未来社、一九九五年（初版一九六〇年、増補版一九六五年）、三二頁。
27　磯田光一『比較転向論序説――ロマン主義の精神形態』勁草書房、一九六八年、特に「補論　比較ロマン主義論の基本問題」（二六二～二八八頁）も参照のこと。「大正期の個人主義文明の崩壊→左翼文学という過程と、左翼文学の解体→日本浪曼派という過程とは、ほぼ等価な構造をもっていることを指摘することができる。このばあい、日本浪曼派における西欧ロマン主義の影響がイギリス・ロマン派ならぬドイツ・ロマン派を中心にあらわれたことは、かなり微妙な要因を包蔵している。〔中略〕転向も回帰もイギリス・ロマン派のように現実主義的保守主義への回帰としてあわられず、〔ドイツ・ロマン派のように〕古代的究極理念への回帰という形をとって現われるが、回帰的復古主義がラジカルな性格をもつこと自体が、裏からいえば革命運動における急進的前衛主義と同一の文化史的基盤に根をもっているのである」（二七七～九頁）。もちろん、日本浪曼派（保田與重郎）と原理日本（蓑田胸喜）は右翼思想のなかでも相容れないものがあっただろう。例えば、松本健一『原理主義ファンダメンタリズム』風人社、一九九二年（＝『挾撃される現代史』筑摩書房、一九八三年の増補・新版）。「蓑田と保田の違いは、いわば、現時点での清水幾太郎と三島由紀夫の違いに対比できるような気がするのである。つまり、蓑田の原理主義は、保田が「近代の超克」をめざしたのと異なり、近代主義と馴れ合っているのだ」（七八頁）。とはいえ、一九二二年生まれの橋川のような左翼を知らない戦中世代には「過激ロマン主義」に容易にイカれてしまうような気分が共有されていた、ということは言える。

28　松本健一、前掲書、九頁。

29　竹内洋『大学という病』中公叢書、二〇〇一年、二五八頁。

第二章　政治学講義と国体論の出会い――『矢部貞治日記』を中心に

嵐の前の静けさ

戦時期の右翼学生運動は、学内公認分だけでも全国約二〇〇団体（昭和十四年時点）が活動し、掲げるテーマも日本精神の闡明発揚から亜細亜の研究、国防意識の涵養まで幅広い。とても全体をひと括りに論ずることはできないが、そのなかから、本書では東大精神科学研究会とそれを中核とする全国組織・日本学生協会に焦点を当てたい。

その理由は第一に、周囲に与えたインパクトの大きさから見て、戦時期の右翼学生運動のひとつの到達点を示すものと考えられるからである。帝国議会の質疑でも数度にわたって取り上げられ、文部省や大学・学校当局はその扱いに大変苦慮した。何より、大学知識人に与えた衝撃の大きさは他の団体の比ではなかった。第二に、戦前期の左翼学生運動の歴史が新人会から始まったように、戦前・戦後を通じて日本の学生運動の象徴的な中心は常に東京帝国大学にあった。そして東大当局によって解散に追い込まれた学内団体は、左翼の新人会（昭和三年四月評議会決定、翌年十一月解散）に対して、右翼では精神科学研究会（昭和十六年三月評議会決定、同年四月解散）だった。戦前においてはこれが最後の学生運動となった。[★1] 第三に、にもかかわらず、これまでほとんど知られてこなかった。同じ国家主義学内団体でも新人会と同時代の興国同志会などは『國史大辞典』（吉川弘文館）にも単独項目として採用され、後身の七生社とともに付録の右翼系統図に然るべき位置を占めているのに対して、東大精神科学研究会も日本学生協会もまったく登場しないのだ。

第二章と第三章では、それらが歴史の表舞台に登場するきっかけとなった東大小田村事件に注目する。事件の背景を理解するために、まずは昭和十二年から十三年前半までの状況を振り返っておこう。

旧制高校的な教養主義が右傾培養器としても機能し、かつての左傾学生と比べても遜色ない規模の学生が国家主義団体に結集したことは、第一章で確認したとおりである。それでも日中戦争勃発以降の右翼学生運動が、藤嶋利郎が観察したように「学生らしき真摯と熱情と穏健と冷静とを指導精神として皇国の為学徒としての本分を尽すことに専念してゐる如く」であったのだとすれば、さしあたり結構なことと思われるかもしれない。実際、非合法の直接行動に短絡する危なっかしさは影を潜め、日本精神の奥義を「学生らしく」探究している姿を見れば、ようやく落ち着きを取り戻したかと学校関係者は胸をなでおろしたにちがいない。大学知識人にとっても、学生が過激な逸脱行動に走るのでなければ、つまり「学生らしき真摯と熱情と穏健と冷静と」をもって取り組むかぎりは、それが左傾化だろうが右傾化だろうが、思想内容自体はたいして問題ではなかったはずだ。せいぜい眉をひそめるぐらいで済んだ。その意味では、東大精神科学研究会も、東大に幾つもある「学生らしい」国家主義学内団体のひとつにすぎなかった。少なくとも昭和十三年六月に結成された時点では、そのはずだった。

ただ、大学知識人にとって、当時の右翼運動のなかで唯一不安要素があったとすれば、それは蓑田胸喜を中心とする原理日本社グループによる帝大粛正運動であろう。というのも、蓑田らの執拗なバッシング・キャンペーンは、貴族院・衆議院の議員有志とも連携しながら、すでに瀧川幸辰京都帝大教授（昭和八年瀧川事件）や美濃部達吉貴族院議員（昭和十年天皇機関説事件）を辞職に追い込んでいた。その勢いはますます強まり、『原理日本』誌上の帝大バッシング記事数は昭和八年頃から増加して十三年にピークを迎える。[★2] 昭和十二年十二月には矢内原忠雄東京帝大教授が辞職に追い込まれた。マルクス主義的であるか否かはもはや関係なく、何をネタに攻撃されるのか予測困難だった。大学知識人のなかでも、特に帝大教授たちが最大限神経を尖らせていたのは、身内の学生の思想傾向よりも、外部で跳梁跋扈するこの〈蓑田的なるもの〉に対してだった。

また昭和十三年五月に就任したばかりの荒木貞夫文部大臣（陸軍大将）が、「不祥事」続きの帝国大学を人事行政の実権を握ることで粛正しようと狙っていた。特に帝大総長の任免に関して、それまでの人事慣行（学内推薦を受けて文相が任命）から文部大臣の（拒否権を含む）権限として取り戻そうとしており、強硬に反対する東大当局とのあいだで緊張が高まっていた。蓑田らのバッシング・キャンペーンが帝大粛正の世論を盛り上げ、世論を追い風にして文部大臣が動き、文部大臣のお墨付きを得てますます帝大粛正運動は気勢を上げる。「学問の自由」「大学の自治」はまさに重大な危機に瀕していた。

東大小田村事件はこうした状況のもとで起こった。

『矢部貞治日記』による定点観測

事件の詳細な経緯を知るための資料は限られている。『一年八ヶ月余にわたり無期停学のまゝに放置せられ居る小田村問題の真相を録し文教当事者各位の御清鑑を乞ふ』（日本学生協会、一九四〇年）をはじめとする同時代の資料と、戦後の回顧録、小田村寅二郎『昭和史に刻むわれらが道統』（日本教文社、一九七八年）がある。事件を正面から取り上げた研究としては、占部賢志「東京帝国大学における学生思想問題と学内管理に関する研究——学生団体「精神科学研究会」を中心に」（九州大学大学院教育学コース院生論文集、二〇〇四年、第四号、六七〜九三頁）が関係者の日記や評議会の記録など東大当局側の資料をもとに事件を再構成し、これを契機に学内管理体制が強化されていく経緯を明らかにしている。★3

これらの資料に依拠すれば事実関係を時系列順に並べることは容易であるが、この事件の難しさは、当事者の一方（小田村側）にとっては「学風改革への弾圧」、他方（大学側）にとっては「大学自治の破壊」と、相反する評価が同時に成り立ち、事件を記述しようとすると立場の選択を迫られる点にある。また小田村側が残した資料と証言に対して、大学側の資料は少なく、また戦後に誰も積極的には語らなかったという制約もある。

しかしこの事件の面白さは、敵対する二大勢力の抗争という構図ではなく、偶然と必然の作用によって「意図せざる結果」が連鎖的に引き起こされていくダイナミズムにある。前項で概観したように、昭和十二年から十三年前半の大学知識人はみな、この先自分たちの身に何が起こるか予測できず、戦々兢々と身構えていた。

この「何が起こるか予測できない」初期状態からの推移を辿るのに格好の資料として、ここでは『矢部貞治日記銀杏の巻』（以下『日記』）を用いることにする。矢部貞治（一九〇二―六七）は東京帝国大学法学部で政治学講座を担当しつつ近衛文麿の側近・後藤隆之助が主宰する「昭和研究会」にも参加していた。公刊されている全四巻の『矢部貞治日記』のうち、特に第一巻「銀杏の巻」は昭和十二（一九三七）年五月二十八日から二十年十二月三十一日までを克明に記録しており、昭和十年代の政治史を記述するうえでは不可欠な一次史料である。

『日記』に含まれる膨大な情報量を駆使した研究としては、伊藤隆『昭和十年代史断章』（東京大学出版会、一九八一年）がよく知られている。伊藤隆は同書の冒頭で、日記に含まれる情報を三つに分類している。①東京帝国大学法学部の助教授・教授の職務に関連するもの（講義案の作成、講義および演習、それらを通ずる学生との関係、教授会、人事その他をめぐる教授会内の人間関係、研究会、国家学会など）。②学外の政治行政とむすびついた研究調査立案活動に関するもの（昭和研究会、海軍の政治懇談会、綜合研究会、総力戦研究所、義斉会、国策研究会など）。③直接的な政治への働きかけと、それに関連してもたらされた実際政治に関するもの（②に附随して、大政翼賛会の成立前後の活動、太平洋戦争開戦前夜の末次内閣擁立運動、東條内閣打倒の運動など）。伊藤の『昭和十年代史断章』は②と③の情報を抽出・再構成するものだが、①についても次のようにコメントしている。やや長くなるが、われわれにとっては重要なヒントを与えてくれるので引用する★4（傍点引用者、以下同様）。

> このような東京帝国大学教授の生活がかなり赤裸々に記録された日記が公刊されたのは初めてであり、この点でも興味深いものである。それはさておき、この日記でみる限り矢部教授は教授としての義務をかなり精力的に果しているようである。講義案の作成や演習についての記事にそれはあらわれている。他の仕事に多くの時間をとられながらも、しばしば反省し、大学への帰属感を再確認している。しかしこの生活は必ずしも矢部教授にとって愉快とばかりは言えなかったようである。学生との関係でいえば、小田村寅二郎という右翼学生からの追及への対応は、この日記の前半の主要なテーマの一つをなしている。この小田村事件での矢部教授は、過般の大学紛争の際の、いわゆる「良心的」教授の学生に対する対応と苦悩を思わせるものがある。矢部教授も「良心的」であったといってよいだろう。いわゆる右翼―「復古」的な右翼の執拗な攻撃に対し最後まで矢

部教授は強い反感をもちつづけ、しばしばそれを日記に書きしるしている。彼らの攻撃の中でなかなか教授昇進の発令の出ないこと、大学の中でそれに呼応するスタッフのいることに、強い憤懣を記しているのである。教授会の中の人間対立もまた、一貫したテーマの一つであるが、ここでも矢部教授はあまり愉快な情況ではなかったことがうかがわれる。ここでは、対立は必ずしも今日いう意味の「進歩」派と「反動」派の対立というような単純な図式では説明しきれないものであったこと、しいてそうした単純化をするならば、矢部教授はどちらかというと「進歩」派に近かったということは、興味深い。以上の問題については、これで切り上げることにしたい。

＊小田村らのグループ（東大精神科学研究会、東大文化科学研究会、日本学生協会、精神科学研究所など）のその後の動きについては別に書きたいと思っているが、さし当り小田村寅二郎『昭和史に刻むわれらが道統』（昭和五十三年、日本教文社）、小田村寅二郎編『憂国の光と影　田所広泰遺稿集』（昭和四十五年、国民文化研究会）をあげておく。なおこの時点での問題については田所広泰編『一年八ケ月余にわたり無期停学のまゝに放置せられ居る小田村問題の真相を録し文教当事者各位の御清鑑を乞ふ』（昭和十五年、日本学生協会）がある。

なお注記にあるような「小田村らのグループのその後の動き」については、『昭和十年代史断章』の翌年（一九八二年）の論文「『自由主義者』鳩山一郎——その戦前・戦中・戦後」★5において若干の言及があった後、「山本勝市についての覚書・附山本勝市日記」（一）～（三）（一九九五～九七年）★6において新資料と関連させながら改めて取り上げられた。

以下では、伊藤が「興味深い」としながらも割愛せざるを得なかった情報①を中心に抽出・再構成しながら、固定された視点からのリアルタイムの状況報告という『日記』のメディア特性を活かして、東大小田村事件前後の大学知識人の側の動揺と憂鬱を浮かび上がらせたい。特に矢部貞治の場合、自身の政治学講義と国体論との最初の接触（First contact）の衝撃が、その後の昭和研究会から近衛新体制につながる自らの政策的実践に与えた影響は、たんなる心理的な「動揺と憂鬱」にとどまらない。

昭和十二年の前兆

まず『日記』のなかで大学問題や学生問題に言及している日付を拾って一覧表にしておく（表1）。関連記事の出現頻度の推移を概観する便宜上、内容に応じて二列に分類整理した。左側の欄（大学問題）には学外からの帝大教授攻撃、経済学部の派閥抗争、総長任免権問題、平賀粛学、学内新体制などが、右側の欄（学生問題）には小田村寅二郎との政治学講義をめぐる往復書簡、小田村事件、日本学生協会などがそれぞれ含まれる。

小田村事件は昭和十三年九月であるが、表1を見ると、矢部貞治の身の回りではそれ以前から様々な前兆が起こっていたことが分かる。

『日記』は、気鋭の助教授[★7]（満三十四歳）である矢部貞治が、約二年間にわたる米英仏独留学から帰国する昭和十二年五月二十八日から始まる。挨拶回りが一段落すると日々の生活も落ち着いてきて、研究と仕事に張り切っている様子がうかがわれる。七月から日中戦争が勃発しているが時局に関する感想はあまりない。夏休みには、留学の成果を踏まえた『政治学講義要旨』の改訂作業に時間を割いている。政治学講義は九月十四日から開講し、弘文堂で印刷製本した講義要旨を一部七〇銭で販売した。四〇〇部用意していた講義要旨はすぐに売り切れて、結局六〇〇部を増し刷りしたというから、相当な人気講義だった様子がうかがわれる。講義のあとに質問にくる学生の相手をして時間を取られたと愚痴ることもあるが、ここまではごく普通の光景である。

そんな日常が破られる最初の前兆は十月九日にやってきた。

> 田中耕太郎さんが十月六日付の「帝国新報」なるものを持って来て下すった。蓑田胸喜一派の新聞らしいが「東大助教授矢部貞治氏の主権否認論」と言ふトップ記事で、昭和八年の僕のプリントの「主権的民族国家の危機」を引用して攻撃してゐる。要するに田中耕太郎、横田喜三郎などの世界法、国際法上位論を承継するのだとの攻撃論だ。僕が民族を重視するところは全然省略してある。又僕が国際連盟を尊重しないことなど忘れてゐる。愚劣極まる攻撃だ。併しこれで僕も愈々ブラック・リストに載って来たらしい。〈10.9〉（傍点引用者、以下同様）

表1 『矢部貞治日記 銀杏の巻』における大学問題・学生問題関係記事（昭和12年5月～16年3月）

	大学問題、帝大粛正	学生問題、小田村事件	備考
昭和12年	9,15		帝大教授バッシング
10月	3,20,25,26		
11月	1,3,6		
12月			
昭和13年			
1月	7,19,21	31	
2月	1,4*,6,7*,9,10,11,12,14,15,16,17,20,23,24,25*,26*		経済学部の派閥抗争
3月	2,5,7,11,13,14,17,23,24	9,15,17,20,24,25,26,28,29,31	小田村との往復書簡
4月	4	1,3,4,5,7,10,16,18,21,22,25,30	
5月		21,28	
6月			
7月	28,29		総長任免権問題
8月	1,2,3,6,12,13,20,21,25,26		
9月	3,7,10,13,19,21,28	7,10,13,15,16,17,18,19,26,29	小田村論文が問題化
10月	1,5,6,7,11,18,19,20*,21,22,23,24,25,26,28	7,25	
11月	2,7,8,12,19,22*,24	8,10,14,16,24,29,30	小田村無期停学処分
12月	9,15,17,19,20,24,26	1,6,7,9,10,22,24,26,28	
昭和14年			
1月	11,14,15,17,19,21,23,27,28,29,30,31	29	平賀粛学
2月	1,2,3,4,6,8,9,13,14,15,17,19,21,22,23,24,25,26,27	2,19	
3月	2,4,6,30,31	10	
4月	14,19		
5月	13,15		
6月	17,29	29	
7月	4,6,8	4	
8月	8,27		
9月			
10月			
11月	4		
12月	12,18	12,18	
昭和15年			
1月			
2月	22		
3月			
4月			
5月			
6月		3,13,15,22,23,24,27	日本学生協会発足
7月		1,16	
8月			
9月	2,5,9		学内新体制
10月	11,19,20,21,22,23,31	5,10,22	
11月	7,14,18,21,27	18,20,21,22,25,26,27,28,29	小田村退学処分
12月	4,22*,31	1,4,18,24,31	
昭和16年			
1月	2,8*,24	2,16,24,25	
2月		18	
3月			

（注） 表の数字は日付、＊は矢部本人に関係する記事を表す。

一般公開を想定しない「プリント」（講義要旨）が引用されるとは。この時期、矢部は雑誌『理想』の原稿（「民族発展の倫理」）を書いていたが、「時局柄、実に書き難い。下手な文句を使へば直ぐひっかゝる」〈10.10〉、「余程慎重な書き方をしたため、何となく不愉快な文章になった。……さればとて倫理と理想を説かなければ、僕の学問的生命がなくなる」〈10.15〉という深刻な「ディレムマ」に悩んでいる。

ひと月がたち、『理想』の掲載号が届いた日、矢部は南原繁教授の研究室に呼ばれて、「自分が信ずべき筋から聞いたところでは、東京帝大に対する軍部の攻勢は極めて用意深い策略を以て為されつゝあるらしい」と教えられる（南原繁の弟子である丸山眞男はこの年、助手の一年目だった）。

一つは経済学部を中心とした一つの運動（恐らく土方（成美）、本位田（祥男）、橋爪（明男）などが先日も明治節に神宮参拝の音頭を取った事などと関連するであらう）もあるし、もう一つは、法学部を陥れる第一歩として軍部と関連した考へ方を持つ者をそれとなくその陣中に誘ひ入れるといふやり方で、僕と安井（郁）君との北支行きはそれの第一歩なのだといふ話しであった。……僕は先生の忠告には心から感謝したが、実のところ先生のこの様な憶測には尚一抹の疑惑を持つ。……まあ併しとにかくこの様な事も心に畳んで、若し本当なら敵状視察のつもりで自分としては善処するつもりだ。何もかも経験だ。経験して見ねば判らない。……何れにしてもこの事件で僕は少し（田中耕太郎）学部長の態度を高く買い過ぎたことは明かだ。学部長も矢張りまだ経験が足りぬ。南原先生に依れば、僕も、更にはそれ以上に学部長も、物事を余りに善意に取り過ぎるわけである。
〈11.20〉

南原が言及した二点のうち、後者の「北支行き」は中国東北部の文化工作のための視察（十二月出発）で、一週間ほど前に田中耕太郎学部長から打診され引き受けたばかりだった。外務省文化事業部が中心となり文部省や軍部も協力する企画で、東大からの派遣も要請され、矢部がその一人に指名されたと聞いていた。「法学部を陥れるための軍部の策動」とは、さすがに考えすぎではないかと思うが、かといって矢部にそれを否定できるだけの根拠があるわけではない。前者の「経済学部を中心とした一つの運動」で挙げられている神宮参拝の件とは、十一月三日の明治節のとき大学での式のあと土方成美経済学部長や橋爪明男教授が音頭を取って、雨のなか六〇〇人から一〇〇〇人という規模の学生が明治神宮に参拝した一件で、これも新聞に「大学として未曾有」と報道されていた〈11.3〉。

その「運動」の続きを、矢部は南原教授から忠告を受けてから五日後の新聞報道で知ることになる。経済学部の土方成美学部長が、教授会の席で矢内原忠雄教授の論文「国家の理想」（『中央公論』昭和十二年九月号）を時局に不適切と批判、「土方、本位田等が時局に対し積極的に国家的行動をとるべきことを教授会で長い論議の末決した旨の談話を発表し、総長が又例の軽率さで大いに之を支持し、時局に対する積極的な協力を既に文部大臣にも「誓った」と言ひ、現下の様な時局では学者は研究室に止るべきではないなどといふことを公言し、新聞は「象牙の塔の百八十度の大転回」だなどと書いてゐる」〈11.25〉。

さらに翌日の夕刊を読むと、少しずつ事情が明らかになってくる。「問題は先般の明治神宮参拝事件で経友会の委員等が之に反対して参加しなかったところから出発してゐるらしくそれに二三の教授の助言もあったらしく想像される。学部長土方の名で委員全部を総辞職させたらしい。この問題を巡って昨日の土方、本位田の声明になったわけだ」〈11.26〉。

この問題の背景には経済学部の根深い派閥抗争が絡んでおり、[★8] 矢内原糾弾の側には本位田祥男や田辺忠男が、矢内原擁護の側には大内兵衛や舞出長五郎などがいた。矢部はこれが文部省や内務省の介入を招き、法学部にも飛び火するのではと危惧した。

> 併し同時にこの際文部省と内務省で「帝大内の二三の教授の言動執筆に関し」又学生につき、処分問題が考慮されつゝあるとの事で、相当の波紋を生ずるらしい。二三の教授といふ中に大内、矢内原などといふ人が入ってゐることは容易に想像されるが、その他にどんな人が意味されてゐるのか？　河合〔栄治郎〕、横田〔喜三郎〕などはどうか。そして僕自身は？　何にしても不愉快極まる事件が又持上らうとしてゐるわけだ。〈11.26〉

五日後の夕刊で、矢内原忠雄教授が辞表を提出して依願免官となったことを知る〈12.1〉。その二日後の昼食時に、経済学部の大内兵衛教授（矢内原擁護派）の隣り合わせに座って情報収集したところ、「要するに橋爪あたりが策動したらしい。藤井武氏の追悼会で為した反戦論が一番の原因だとの事だ」〈12.3〉。これは矢内原が「日本の理想を生かすために、一先ずこの国を葬って下さい」と言明したという内務省情報を得て、長與又郎総長が矢内原の辞職以外方法がないと判断したものであるが、★9 矢部の危機感はますます強くなった。

矢内原辞職の一件は、南原から示唆された陰謀論にも「尚一抹の疑惑を持」って「物事を余りに善意に取り過ぎ」ていた、自分の甘さを戒めるのには十分だったはずだ。

憂鬱と憤慨の日々

昭和十三年の正月休みが明け、久しぶりに研究室に行った矢部貞治は、留守中に溜まった郵便物のなかに不吉なものを見つけた。「蓑田「狂」喜の帝国新報が一括して届けられてゐるが、これには河合栄治郎と宮沢俊義がひどくやられてゐる」〈1.7〉。河合は経済学部、宮澤は法学部の教授である。『帝国新報』が自分宛に直接届けられてみると、いよいよわが身にも迫ってきたという実感が湧いてくる。それからまた「切りに右翼から大学攻撃の新聞が出る。今日も一つ送って来た。我妻〔栄〕さんの話しに依ると「原理日本」で又僕を攻撃してゐる由」〈1.19〉。自分がどのように攻撃されているか気になって、「この雑誌を探して見たが大学附近の本屋にはどこにもない」〈1.21〉。問題にされた教授たちはメディアにアンテナを張りめぐらし、お互い情報交換するようになっていた。

一月三十一日の講義のあとで「学生が来て、国体論を盾に色々の質問をした。在来の学生は嘗つて国体を以て僕の説に質問をしたものはないが、これは又実にねちり／＼とやる。多分何か右翼団体のスパイでもあらう」〈1.31〉。あとから振り返れば、これは小田村寅二郎と一高昭信会で一緒だった今井善四郎との最初の接触であり、また矢部の政治学講義が国体論と直面した最初だった。この日はこれ以上の感想を残していない。おそらく「人民戦線派」の第二次検挙の噂に注意が向いていたのだろう。

翌日の号外では「有沢広巳、美濃部亮吉、脇村義太郎君までやられてゐる。どんなに考へても脇村君は不可解だ。

家に帰って夕刊を見ると、心配した如く、大内〔兵衛〕さんもやられてゐる。その他法政の阿部勇、南謹二、笠川金作などゝいふのもあり、全国で卅八名余に及ぶ」〈2.1〉。その後、新聞が第三次、第四次検挙を伝えるなか、矢部は最近の原理日本の攻撃や国体論の質問などを思い出しては、「嫌な」気持ちが湧いてくるのを抑えられない。自分がやられるのは、もはや時間の問題か。

　更にこれとは別口で、貴族院では三室戸〔敬光〕といふのが田中耕太郎さんの「法と宗教と社会生活」の中に神社を冒瀆した所があるとて非難の演説をしてゐる。暗澹たる世相だ。昨日僕のところに国体論を持ち込んだ学生のことなど考へると嫌な気がする。〈2.1〉

　高橋勇治君が来て、原理日本で僕を攻撃してゐる旨のことを心配し乍ら話して行った。……それにしても実に嫌なことばかりだ。僕は学問と大学をライフ・ワークとして択んだ以上、それと生死を共にすることに何らの懸念もないが、妻子の運命を思ふと実に辛い。その点だけ何とかなれば実に明鏡止水なのだが。益々ひどくなる時勢を考へては、夜も眠られず。電車の中でも街の上でも深酷《ママ》な憂鬱を如何とも為し得ぬ。〈2.4〉

『原理日本』でどのように攻撃されているのかが気になる。本屋では手に入らないので、内務省に出掛けたついでに小学校以来の友人・古井喜美に頼んで、警保局検閲課で現物を見せてもらったところ、「やってゐる〳〵。頗る憤慨に堪へぬのは、こんな札付きの連中の攻撃を金科玉条の様に警保局の役人が読んで、僕の分などにも赤い線や青い線を引き、丸や記号を付けてゐることだ。恐らくこれをそのまゝブラック・リストに載せるわけであらう」〈2.7〉。矢部貞治は、田中耕太郎、河合栄治郎、佐佐木信綱らと並んで批判されていたが、その内容を見て憤慨する。

　凡そ講義案は、只学生の筆記の労を省くために要旨を書いたもので、これは当然に教室に於ての講述と相

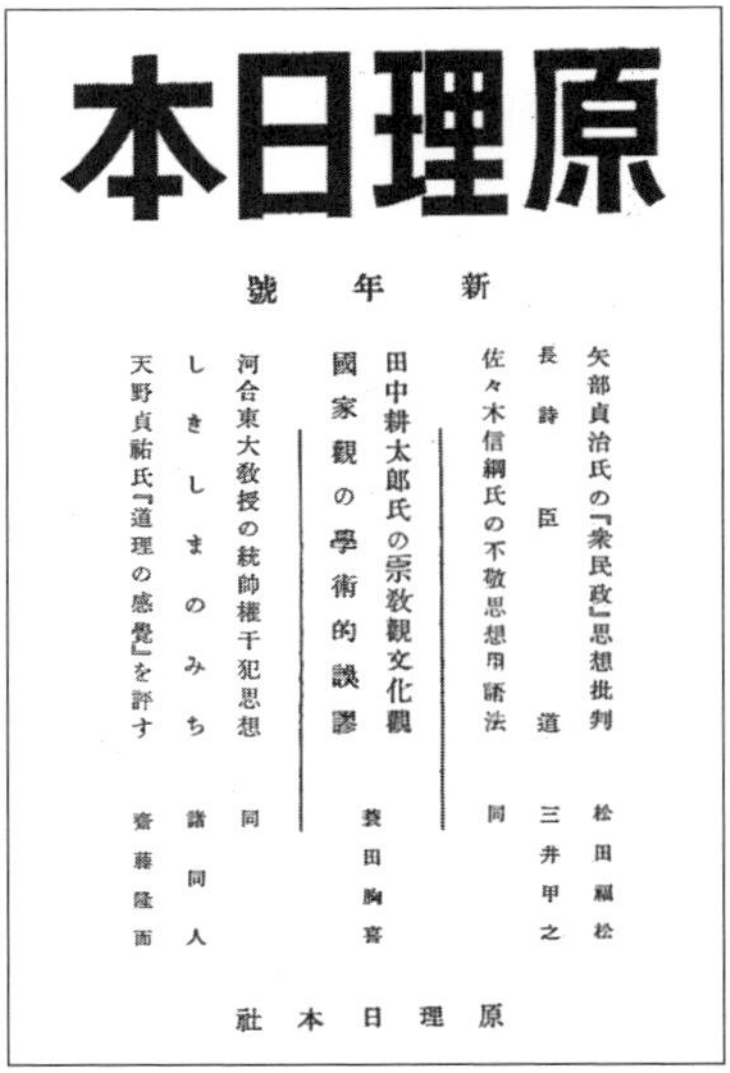
原理日本

新年號

矢部貞治氏の『衆民政』思想批判 松田福松
長詩 臣道 三井甲之
佐々木信綱氏の不敬思想用語法 同
田中耕太郎氏の宗教觀文化觀
國家觀の學術的誤謬 蓑田胸喜
河合東大教授の統帥權干犯思想 同
しきしまのみち 諸同人
天野貞祐氏『道理の感覺』を評す 齋藤隆而

原理日本社

『原理日本』昭和13年新年号の表紙

俟って一ヶの思想になるのである。……それに対し、僕は何か日本人たる感激、国体に対する歓びを表してゐないこと、日本精神に関する文献は何等引用されないこと、英米衆民政の随喜だとて攻撃するのである。最もけしからぬのは、ナチスやファッシズムに対する僕の批判を以て、人民戦線派の一証左だとし、同じ位に断乎としてボルシェヴィズムをも排撃してゐるのを故意に無視して、寧ろ僕がソヴィエトを賛美してゐると附会し、更に僕が帰朝匆々に「社大党」に好意を示したことを引用して、正しく人民戦線の一闘士だといふのである。……

古井とも色々話したが、要するに息をつまされる程の不愉快だ。あとで一緒にビールを飲んで別れたが、心は憂鬱の固まりであった。僕は思想が右翼の立場からけしからんとの理由で問題にされ、免官になることは深く覚悟してゐるから構はぬが、人民戦線だと牽強附会されて、検挙でもされることになるとすれば、不愉快で憤慨に堪へぬのだ。〈2.7〉

弾圧そのものよりも、自分の思想が曲解されていることへの憤慨が大きい。何より「人民戦線」と一緒にされるのは我慢がならない。人民戦線（Front populaire）というのは一九三〇年代のファシズムの台頭と戦争の脅威に対抗する左翼諸勢力の共同戦線で、フランスで始まり、コミンテルン（ロシア共産党が指導する国際共産主義運動の中央組織）第七回大会（一九三五年）で正しい戦術として採択されて以後、各国に広がりつつあった。当時の日本では、コミンテルンの手先、もしくは共産主義運動の合法的隠れ蓑、という意味合いが強調されて、「反ファシズム＝親共産主義＝反国体」と短絡するレッテルが独り歩きしていた。こうしたなかでは、ファシズムにも共産主義にも批判的な矢部のような立場は、なかなか理解されなかった（一九三九年の独ソ不可侵条約が「複雑怪奇」とされた所以）。

矢部にとって反国体的という批判も心外であった。この後、『日記』には珍しく、三日連続で国体を意識した書き込みが認められる。「自分は忠良な臣民として自覚してゐても、何時の間にか非国民にされるのはどうにも仕様がない」〈2.9〉。「国体の神聖と皇室の尊厳とそして国民の参政と幸福……僕の理想も正しくそれと同じだ」〈2.10〉。「忠良な国民を非国民扱ひとするのが何の日本精神であらう。比類なき国体、赤く明るき皇道精神は断じてかゝる輩のものでない」〈2.11〉。ここにきて「自分は反国体か？ 否、断じて違う」と自問を繰り返す様子がうかがわれる。先日の学生からの質問で嫌な気持ちになったのは、これまで意識していなかった国体論を突然ぶつけられ、しかもそれを自らの学説のなかに位置づけながら説明することができなかったためではあるまいか。

小田村寅二郎との出会いは、その一ヵ月後である。

土方成美の突出と失脚

内務省から帰った晩は「憂鬱にとざされて睡眠出来ず」というひどい精神状態であったが、翌日大学に行き同僚たちと話したら少し気が楽になった。「検挙などゝいふことはあり得ぬと皆が言ふし、綿貫さんは、明治維新の人物の統計を引用して、極めて稀な少数を除けば、時代に活動した人物は皆傷いてゐるのだと言ひ、この様な興亡は歴史の法則だからといふのであった。じっとしてこの暴風雨を避けるの他はない。今問題にされてゐる連中の中では横田〔喜三郎〕氏は憂鬱らしいが、宮沢〔俊義〕君は割に朗らかである」〈2.8〉。

大学で田中耕太郎学部長から「問題の背後には常に土方〔成美〕が連絡してゐる」と教えられる。田中が挙げる根拠は、貴族院議員の三室戸敬光が田中批判の際に土方成美の言説を引用していること、また評議会や部長会議の内容が外部に筒抜けであることなど、状況証拠にすぎないが、矢部は「土方といふ人間の悪辣邪姦なことがつく〴〵憎くなった」〈2.11〉。このあたりから徐々に、大学問題の「真の」背後関係が話題に上がってくる。表向きは経済学部内の派閥争いに見えていたが、実はもっと巨大な陰謀が隠されているのではないか。「土方一派のクーデター」〈2.15〉という表現まで飛び交う。

二月十六日は学年最後の講義だった。「終講の辞を述べて拍手を浴びて降壇。併しこゝ数週間位嫌な気持で講義をしたことはない」。やっと講義が終わったと思ったら「夕刊に依ると、貴族院で又実にひどくやってゐる。井田磐楠といふ男で、河合、末弘、田中、横田、宮沢と総なめだ。一々本を引用してゐる。僕はまだ問題にならぬ様だが、事は益々拡大してゐる」〈2.16〉。翌日に貴族院の速記録を確認してみると、「帝国大学法経は「人民戦線」オン・パレードだとの非難で、河合さんは「共産主義と紙一重」と言ったわけ。殊に大学令第一条の解釈につき木戸文相が河合さんと反対だと言った由で、河合さんの進退が先づ問題になってゐる。食堂がこの問題で色めいてゐる」〈2.17〉。

先にも述べたように、「人民戦線」というレッテルがやっかいなのは、河合栄治郎のような、本来、共産主義とは一線を画するはずの自由主義者までもが「共産主義と紙一重」に拡大解釈されてしまう、という点にある。これにより党組織の壊滅後にもかかわらず、評論や講演の字句レベルのチェックで弾圧されるようになった。多くの学者や文筆家はこの「人民戦線チェッカー」が反応する表現を自粛するようになったが、矢部の場合は、人民戦線というレッテルを貼られて初めてそれが耐え難い曲解だと気づき、また同時に自らの国体観を繰り返し確かめたのだった。学年最後の講義が終わると、さっそく「時局柄僕の講義案の誤解され易い字句を修正」するための準備を始めているが〈2.18〉、したがって、これはたんに「弾圧対策」として字句レベルの偽装を施すというよりも、誤読の余地なき正確な論述を期するものでなければならなかった。改訂作業は二月二十八日から本格的に取り掛かり、以後ほぼ毎日それに時間を割いている。

大学や議会の外でも相変わらずやっている。しかし自分の名前が挙がってもどこか余裕が感じられるのは、だんだん腹が据わってきたためだろうか。

蓑田胸喜の一派は「帝大法経学部の排日学風」を演説会や、本で、騒ぎ立てゝゐる。新聞に大きな広告の出てゐるのを見ると「国家と大学」なる本の目次には、田中耕太郎、横田喜三郎、河合栄治郎、末弘厳太郎、蠟山政道、の諸家と並んで僕も掲げられてゐる。かう名を掲げて見ると、皆法経学部で名声嘖々たる花形教授だが、更に可笑しいのは「郎」の字が多いことだ。前に問題となったものでも、大森義太郎、山田盛太郎、平野

義太郎、脇村義太郎等々がある。〈2.25〉

新聞にはでか〳〵と僕等の名を挙げて「国家と大学」を論ずるし、立て看板に依ると今日神宮外苑の青年会館で「帝大排日学風」排撃の大演説会がある由だし、実に不愉快だ。井田、江藤（源九郎）、蓑田、三井の札付き連中だ。……

何か辞職でも強要して面会にでも来る暴漢でもあるかといふことを思ったりしたが、別に「治安」は妨害されず。……新聞によると土方、本位田の輩は大内さんのことを「覆面の共産主義」だと声明して「職を賭して」やる由。法学部の方は「動かぬ人民戦線」ださうだ。〈2.26〉

二月二十三日、経済学部教授会は大きく動いていた。大内兵衛教授の起訴前の休職処分をめぐって、急進派（土方、本位田、田辺、荒木、中西、馬場）と自重派（河合、上野、舞出、森、山田）が激突するという構図であるが、矢部はこの日、まだ結果が出ていない段階で横田喜三郎教授から次のような裏情報を得ている。「各学部長の話し合ひで、起訴前の休職処分の問題は教授会の問題にせぬ様、土方に勧告したのだとの事で、これは総長も同意したのだのに、まだ土方がやってゐるのは、要するに総長に力がないのだとの事。尚秘密ではあるが近衛首相、木戸文相は、起訴前の休職などは無用だとの意向の由で、このことも大学側には判ってゐるのだとの事だ」〈2.23〉。

土方学部長の提案はすでに学部外の支持を得られず孤立状態に置かれていたことになる。それでもなお採決に踏み切ったのだろうか。矢部は翌日の朝刊で、即時採決を主張したのは自重派の側であり、土方派はむしろ採決を延ばそうとしたことを知る。その結果、起訴前の休職処分という提案は否決されていた（急進派だった馬場が自重派に加わったため）。

これにより大内処分の提案が二度も敗れたので、「学内自粛は大学の力だけでは不可能」といふ理由のもとに、土方は学部長の地位に辞意を表明した由。これを読んでとにかく一応安堵した。併し土方派の策動がこのまゝ止むものではあるまい。……

〔教授会の後〕学部長から土方一派の行動は外部と連絡して為されつゝあるものでこれは大学全体、学界全体の問題だといふ趣旨の説明があり……〈2.24〉

「学内自粛は大学の力だけでは不可能」という土方成美経済学部長の辞意理由を、田中耕太郎法学部長は、積極的に「外部と連絡して」学風刷新を図っていくという新たな宣戦布告として理解した。土方は学部長職を離れることで、かえって学部を超えた「策動」を縦横に展開するに違いない。したがって「大学全体、学界全体の問題だ」というのは、「大学の自治、学問の自由」をめぐる攻防に発展するだろうという覚悟を示している。

その一〇日後、「最近法学部で思想的に問題とされてゐる人」（田中耕太郎、末弘厳太郎、蠟山政道、横田喜三郎、宮澤俊義、矢部貞治の六人）が集まって秘密の対策会議を開いた〈3.5〉。そこでは、①法学部全体の名で声明を出すこと、②貴族院で問題とされた学説については個別に弁明すること、ただし③「蓑田一派の挑戦は、学術的論争ではなく、只暴言を以て人を陥れんとする政治運動に他ならず――これには原理日本に、小林一郎の「国民評論」、時局懇談会、それに満洲国の建国大学の一派も関与しているらしい――、この一派には特に相手としない」こと、などを確認した。

僕自身も大学と学問を守るための闘争には職を賭し、生命を賭しても合流するが、学説に関して弁明をする気は今のところない。僕自身は議会で問題にされたわけでもないし、帝国新報と原理日本に一回づつ載っただけで、而もその材料は著書でも何でもない講義案に他ならぬ。これは講義と一緒にしてのみ独立した意味を持つのだから。この様な非売品を一般に弁明する義務はない。加えて僕の論説の積極的方面に関して何か批評してゐるといふよりも、日本人たる感激が現はれてゐないとか、西洋かぶれであり乍ら対支工作の代表になったとか、ファッショやナチスを排斥してゐるから人民戦線だと言った様なもので、論争もへちまもないのだから。

〈3.5〉

小田村寅二郎からの手紙

昭和十三年三月七日、政治学の期末試験を実施した。「一、自由主義国家観の論評。二、政党の政治的機能」〈3.7〉。その日からさっそく答案の採点を始めた。受講者は四〇〇人を軽く超えるので、何日もかかる。採点を始めて三日目にその手紙は届いた。

昭和十二年入学の小田村寅二郎といふ学生――これは嘗って国体論を以て質問に来た男と同じらしい〔これは今井善四郎の間違いだった〈3.25〉〕――が、手紙を寄越して答案に於いて出題には答へず専ら僕の講義を根本的に批判したといふので、その分を出して読んで見た。例の原理日本の僕に対する誹謗を笠に着た感がないでもない。僕の態度は作意で欺瞞で、概念の遊戯だといふ。併し真面目らしい上に、何よりも国体論で来ると、僕のプリントに西洋文献のそのまゝの引用などあるので、相当丁重に返事を出した。かういふ学生の出て来るのも困ったことだ。かういふ人間があったとて直ぐにどうといふわけではないが、併し何もかも憂鬱で、学問など一生懸命にやる気がなくなるのも如何とも為し得ぬ。あれこれで採点が進捗せず。〈3.9〉

これが矢部貞治と小田村寅二郎との最初の出会いである。小田村の試験答案に始まる「政治学論争」は四月半ばまでに一三通を数えた。われわれはその往復書簡の詳細を、『日本政治学原理を追究して――東京帝国大学法学部政治学教授矢部貞治氏と学生小田村寅二郎君との学術論争往復文書』（日本学生協会、一九四一年）によって知ることができる。以下に、目次から書簡を抜粋する。

矢部貞治先生に奉るの書（昭和十三年三月七日）

――小田村君の試験場にて作成せる答案大綱――

小田村寅二郎君の第一信（同年三月八日）
——答案に於ける所見開陳に関する補足——
矢部貞治氏の第一返信（同年三月九日）
小田村寅二郎君の第二信の其の一（同年三月十四日）
小田村寅二郎君の第二信の其の二（同年三月十五日）
——前日の所見開陳に関する補足——
矢部貞治氏の第二返信（同年三月十七日）
小田村寅二郎君の第三信（同年三月二十三日）
矢部貞治氏の第三返信（同年三月二十七日）
小田村寅二郎君の第四信（同年三月三十一日）
矢部貞治氏の第四返信（同年四月一日）
小田村寅二郎君の第五信（同年四月六日）
矢部貞治氏の第五返信（同年四月七日）
小田村寅二郎君の第六信（同年四月十六日）

小田村が試験答案の代わりに書いた「矢部貞治先生に奉るの書」（三月七日）とはどんな内容だったのか。分量は四〇〇字詰め原稿用紙に換算して一五枚程度であるが、そこに含まれる重要な論点を再構成してみよう（傍点引用者）。しばしば「右翼の攻撃」とひと括りにされるが、これは東京帝国大学助教授の政治学講義が国体論と正面から対峙した貴重な記録である（もちろん公開を想定しない私的な書簡だからこそ可能だった）。

（1）研究対象から日本が除外されていること　矢部先生は、政治学は「中心科学」であり、「一生涯を通じて関心を持つべき」学問中の重要学問である、と仰られた。にもかかわらず研究対象から日本が除外されたのは何故か。「衆民政原理が思惟の世界で理想的だと断定せられても、若しそれが現実を直視せぬ思惟である限り、それは単に教義的概念に止まり、理論の形骸に堕するの外はないと思ひます」（三頁）。

（2）人間の不完全性に対する認識が不徹底であること　矢部先生は、「人間生活の不完全性と、而も絶対価値と真理の内的要請とは誠に人類の担ふ悲劇的ディレムマである」と仰られた。そして同時に、人間の不完全性を無限に完成に近づけて、その理想的な人格的完成を政治原理の基礎に据えられる。しかし、この悲劇的矛盾こそが人間生活の真の姿（＝実人生）であり「諸学の中心科学たるべき政治学の根本的研究対象は茲にこそ存するのであり、人生のこの厳粛悲痛なる事実への徹入を以てその根柢となすべきである」（四頁）。聖徳太子の「共に是れ凡夫のみ」という認識や「承詔必謹」という根本信条も、人間の不完全性の深刻な体験に裏付けられている。

（3）日本国体との関係が不明徴であること　矢部先生は、衆民政原理の根柢には一体的共同体と個人自由とが同時に前提とされる、と仰られた。しかし一体的共同体なるものも結局は個人によってのみ構成される国民主権思想を前提とする。これは主権的独裁が「憲法秩序の構成権力たる一体的国民」によってなされる限り、現行憲法を廃棄することも是認する、すなわち「一体的国民の意志によつて為されるならば革命も亦可なり」とする革命肯定思想にもつながる（七頁）。

源川真希[★10]によれば、「衆民政」とは矢部の師・小野塚喜平次によるデモクラシーの訳語で、矢部はこれを「国民の大部分が政治の原動力たるべく組織されたる政治制度」と定義した。吉野作造の「民本主義」と同様、主権問題に抵触することなく国民と政治の関係を論ずるための概念であるが、民本主義論が政治の目標に国民を位置づけたのに対して、衆民政論は政治の原動力に国民を位置づける。欧米では独占資本主義の制覇と大衆社会化の進行を背景とするデモクラシーの機能不全が様々なかたちで露呈しつつあり、「デモクラシーの危機」を乗り越える道が模索されていた。そうした問題意識を共有する衆民政論にとって、国民を政治の原動力とする諸々の条件付きながら「独裁」が射程に入ってくるのは必然であった。もちろん矢部は日本への適用を注意深く留保していたとはいえ、政治学講義がたんなる欧米の事例紹介にとどまらず、衆民政の原理的な考察に踏み込んでいる以上は、日本の政治原理との関係について問われた際にも、論理整合的な回答が期待される。

政治学と国体論の「対話」

矢部貞治の「第一返信」（三月九日）では、第一の論点（日本が除外されていること）を中心に回答された（六枚程度）。これまで大学では西洋流の学風で教育研究を行うのが一般的で、自分もその流儀に従って西洋政治原理の研究から始めた。これをある程度まで究めたうえで日本政治の研究に取り掛かるつもりではいるものの、「尊貴なる我が国体を如何様に解して、そこから如何様の政治学体系を建設すべきかといふことが、事の重大性の為め、又小生の不敏のため確乎たる信念にまで到達致しませぬので、今のところ尚西洋政治原理の発展を追いつゝ我国の特殊性を考へて見るの程度を出ない次第です」（一六頁）。

日本政治原理の研究の必要性は痛感しているので、今後の課題とさせてほしい――。矢部としてはこれで一応回答したつもりでいたが、三月十五日に「小田村寅二郎といふ学生、しつこく又長い手紙で批判文を寄越してゐる」。これが三〇枚近い小田村の第二信（三月十四日付）である。一政治学者の個人的心境は理解できるが、問題はそれとは別物で、日本という一体的共同体の「最高学府たる東大に於ける、而も諸学の中心科学たる政治学を担当せらるゝ地位」にある先生の思想に対する疑義なのである、と前置きしたうえで改めて次の三点について問い質している。

（一）衆民政原理を窮極の政治原理とせらるゝといふ事は、承詔必謹を根本原理とする臣民道との要諦とは如何なる関係に立つのでございますか

（二）主権的独裁を是認する所の衆民政原理は日本国体の革命をも是認肯定するものではございませんか

（三）日本最高学府に於ける中心科学を担当する教育者として、この侭の状況を推移せしめてゆくことに御内心忸怩たるものがおありにならぬのでございますか

（一）（二）が「奉るの書」の第三の論点（衆民政と日本国体の関係）を丁寧に言い換えたものであるのに対して、（三）は政治学講義そのものから離れて東大学風一般への問題提起である。「私は東大学風を目のあたりみるにつけ、又統制経済を叫び国家社会主義を唱へる官僚達を見るにつけ、ファッショ、ナチズムと日本精神との関係に余りにもくらい指導者階級人の多いのを見るにつけ、又かゝる混沌たる世相に於てこそ従来学の自由を絶叫して来た大学そのものが、世論に躊躇せず、独立不羈、敢然として正しき思想を宣布すべき任務を負担するに拘らず、全く無力

化してをり、又これに対する帝大諸先生方の御態度を目のあたりに見るにつけ、決して先生御一人を責める気にはなれぬのでございます」（三六頁）。すなわち、国家の危機に際して政治指導層は「統制経済」「国家社会主義」「ファッショ、ナチズム」を連呼して日本を誤った方向に導こうとしている。帝国大学は世論から超然として学問の力で正しい道に回帰させる責任を負っているにもかかわらず、むしろ混迷を増すほうに加担している。しかし「東大の改革、それは決して他人が企てるべき筋合のものでもなく、文部大臣の権限を以て強行すべきものでもありますまい」（三九頁）。帝大独自の力による改革は、「帝大の先生並に学生が共に真の意味で学問に真剣である」ことを必要条件としている。

それに対して矢部は、三月十七日に八枚程度の「第二返信」を書いている。

午後、気になるので、時間を割愛して小田村寅二郎といふ学生に返事を書く。衆民政が我が国体と如何なる関係に立つかといふこと、シュミットの独裁概念として僕が引用する「主権的独裁」なるものは国体変革の思想ではないかといふ質問の要点に、断じてこれをそのまゝに我国に適用せんとするものに非ざる所以を答へる。〈3.17〉

矢部はここで、西洋政治原理に由来する衆民政や主権的独裁が決して日本に適用されるものではないと改めて強調して、小田村の疑義に対して「単なる講義用の一教材を独立の思想と速断し、欧州政治の原理を検討するに際し、欧州学者の所説を引用するのを、そのまゝ我国に適用するものと曲解せらるゝものと言はざるを得ないのであります」といささか強い口調で反論、さらに次のように反転攻勢に打って出る。

小生の講義乃至プリントが、苟しくもかゝる疑惑を与へたることは、小生数年来講義を致しつゝ、未だ嘗てないのであります。聴講学生諸君の中には忠勇義烈なる陸海軍軍人もあります。小生が万一斯かる思想を抱く如き疑念がありましたら、これらの人々が何故に之を黙過せられませうか。……小生は、小生のプリントが講義と結合して用ひらるゝ限り、小生の説くは只西洋政治原理の検討に過ぎざる所以は自明のことゝ信じたのであり、我が国体と欽定憲法の大前提は、大学生諸氏に於て、自明の大前提として理解さるゝことを疑はなかつたのであります。(四九〜五〇頁)

自分は国体明徴に関しては確かに積極的だったとは言えない。しかし、自分の政治学講義はいままで何ら問題なく成立してきた、という消極的な実績だけは譲れない。もしも国体論上問題があるならばもっと以前から指摘されてしかるべきだが、実際には「忠勇義烈なる陸海軍軍人」さえも疑惑を抱くことはなかった。これは政治学講義が日本国体を自明の大前提として受容されたことの証しではないか——という背理法的な論理である。いまさら疑惑が生じるとすれば、講義全体の文脈を無視して、プリント(講義要旨)の字句をあげつらっているからではないのか……「小田村のことが頭に浮ぶと不愉快だ。併し堂々とねばってやるつもり」〈3.20〉。

小田村寅二郎からの第三信(三月二十三日)は、「よくも読まぬが例の狂気的態度で傲慢な「注告」を述べてゐるらしい。頭が変な奴に相違ない。要するに辞職しろと云ふのであらうが、さう簡単には参らぬ。少しも共通の地盤がないのだからこれ以上手紙のやりとりや議論は無用だ。相手にならぬことにする。どうでもして見ろだ」〈3.24〉。

矢部の手紙は主観的観念を述べているだけで、「学術的客観性と、万人に通用すべき公論的性質とを欠如してをられる」と指摘されていた。それは政治学講義でも同様で、「結局先生の御所論そのものが学術的客観性に乏しいが為めに、先生の御意志とは途轍もない反対の事が相手方に考へられたり、又テキストの上に表はれたりして来るのであると思ふのでございます」(六三頁)。そして具体的な問題個所を複数指摘したうえで言う。

先生は私に対して「曲解」と「速断」を責められましたが、先生の御講義と先生の御手紙に表示せられてゐる御思想とは、之を客観的に第三者に批判せしめるならば、先生の御思想の百八十度の展開と見るより他ないでございませう。(六七頁、傍点ママ)

小田村は、四月以降の政治学講義に対しても次のような提案をしている（七一～七二頁、傍点ママ）。

（イ）テキスト表題『政治学講義要旨』を岡先生の政治史のテキスト『欧州政治史講義案』の如く『西洋政治学要旨』と改題せられますこと。

（ロ）テキストの巻頭に新たに序文を挿入せられ、先生の御思惟の範囲内に於ける日本国体と西洋政治原理との関係を出来るだけ詳細精密に御記述になられ、殊に、先生のテキストに説かれる原理は日本の政治に関しては現在は勿論の事、将来に関しても絶対に妥当せられぬ所以を明言せられ、解説せられますこと。それらの細部に関しては

①国体の本義たる「承詔必謹」が我が国政治の窮極原理であること。

②衆民政は我が国に於ては絶対的に妥当せぬこと。

③独裁政が我が国に妥当せぬことは勿論なること。

等を詳説せられますこと。

（ハ）この一ヶ年間御使用になりましたテキスト中の不穏当の文字等の修正にとゞまらず、テキスト内容中、日本の政治に関して関係して来るが如き個所は全部削除せられますこと。殊にこの手紙に引用致しました様な個所……は絶対的に削除せられますこと。

結論は出た。矢部貞治は観念して三月二十八日から講義要旨の根本的改訂に着手した。

■註

1　大室貞一郎『新しき学生の出発——知識と戦争』同光社、一九四四年。「昭和十五年の頃、学生と政治との関係がやかましい問題となつた。当時学生の一部に学校の思想的不健全を指摘して、之を改むるために同志を結合して運動を起さんとする者があつた。……しかしその後、かゝるものを圧へてから、他の方面にわれわれの求

む如き学生の自主的なる運動が出たかといふと、それは簡単には発見できない」(五一〜五二頁)。

2 竹内洋『大学という病』中公叢書、二〇〇一年、二〇一頁。

3 占部賢志「東京帝国大学「精神科学研究会」の結成とその消息――いわゆる「小田村事件」の顚末を中心に」(『日本主義的学生思想運動資料集成Ⅰ 雑誌篇』第一巻解題第四章、柏書房、二〇〇七年)、および拙稿「戦時期の右翼学生運動――東大小田村事件と日本学生協会」(竹内洋・佐藤卓己編『日本主義的教養の時代』柏書房、二〇〇六年)も参照のこと。

4 伊藤隆『昭和十年代史断章』東京大学出版会、一九八一年、三〜四頁。

5 伊藤隆『昭和期の政治[続]』山川出版社、一九九三年、一〇七〜一〇八頁。

6 伊藤隆「山本勝市についての覚書(一)・附山本勝市日記(一)」亜細亜大学『日本文化研究所紀要』一号、一九九五年、二五〜一〇五頁。「山本勝市についての覚書(二)・附山本勝市日記(二)」同誌二号、一九九六年、九九〜一八七頁。「山本勝市についての覚書(三)・附山本勝市日記(三)」同誌三号、一九九七年、一〜九九頁。経済学者の山本勝市は経済新体制に対して一貫して反対論を展開した。小田村寅二郎や田所廣泰らと近い関係にあったため、精神科学研究所メンバーの一斉検挙の後に、山本も取り締まり当局から圧迫を受けるようになり、勤めていた国民精神文化研究所に辞表を提出せざるをえなくなる。伊藤論文で紹介された山本日記が書かれた時期は昭和十七年十二月一日から二十年末までなので、ちょうど逆風下の山本の動向や心情が分かる。

7 矢部貞治は、大正十五年三月に東京帝国大学法学部政治学科を卒業後、直ちに助手となり昭和三年五月から助教授、七年四月から政治学講座を担当、八年以後高等試験委員となっていた(伊藤隆『昭和十年代史断章』五〜六頁)。

8 竹内洋、前掲書、特に第八章を参照。

9 竹内洋、前掲書、一八九頁。

10 源川真希「戦前日本のデモクラシー――政治学者矢部貞治の内政・外交論」東京都立大学人文学部編『人文学報』二八七号、一九九八年、一〜六三頁。

第三章　学風改革か自治破壊か——東大小田村事件の衝撃

学者の矜持

政治学講義に対する小田村寅二郎の批判は、矢部貞治助教授を憂鬱にさせた。というと、われわれはすぐに「右翼学生から執拗に追及されたら嫌になるに決まっているだろう」と忖度しがちであるが、この憂鬱の意味はそれほど単純ではない。

蓑田胸喜を中心とする原理日本社グループの帝大教授批判の矛先が、矢部自身にも向けられ始め、「これで僕も愈々ブラック・リストに載って来たらしい」と記したのは昭和十二年十月である。民間や議会の右派勢力による批判活動が内務省や文部省を動かすようになると、国体違反を疑う「人民戦線チェッカー」はますます実効力を強める。実際、十二月には人民戦線派と名指しされた大学知識人たちが次々と検挙され始めた（人民戦線事件）。これは確かに憂鬱の種である。しかし小田村の批判に接した矢部の憂鬱は、これとは異なる。なぜなら、それが学説の「曲解」に基づく不当な思想統制である限り、学者としての矜持が揺らぐことはないからだ。

僕は学問と大学をライフ・ワークとして択んだ以上、それと生死を共にすることに何らの懸念もないが、妻子の運命を思ふと実に辛い。〈2.4〉

僕は思想が右翼の立場からけしからんとの理由で問題にされ、免官になることは深く覚悟してゐるから構はぬが、人民戦線だと牽強附会されて、検挙でもされることになるとすれば、不愉快で憤慨に堪へぬのだ。〈2.7〉

自ら信じた学問に殉ずる覚悟はあり、帝大助教授という官職には執着しない。強引な曲解に憤慨し、ただ妻子の生活を心配するのみ。学者の鑑ともいうべき潔い態度である。

また矢部は小田村の文章の第一印象を「例の原理日本の僕に対する誹謗を笠に着た感がないでもない」と記し、「かういふ学生の出て来るのも困ったことだ」と嘆いているが〈3.9〉、学外からの帝大教授批判に「身内から」呼応する学生が現れたことは、別の意味でショックだったに違いない。右派勢力が外野でどれほど騒ごうとも、帝国大学の教師と学生はともに真理探究の場である学問共同体を護持する同志であるはずだった〔学生の左傾化も真理探究の延長上に理解される限り、学問共同体の敵とは見なされなかった〕。それが隣の経済学部では派閥抗争も絡んで「身内の」教授会メンバーから国家主義的見地からの批判者が現れ、学問共同体の結束が揺らぎ始めていた。法学部はそれを他山の石として内部の引き締めを図ろうとしていた矢先であった。共同体内部に増殖してきたミニ蓑田たちは、帝大教授たちにとっていわば獅子身中の虫であり、『矢部貞治日記』では後に何度も「だに」と表現されている。

これも確かに、そしてより深刻な憂鬱の種ではある。しかし小田村の講義批判に接した矢部の憂鬱は、これとも異なる。なぜなら、それが外野からの帝大教授批判の延長上にある限り、学問共同体の信頼関係は揺らいでも、依然として学者としての矜持が揺らぐことはないからだ。

経済学部の所謂革新派〔土方成美教授ら〕が、大内〔兵衛〕さんの学説を問題として上申書に及んだのは、つまり大内さんに起訴の証拠がないのに拠るらしい。起訴で行かないので、学説といふことになったものらしい。さうすると同じ様な問題が法学部にも起るらしい。いづれ今年中位には最後の時が来よう。小田村などに相手になる必要もないわけだ。何となく気持ちが落着いて決意が固まった。除名になった西尾末広が「久し振りに

晴れ〴〵した心持だ」と言ってゐるが、よく判る。〈3.24〉

　小田村が若し執拗に僕を陥れようとするなら、結局は文部省に上申するとか何とかするであらう。その方がさっぱりしてゐる。時々頭の中でその時に役人に向って僕の所信を述べてゐる場面が、知らぬ間に浮かんでゐる。その述べる言葉迄がもう出来てゐる。〈4.3〉

矢部は、小田村の批判を原理日本社グループの帝大教授批判の延長上に位置づけようとしている。むしろそのほうが望ましい（「さっぱりしてゐる」）。文部省が動いて休職処分などを決定しようものなら、自分は正々堂々と所信を述べて、「学者の一分」を示すところなのだが。いっそのこと早く弾圧の処分を下してくれないだろうか……。

第一章で「右翼」は頭が悪かったのか、という問いを取り上げたが、矢部貞治も同時代の大学知識人と同じように「右翼は頭が悪い」と信じていた。そしてわれわれもまたその信念を共有しているが故に、すぐに「右翼学生から執拗に追及されたら嫌になるに決まっているだろう」と忖度してしまう。頭が悪い相手からの攻撃はいわば「犬に咬まれた」のと同じで、身体に傷を負うことはあっても思想や矜持が揺らぐことはない。つまり、権力による思想統制は確かに憂鬱なことには違いないのだが、学問に殉ずる覚悟をもった学者にとって、不当な迫害は自らの学問と思想を守る使命感をますます強める契機ともなる。矢部貞治もこの構図で自らを捉えようとしているが、彼のなかで繰り返される憂鬱はそれとは異なる水準にあった。『日記』は自らの感情に正直である。

結論から言えば、矢部貞治の憂鬱の「本当の」原因は、自らの学問を発展させる契機をもたらしたのが小田村寅二郎という「右翼学生」だった、という点にある。これは思想弾圧に屈することなく信じた学問に殉ずるつもりでいた矢部には、学者としての矜持を揺るがすほどの耐え難い経験であったはずである。このときの手紙のやり取りを冷静に振り返ることができるのは、半年後の小田村事件以降である（後述）。

東大学風批判の二つのポイント

講義案の改訂に取り掛かってからも、手紙のやり取りは続いた。小田村寅二郎からの第四信（三月三十一日）では、話題は政治学講義から東大法学部の学風に及んだ。小田村によれば、現在の国難は外敵よりも、「長年の日本の癌であり、〔一字分空白ママ〕明治天皇が畏くも御宸念あらせられました所の、東大法学部の欧米学風、独善思想」に起因するところが大きい。東大学風批判のポイントはこの欧米学風と独善思想という二点に尽きる。これは第二信でも触れられていたが（第二章で紹介した）、第五信（四月六日）による補足と合わせて少し詳しく説明してみよう。

一つ目の欧米学風とは、単に欧米の学問研究について学ぶことを意味するのではなく、「欧米学風のみを追求して国民にそれに関する思想を無批判的に信奉せしめんとつとめ来たつた」が故に問題なのである。さらに一般国民への啓蒙的役割だけでなく、東大法学部が養成する国家エリートへの影響も甚大である。すなわち「現官僚がドイツ、イタリーの統制経済を模倣しても、それを正しく摂取出来ず、徒らに無批判的輸入をしてゐますのも、国体そのものに対する真の明徴が欠如し、日本精神なり、日本臣民道に対する真の痛感が乏しいがための事であり、すべての根源は思想問題に帰結せられる」のである。矢部の政治学講義で衆民政原理を扱うにあたり、小田村が国体明徴をもち出したのも、衆民政原理の根底にある革命肯定思想だけでなく、「長年の日本の癌」である無批判的な模倣癖への警戒心も働いていたのだろう。

したがって、西洋政治原理の研究を放棄して、代わりに日本政治原理の研究に没入すればよいかというと、それは大きな間違いである。日本文化史上の先覚者たちは、支那文化に相対して「内的心情、祖国億念の情意、臣道実践の全身的欣求意志」をもって「日本文化に摂取」することで、「日本文化開展上に偉大なる貢献をなしたと共に、又支那文化そのものを高次の内容に展開せしめて来た」という。小田村の独特の用語系を理解するのは容易ではないが、日本は伝統的に、外来文化に対しては排外的拒絶でも無批判的輸入でもない、主体的な「摂取」（外から取り入れて自分のものとすること）という第三の道を採用してきた、ということだろう。日本文化は外来文化との交通によって豊かになってきた。そこでの文化摂取に不可欠な主体性は、国体へのコミットのうえに形成される。言い換えれば、主体性をもって外来文化を摂取するためにこそ、国体は明徴されねばならないのだ（その意味で国体明徴論は、排外主義や文化鎖国の主張とは異なる）。なお、こうした外国文化摂取の研究の指標として聖徳太子の三経《さんぎょう》義疏《ぎしょ》と、黒上正一郎『聖徳太子の信仰思想と日本文化創業』（一高昭信会発行、後述）が挙げられている。

二つ目の独善思想とは、そうした重大な責任を負っているにもかかわらず、「学問の自由」を楯に学外の批判に耳を塞ぎ「くさいものにはふたをする」東大法学部の教授たちの態度を指す。「先生方は学問の自由が圧迫され、言論の自由が束縛せられたと解せられるでございませう。しかし豈計らんや、学問の自由を圧迫し、言論の自由に反抗するものは、東大法学部が東大法学部を私有することによつて独善思想を東大教授の官名によつて天下に流布し、他の無官の人達の学説に耳を籍さなかつたことに起因するのではございませんか」。真理探究の場であるべき学問共同体が「学問の自由」と称して独善・専制に閉じこもることは、真理探究という大義名分を自ら裏切るものではないか。小田村は、自分だけでなく学外からの批判が通俗的な「学問の自由」論に回収されるであろうことを見越して、「真の学問の自由」を対置してみせるのだ。これは生半可な覚悟からは出てこない台詞である。

> 学生に対しては、口に真理の探究を叫び、学問自由の不可欠を叫び、自分等に対する世間の批判が恰かも軍部を背景としたものであるとか、時勢の然らしむる所であるとか、御用学者になるべく強ひるものであるとか等々とその説くのを聴くに至つては、全く言葉も出ぬ程のなさけなさを覚ゆるのでございます。東大法学部の先生方は真に真理探究に真剣であられませうか。学問自由を、自分の学問のため、自分の官職保持のためではなく、学問そのもの丶権威のために叫ばれてをられるのだと云ひ得ませうか。

国家エリート養成機関の現状がこのようである以上、小田村は監督機関である文部省の指導能力にも全く期待していない。矢部が「第四返信」（四月一日）で「私の信念にも拘らず私が講義を続くる事が臣道に反すること、しかく明確のことでありますから、文部当局は勿論直ちに私を罷免すること丶存じます」と書いたのに対して、小田村はその第三者に責任転嫁しようとする真意を見抜き、「現に文部当局の地位にある者も、西洋の学術を学んだ人達が之を占めてをり、東大の改革すらも出来ぬ現状であることを御覧になれば、今、先生と私との論争の間に「そんな事をいふなら文部省は何故改革に乗り出さないでゐるのか」といふ様な御反問をなされることは、全く無意味な御遁辞といはれても仕方がない所以を御気づきになれる筈と存じます」(傍点引用者)と逃げ道を塞ぐのだ。

先の欧米学風批判もそうだが、これらは国体論の高みからの一方的断罪ではなく、欧米をモデルとした急速な近代化過程や、外国への窓口機能に特化してきた高等教育を問題にしており、昭和期の大学知識人なら誰もが気づいていることだった。これは思想弾圧の嵐に耐える拠り所の、学者としての矜持そのものに訴えかけるものだった。

『欧州政治原理講義案』と昭和研究会

当初は「少しも共通の地盤がないのだからこれ以上の手紙のやりとりや議論は無用だ」〈3.24〉とまともに相手をするつもりがなかった矢部にも、だんだんその批判の意味が理解されてきたようで、講義要旨改訂版の校正を印刷業者に渡した四月七日には「陰鬱な日だ」という表現を繰り返しながらも、小田村の答案に「優」を付けたことが記されている。

> 一々飛躍的なロヂックで物を言ふが、兎に角僕が日本に触れず西洋政治原理を講義するといふに対し、西洋政治原理でも立場を持たねば之を検討できず、その立場は当然日本人の立場でなければならず、その日本人の立場が僕には出来てゐないではないかといふところ、「日本人」の意味に依るが、彼の立場としては一貫してゐる。とにかく欣求しつゝ現在の人生観で講義をするのだと返事。
>
> 事務室に行って平木君に聞いて見たら、小田村といふのは一高時代から頑強偏狭で有名な男で、黒上正一郎といふ人の指導してゐた一高昭信会のメムバーで、それを今日蓑田、三井が指導してゐるのだとの事。僕も大分教へられるところがあったので、初めは試験を採点しないつもりであったのを、優を付けて置いた。〈4.7〉

昭和十三年度の政治学講義のテキストは『政治学講義要旨』から『欧州政治原理講義案』へと改題され、日本に関する言及を削除、巻頭に次のような序文が挿入された。[★1] 今回の改訂に関して重要な部分を抜粋しておこう。

　爰で特にことわつて置きたいことは、我国の政治原理は、万邦無比の尊厳なる国体理念と、独自の国民精神とを基礎とし前提として存立し得るといふことであつて、従て本講義案に論述する如き西欧の政治原理が、そのまゝ我国に妥当するものでは断じてない。就中、自然権的個人主義、人民主権論、乃至革命原理より出発する如何なる政治原理も、万世一系の〔一字分空白ママ〕天皇を奉戴して一君万民億兆一心の家族的共同体国家の理念に立つ我国には、一切妥当の余地なく、又天皇統治は、如何なる西欧的統治概念を以ても理解せらるゝこと能はざる、独特の統治であつて、従つて又一切の西欧的統治形態特に専制政独裁政の如き概念は、我国統治の理解に何等適用せらるべき余地はない。

われわれはつい、矢部貞治が「右翼学生からの追及」に屈して転向を余儀なくされた、と総括したくなるが、事はそう単純ではない。

矢部は、小田村の批判に根気強く応答した挙句、最終的には修正の提案を受け入れた。それは性格によって説明される部分もあるかもしれない。例えば、法学部の同僚だった岡義武は「矢部君は一面非常に素直な、また妥協にとんだ人で、そのことが相手に利用されてしまったという点がありました」と回想する。[★2] ただし講義案の改訂個所においては相当に譲歩したとはいえ、矢部はそれを学問的な妥協とは考えていない。後から「他人に誤解さるゝ箇所を誤解の余地ない様に訂正し、認識を改めたものを改正するのは、仮りに何ものにその契機を与へられたとしても何ら慚づべきことはない。三歳の童子によって偉大な真理への契機を与へられることもあり得る」〈12.10〉と振り返っている(後述)。

また、政治学講義の対象は欧州政治原理に限定することになったが、そこで対象外とした日本政治原理については学外の活動領域で研究を進めていく。それはたんなる研究にとどまらない。この年の五月から近衛文麿の側近・後藤隆之助が主宰する昭和研究会への参加をきっかけに、昭和十五年には近衛新体制のブレーンとして政策立案に深く関与することになる。三谷太一郎は矢部が学外活動に乗り出していくタイミングに着目して、「大学はもはや確固たる学問の拠点ではありえなかった」が故に、「小田村事件以後の大学における地位の不安定化を学外の活動領域の拡大によって補償しようとする心理が働いていた」と解釈している。★3 確かにそうした心的機制が作用していたかもしれない。

しかし、小田村との出会いがあろうとなかろうと、学外の活動は活発化したとも考えられる。一九三〇年代の欧米諸国が直面する「デモクラシーの危機」は対岸の火事ではなく、同時代の日本でも、挙国一致が要請される戦時体制下にもかかわらず軍部や財閥に引き回され指導力を発揮できない「政党政治の限界」が強く意識されていた。この難局を乗り切るための、より強力な政治システムが模索されていた。政治の原動力を十分に引き出すためには国民をどのように組織したらよいか――矢部の政治学的関心も、欧米の現状分析から日本政治の実践的課題へと踏み出しつつあった。★4

ただし矢部は、近衛新体制のブレーンとして新しい国民組織（大政翼賛会）を構想するにあたり、それが孕む国体論的弱点を最もよく自覚していた。この問題についてはまたあとの章で触れることになるが、もしも小田村との出会いがなかったとすれば、新体制運動への矢部の理論的貢献が半減していたことは確かである。

「任免大権干犯」問題

さて、東京帝国大学を取り巻く状況は、民間と議会の右派勢力による帝大教授批判が勢いを増し、それに官憲が連動して休職処分や検挙事件に発展、東京帝国大学でも経済学部の教授会メンバーが激しく対立して、大学への信頼は大きく低下していた。

昭和十三年七月二十八日、矢部貞治は夕方のニュースで文部省の介入の動きを知る。

四時のラヂオ・ニュースで荒木文相が六大総長を招いて、総長、学部長、教授の任免その他従来の大学自治は何等法規に根拠あるものでなくこれらを根本的に改革したいと提言した由。直接には大内〔兵衛〕さんの処分問題の準備工作であらうが、問題は根本問題だ。大学自治は完全に廃棄されようとしてゐる。これは僕の教授問題などにも直ぐ響くかも知れぬ。〈7.28〉

「大内さんの処分問題」とは大内兵衛経済学部教授の起訴前の休職処分の是非をめぐる問題である。大内教授は昭和十三年二月一日の人民戦線事件（第二次検挙）で同学部の有沢広巳・脇村義太郎助教授らとともに治安維持法違反容疑で検挙されていたが、「起訴を待たず休職処分にすべし」と主張したのが土方成美学部長を中心とする急進派であった。経済学部教授会が学部長からの休職処分提案を激論の末に否決したことで、一件落着したはずだった。しかしこの処分問題は、学部内の派閥抗争にとどまらず、「大学の自治」の解釈をめぐる対立を浮上させた。すなわち一方は、起訴前の休職処分の手続き的な妥当性のみを問題にして、検挙の原因となった思想内容については判断を保留する「形式論」であり、他方は、思想内容そのものを問題にして、起訴前に処分を決定することで積極的に自浄能力を示す「実質論」である。前者は「学問の自由」に、後者は「組織の統治」に力点が置かれている。矢部貞治が「大学自治は完全に廃棄されようとしてゐる」と言うときにはもちろん前者の意味であるが、小田村寅二郎は後者の立場からそれを批判していた。自由と統治はトレードオフの関係にあり、かつ、それぞれ独善と抑圧に堕する危険を孕んでいる。国家的な危機が叫ばれる時代には、大学の社会的使命が問い直され、両者の対立が顕在化するのだ。

後者の立場には、自浄能力が期待できない場合には監督機関の介入という選択肢も含まれる。今回の荒木貞夫文部大臣の改革提言がまさにこれである。それまでの大学の自己決定を尊重した人事慣行（学内推薦を受けて文相が任命）を、文部大臣の（拒否権を含む）権限として取り戻すことで「正常化」しようという狙いである。しかし、それは結局、文部官僚の判断に委ねることを意味する。「教授会の決議よりも文部省の小役人の専断の方が合理的だといふ根拠はどこにもない。荒木文相の任免大権干犯論の如きは児戯に類する」〈7.29〉。文部省に懐疑的な点では、いみじくも小田村寅二郎と同じ立場である。小田村の「実質論」は処分や介入に頼るのではなく、臣道実践の立場から学者の矜持に訴えかけ、あくまでも最高学府の教授職としての自己批判能力にこだわるものだった。

帝大側が当然のごとく文相案に反対を表明したことで、問題の落ち着きどころが注目された。矢部は南原繁教授の部屋を訪ねて情報収集しているが、内情はどうやら大学自治論とは無関係な水準で推移し、事柄の理非よりも双方の面子の問題に収束しそうだった。

先生の御話によると、事の起りの初めに於て既に文部省は総長の意を探り、学士院で文相が要求した時には総長がわざ〳〵諒承したとの言質を与へ、而もその後総長のみ居残って総長選任の方法まで相談したのだとの事で、この言質は大学の評議会で否定したけれどもそのために文相大いに怒り文部省事務当局も困ったのだとの事。評議会の結果一致して強硬なので文部当局あわてゝ懇談会を希望し、而も表面上は帝大側から欲したといふ形にして先達っての懇談会となったのだとの事。その前、各学部長が総長の為めに挨拶の草稿まで作って与へたのに、総長はそれを右顧左眄して曖昧にした由。文相の方も挨拶は自ら書いたさうだが、あまりひどいので事務当局がこれを緩和させたのだとの事。この文相の草案は、文相の信念より出でずして第三者に押されたること明かの由（原理日本社その他）。昨日更に学部長の評議行はれた時、総長はその間に文部当局からつつかれた総長選任の改革案を提示し各学部長之を拒けた由。総長の醜状は情けない極みだ。

南原先生の見透しとしては、総長選任に些少の改革をやって文部省の顔を立て、教授助教授の問題には触れずに妥協するだらうといふ可能性が多いとの事。実質的には大学の勝利で、文相の進退が問題となる。併しさう行かずに更に外部の押しにより如何に展開するやも図られず、大内問題と関連し重大だとの事であった。〈8.20〉

小田村寅二郎の告発論文

ここまでが東大小田村事件の「前史」である。小田村事件の主要な論点はすべて矢部貞治との往復書簡のなかで出揃っているが、それが「事件」になったのは、私的な手紙ではなく論文として公表されたことによる。

事件の発端は、月刊総合雑誌『いのち』（「生長の家」発行）の昭和十三年九月号に「東大法学部に於ける講義と学生思想生活――精神科学の実人生的綜合的見地より」と題する論文が掲載されたことだった。次の構成からも分かるとおり、内容は東大法学部の現状批判と改革提言である。

一、現東大法学部に存在するものは自治か専制か
二、かゝる放縦恣意専横の学園に於ける学生々活の実感如何
三、東大法学部改革に関する根本問題
四、結言

論文の筆者・小田村寅二郎は、昭和十二年に法学部政治学科に入学した現役東大生である。冒頭から教授たちの講義ぶりを取り上げて批評を加え、彼らに教わる法学部生たちも、大学の成績や高文の試験（奏任文官任用のための高等試験）ばかり気にして人生に対する真剣性を喪失している、ついては、法律万能思想を助長せしめる現行の法学部を「政治学部」に改称して、「政治哲学」を学課の中心に据えて実人生をありのままに把握する精神科学研究を確立せよ、と訴えた。当時ジャーナリズムに氾濫していた「無能教授」や「軋轢事情」を揶揄する大学ゴシップものとは一線を画する、「学生らしき真摯と熱情と穏健と冷静と」に貫かれた檄文である。六月に東大精神科学研究会の結成を知った『いのち』編集長・滝嘉三郎が、中心メンバーの小田村に依頼した原稿だった。[★5]

前半の「内部告発」の部分は四〇〇字詰め原稿用紙一一枚程度であるが、五人の教授が実名で登場している。しかもそれを書いたのが、匿名でも筆名でもない実名の現役学生であるから、明らかに挑戦状と言ってよい。当然のことながら法学部教授会で問題になった。これが最終的には筆者の退学処分にまで発展した東大小田村事件である。では、小田村寅二郎はいったい何を告発しようとしたのか。彼の視点から、昭和十二、三年当時の東大法学部の講義の様子を再現すると次のようになる。

河合栄治郎（経済学部）教授は、法学部での社会政策講義の開講の辞で、自らが自由主義者としてマルキストと戦ってきたことを述べ、「マルキストが従来自由主義者を敵視したのは誤りであつた」として、さらに一段と声を

励まして「我々は〔自由主義者の意〕今こそマルキストと手を握り、共に人民戦線として右翼に砲弾を打ちこまねばならぬ」と熱烈に宣言すると、大多数の学生は心から拍手して河合教授に敬意を表した。この徹底的容共思想の演説におおいに憤慨した学生は小田村だけではない。そのひとり高木尚一が直ちに質問の面会を求めたが、河合教授は面会の日を知らせるという約束を反故にしたばかりか、三回にわたる質問の手紙にも一切応答しない。こうした完全無視のやり方に対する痛憤が、結果として小田村を『いのち』寄稿に踏み切らせた。[★6] そして「いざ書き出してみると、約一ヶ年余の東大法学部での受講体験が生ま生ましく甦つてきて、それを書かずにはゐられない気にさそはれてきた」。[★7]

想い起こせば、講義中の問題発言は河合教授のほかにもあった。横田喜三郎教授は、前年秋の国際法の講義のなかで「世界の文明国と云へば英米仏を挙げねばならぬ。日本精神の世界的優秀性をよく最近は云ふけれども、日本やイタリーの文化などはブラジルの文化に比すべきものである」と侮蔑的嘲笑を含めた口調で述べ、徹底的拝外＝欧米崇拝思想をあらわにした。横田教授はまた国際法第一部の試験（「国家が古くなつた条約の拘束を免れたいと思ふ時、其処に如何なる方法があるか」）の答案に対する講評のなかで、「かゝる場合には自国が当事国以外の第三国に併合されゝばそれでよい」という類の答案が一〇人以上もあったとして「如何に純粋法学と云つても之では余り〔にも〕ひどい」と笑いながら語り、大講堂の数百の学生を爆笑させていた。同胞が血を流しながら祖国を守護しているというのに、ここは空漠概念の追求遊技場のようだと、小田村は独り心中に悲痛の涙をしぼるのであった。

そもそも日本の帝国大学の講義として体裁をなしていないものもあった。宮澤俊義教授の憲法学講義は、帝国憲法の最も重要な統治大権に触れることなく、年間の大部分を議会関係の講義でお茶をにごしていた。宮澤教授のテキスト『憲法講義案』も、得意の帝国議会には全三〇〇頁の四分の一が費やされているのに、肝心の統治大権に関しては条文すら一ヵ所も記載されていない。これでは東大法学部に憲法学講座なしと言われても致し方ない。矢部貞治助教授の政治学講義も同様である。テキストは表題『欧州政治原理講義案』が示すとおり、もっぱら西洋の政治原理の追究にあてられており、日本の政治原理については二〇〇頁中わずか一頁、国体の絶対尊厳性が記されているのみである。日本の政治学に関する講座も存在しないも同然である。行政学講義を担当する蠟山政道教授はその年の春、一学友の痛烈な質問に対して「人生は学問ではわからない程複雑なものである。思想問題は私の研究範囲外である。学問にかゝることを要求するのは無理である」と答えたという。人生観や思想問題と離れた行政学はもはや行政学とは呼べないのではないか。しかもこれら諸々の事実は法学部内ではまったく放置され、「学問の自由」「大学の自治」のスローガンが教授どうしの相互不干渉と自らの保身のために利用されている。こうした事態を小田村は「自治の名の下に於ける専制」であるとして弾劾したのだ。

それぞれの反応

外では蓑田らの帝大バッシングがまさに最高潮に達し、文部省は帝国大学の管理強化に乗り出してきた。また小田村寅二郎を中心メンバーとする東大精神科学研究会（後述）は、荒木文相の帝大粛学方針に呼応して、長與又郎総長に対して意見具申書（「大学自治問題ニ関シ長與総長ニ具申ス」）を提出、総長（八月二十七日）と竹内良三郎学生課長（二十九日）に会見している。こうしたタイミングで出てきた小田村の内部告発が、教授たちをどれだけ震撼させたかは想像に難くない。ましてや「無自制的恣意精神による個我独断思惟の無統制的治外法権的宣説」などと蓑田ばりの述語を操る帝大生が出現しようとは……。

小田村論文の掲載号は八月のうちに発売された。★8「マルキストと手を握り」云々の発言を引用された河合栄治郎経済学部教授は、知人からの知らせで入手した雑誌を九月の講義の始めに教室に持参、小田村による引用を「全く為めにする捏造なり」と断じ、さらに九月二十六日付の『帝国大学新聞』に寄稿して発言の真意を弁明した（噴火口欄「社会政策開講の辞に就て」）。

『矢部貞治日記』には九月七日から言及があるが、「僕のことなども書いてあるさうだが、もう少しの関心も起らぬ」〈9.7〉と静観の構えである。小田村論文の現物を確認したのも、九月十五日の法学部教授会の直前であった。

小田村などゝいふ学生が総長に会ったりしてゐるので、問題にされてゐる教授が総長に会って啓蒙しようといふ話を横田〔喜三郎〕氏がしたが、僕は学生などの事はどうでもよいので、やる位なら先日貴族院の連中が

総長に献言してゐる中に論及されてゐる人達がやる方が先ではないかと言って置いた。〈9.10〉

〔我妻栄教授に小田村という学生の教授排斥をどう考えるかと問われて〕僕は小田村が僕に質問などした範囲では個人的関係だから別に学生の本分に反するといふことは考へない。併し最近伝へらるゝ如く、外部の雑誌や新聞に拠り、又総長に直接面会して排斥運動をやるとするならば〔僕はその内容は知らぬ〕、これは学生の本分といふ点で考慮に値しよう。併し小田村が問題にしてゐる教授が一緒に総長に会って釈明する必要があるといふのなら、もっと先に議会で問題にされた人々及び先日貴族院議員が総長に献言した中に論及されてゐる者が釈明すべきだと思ふ。それには当人の教授達が釈明するよりも、大学の機関として審査委員会を作りそこで講義案や本人教授〔ママ〕の言明を材料にして審査したらよからう。僕自身は議会でも献言でも問題にされてはゐないが、必要あれば、材料を提供し、釈明をするに躊躇しない、と答へ、参考のため僕のプリントを先生に呈して置いた。〈9.13〉

小田村の書いたものといふのを横田〔喜三郎〕さんと我妻〔栄〕さんとから持って来られたので読んで見た。僕のは要するに講義案に日本の政治原理が少いといふのだ。……〔教授会では〕夏休中の大学自治問題の経過を学部長から報告され、あとで小田村の処分の件が問題となりその序でに彼の問題としてゐる教授達のことが果して事実かどうかといふので、蠟山、横田、宮沢の諸氏に付して僕も釈明した。結局処分することに決定。〈9.15〉

法学部も動いた。『日記』にあるように、さっそく九月十五日の教授会で小田村の処分を検討している。とはいえ方針を固めただけで、正式決定はもう少し先になる。またそれと並行して横田喜三郎教授の提案で、小田村論文で言及された教授助教授で総長に釈明の手記を提出しようということになった〈9.16〉。矢部も「原理日本社の論難に対する弁明書」を田中耕太郎法学部長に提出し、その扱いを一任した〈9.19〉。また矢部は河合栄治郎に激励の手紙を出したところ〈9.20〉、翌日河合から電話があり、「大学問題、特に河合さんの採るべき態度につき長いこと話した。氏は生命の脅威を受けても教授会で正式の手続で排斥されるまではあくまで頑張るつもりだとの事。小田村は厳重に処分すべきこと、を主張し、且他に対する弁明のことをどうするかと質問されたので、僕は弁明はよしたがいゝといふこと、寧ろ大学自治の建前から委員会を作るなり、評議会自身なりで調査されたきことを要求せられた方がよからうとの意見を述べて置いた」〈9.21〉。

『日記』に何度も出てくるが、矢部は、総長への釈明（横田）や公開での反論（河合）よりも、「大学自治の建前から」学内に審査機関を設けて調査すべきだと考えている。これが思想内容の判断を保留する形式論よりも、大学自身の統治を重視する実質論に近い発想であるのは興味深い。ただし、小田村らの講義批判が教授排斥の運動に発展するのは学生の本分を逸脱するものと考えている。

通謀説に基づく無期停学処分

九月二十八日、小田村に対して田中法学部長による直々の事情聴取が行われた。翌二十九日の教授会では「小田村の処分問題で大分長くかゝった。処分の要なしといふのは小野〔清一郎〕さんだけで、あとは処分論が多い。この次に持越す」。十月三日、再度田中学部長による事情聴取が行われ、ようやく七日の緊急教授会にて「学生の本分に悖るものとして」無期停学処分に付することと決定した（十一月八日評議会で正式決定）[9]。

後日、学部長室にて処分申し渡しが行われた際、処分理由の説明を求めた小田村に対して、田中学部長は「発表した論文が学生の本分に反するのだ、外部と通謀して教授の講義の内容を雑誌に公表して、君の恩師を誹謗したこと、それが理由である」と答えた[10]。

処分方針を固めてから取り調べを行うという「転倒した方法」は、占部賢志が指摘するように、確かに「手続き上の過ち」[11]「条理に反する拙速」を犯しており、そこに法学部教授会の「動揺」と「混乱」を読み取ることもできるだろう。それは戦後の学生運動のなかでも不当処分を糾弾するときに用いられた手続き論と同じく、オモテの論理からの批判である。しかし、これを組織防衛上の重大危機の局面で発揮された法学部的な狡知（ウラの論理）

として見るならばどうか。それは河合との対応の違いとなって表れている。売られた喧嘩は買うというのが、闘う自由主義者・河合栄治郎の信条である。小田村論文には捏造説をもって反論し、ありうべき誤解を解きほぐし、自由主義者たる自己の立場を鮮明にした。それに対して、法学部の教授たちは小田村や世論に向けては一切弁明をしていない（教授会・評議会向けには事実関係の弁明があった）。前者は相手の土俵（思想問題）で挑戦に応え、後者は別の土俵（学生の本分）で一方的に反則負けを宣告した。では、そこにはどのような判断が働いていたのか。

法学部教授会の最大の関心事は、真偽判定でも世論対策でもなく、背後関係にあった。最初の教授会で処分方針を固めたのは、おそらく「外部と通謀しての教授排斥運動」という仮説を支持する状況証拠が揃っていたからである。通謀《つうぼう》とは、単独ではなく仲間と通じ合って悪巧みをするという意味である。講義の内情を暴露して教師を誹謗するのも怪しからぬことだが、帝大自治破壊を目論んで背後で糸を引く首謀者が別にいる（はずだ）という点を特に重視した。それは田中学部長による二度にわたる事情聴取の内容[★12]からもうかがえる。一回目（九月二十八日）には、論文の〝本当の〟筆者や雑誌社への推薦者を執拗に問い質した挙句、小田村がいずれも否認すると、ついに学部長自ら蓑田胸喜の名前を出して罵倒し、そんな輩に師事するのはゴロツキも同然だと侮蔑した。感情的に怒鳴る学部長とは対照的に、〝口を割ることなく〟一貫して冷静に応対する小田村は、おそらく筋金入りの確信犯的スパイとして認定され、ここに通謀説を補強する材料が追加された。二回目（十月三日）には、今後もこのようなことをするつもりかと非転向の意思を確認し、さらに土方成美経済学部教授のことをいろいろ訊き出そうとした。土方は反マルクス主義から国家主義・日本主義へと旗幟を鮮明にして、経済学部内では革新派の領袖として河合派と対立しており、かつ、昭和十三年六月発足以来の東大精神科学研究会の会長を務めていたからである。いくら小田村が土方教授の言動への言及を拒否しても、田中学部長は「君の師を思ふその態度は立派だ」などと都合よく解釈しようとした。小田村の庇護者は帝大の内部にもいる。ここにまた通謀説を補強する材料が追加された。これは同時に土方に対しても、外部と通謀して、また〝学生の刺客を放ってまで〟教授排斥を画策した責任を被せる材料になる。後の平賀粛学の際、総長のブレーンだった田中学部長にとって、小田村事件が土方処分を正当化する根拠のひとつになったとも考えられる。

田中学部長のなかで、通謀説ははっきりと像を結んだ。学外では、原理日本社グループによる帝大教授バッシング、貴衆両院の議員有志を糾合する帝大粛正期成同盟のネットワーク、そして荒木文相が推進する帝大人事改革、これら一連の動きにたえず燃料を投入し続けるのが蓑田胸喜である。そして学内では、経済学部内で河合栄治郎と激しく派閥抗争を繰り広げ、帝大人事改革推進派を形成するのが、土方成美である。その蓑田を精神的な父、土方を庇護的な母として生まれた血統書付きの学生団体が、まさに東大精神科学研究会であり、その学生指導者が小田村寅二郎にほかならない。逆に、小田村事件によって、学内外の一連の動きがすべてつながった。謎はすべて解けた——と。

『矢部貞治日記』でも、帝大教授批判〔右派勢力〕→著書の発禁処分〔内務省〕→休職処分〔文部省〕という筋書きのもと、土方成美率いる東大精神科学研究会がその尖兵として動いていると見なされている。

> 河合栄治郎教授の四著書を内務省が発禁にし、「ファッシズム批判」、「時局と自由主義」、「第二学生生活」の他に「社会政策原理」があるので、文部省では、講義の教科書が発禁になれば当然自発的辞職と見てゐるらしく、若し辞表を出さぬなら断然休職を命ずるつもりだとのこと。こんな方法で来れば、横田喜三郎その他についても同じ問題が起り得る。……やがて法学部にも来るであらう。憂鬱だ。少し早く帰宅出来た。金曜日〔十月七日〕に緊急教授会があると通知。〈10.5〉

> 小田村を無期停学にする件可決。それから文部省との経過報告があり、且土方〔成美〕を会長としてゐる精神科学研究会なるものに対する処置で色々の意見が出た。蠟山〔政道〕さんの話しでは、大学自治の問題解決とは別個に河合〔栄治郎〕教授を手始めとして問題の教授は個々にやめさすのだとの事。不愉快な憂鬱な話しばかりでいら〳〵して来る。〈10.7〉

無期停学処分の決断は迅速だったが、しかし決定と公表のタイミングの判断には慎重でなければならなかった。

九月十五日教授会で方針が決まり、十月七日緊急教授会で可決された小田村処分案が、評議会に提出されたのは一ヵ月後の十一月八日である。この間、帝大自治問題は河合教授の著書発禁処分問題も重なって山場を迎えており、文部省と帝大双方が折れ合って決着を見たのが、つい十月末のことだった。まだほとぼりが冷めていない。十一月八日評議会決定の後も小田村の処分は公表されなかった。

「然るに十二日に至つて都下某新聞が之が処分確定を報じ、而も小田村自身未だ処分申渡しを受けをらざる事が明らかにならんとするや、急遽出頭すべき旨の通知が同君の許に送られ、茲に十一月十四日、同君の法学部出頭となつたのであります」[★13]。もしも帝大自治問題が長引けば、小田村処分の正式決定と処分申し渡しもそれだけ先送りにされた可能性が高かったということである。これも通謀説に基づく政治的な配慮であったと考えられる。田中学部長はまた、小田村を処分したからといって決して安心していない。評議会で処分案件の説明をした際、「右学生ノ関係セル東大精神科学研究会ノ性質、内容等ニ就キ説明ヲ求メ学生課長ヨリ一応ノ説明アリ　田中氏ヨリ此ノ種ノ会ニ今後十分ナル監督有之度キ旨ノ希望アリ」（傍点引用者）との発言が記録に残されている[★14]。蓑田―小田村―土方のトライアングルの中心にあるのが東大精神科学研究会であってみれば、そこから第二、第三の小田村が族生してくることは、十分に考えられる。この団体は最高度の警戒を要する。

蓑田的なるものの同時性

田中耕太郎法学部長が信じた通謀説は、背後で糸を引く存在によって歴史を説明する、一種の陰謀史観である。しかし結論から言えば、それは状況証拠で固めたフィクションだった可能性が高い。

まず、蓑田胸喜と小田村寅二郎であるが、両者の間に直接の通謀関係は認められない。小田村は第一高等学校時代に入っていた「一高昭信会」が道の師と仰いでいた先生として、三井甲之、松本彦次郎、蓑田胸喜、松田福松の四人の名前（いずれも原理日本社同人）を挙げているが[★15]、なかでも精神的な影響力の大きさと関係の深さで言えば、三井甲之の存在感が圧倒的に大きかった[★16]。それに比べると、蓑田の存在感はゼロに近い。小田村『昭和史に刻むわれらが道統』のなかに登場する蓑田のエピソードは、一高昭信会で「道の師」の一人に数えられたことと、日本学生協会の全国合宿の講師に招かれたことだけである。『いのち』論文も、原理日本社グループの思想的な影響は認められるものの、蓑田との個人的な関係を示す証拠はない。小田村が学部長に「背後関係はない」と答えたのは正直な感想だったと思われる。その後も小田村の著作に蓑田が引用されることはない。参照関係はむしろ逆で、小田村事件の後、蓑田は「東京帝大の学術的自治無能力」(『原理日本』昭和十三年九月号)、「知識階級再教育論」(同十四年一月号)、「東大問題の総摂的批判」(同三月号)、『河合教授への公開状』(第三版、昭和十三年十月)、『国家と大学』(改定版、昭和十六年一月)といった一連の自著のなかで頻繁に小田村論文を引用しているのだ。おそらく、思想的な爆弾の威力のわりには蓑田の精神的な指導者としての人望はそれほどなかったのではないか(人望から言えば圧倒的に三井だろう)。

次に、土方成美と小田村寅二郎であるが、これも東大精神科学研究会の名目的顧問という以上の指導関係は認められない。学内団体として公認を受けるためには、誰か教官の一人に「会長」になってもらわなければならない。そこで小田村たちが目星をつけたのが土方教授で、最初は固辞されていたが麴町の自宅に何度も訪ねてお願いをした挙句ついに了承してもらった。[★17] こうしてようやく研究会創立にこぎつけたのが昭和十三年六月のことだった。田中学部長の想像とは違って、土方は学生の活動には慎重だったのである。しかし、小田村たちはさっそく独自の言論機関として『学生生活』という雑誌を研究会から発行しようと準備を進め、九月末、「十月創刊号」の初校ゲラ刷りを土方会長のもとに持参すると、土方は次のようにストップをかけた。「いま君たちにこの雑誌を公刊されると、学内において私は活躍出来なくなりさうだ。君が雑誌『いのち』に書いた東大学風批判の文も読んだが、法学部はあれでテンヤワンヤしてゐる。どうかこの際は、学内の私が会長をしてゐる会からの発刊だけは、ぜひ思ひとどまつてもらひたい」。[★18] 今度ばかりはいくらお願いしてもかなわなかった。そこでやむをえず「東大文化科学研究会」という学外団体を作って、その会から発行することになった。その経過を土方教授に報告すると「ほつとされたやうであつた」という。『いのち』論文は明らかに小田村の独断専行だった。そのせいで土方はむしろ迷惑を被っている。もしも投稿する前に土方が相談を受けていたら、早まったことをしないよう説得に努めたに違いない。

荒木貞夫文部大臣はどうか。帝大総長任免権問題でも「文相の信念より出でずして第三者に押されたること明かの由（原理日本社その他）」〈8.20〉とあるように、それほど明確な見通しをもってやったわけではなかったようだ。昭和十四年二月二日、第七四回帝国議会貴族院本会議にて、菊池武夫議員が小田村処分の件で行った質問に対する答弁も、実にそっけないものだった。★19

菊池議員――「……思想問題と致しましては、御監督の上から、此の儘で相済むべきではなからうと考へまして、如何なる御意図があるやを伺ふのでございます」

荒木文相――「学生の指導誘掖に付きましては、只今御述になりました如く、其の精神に於て思想を憂ふるの余りでありませうが、大学の報告に依りますと、校紀を紊る、この一点に依って処分せられたことを報告を受けて居ります、学生の指導誘掖に付きましては、学生の身分でありますので、或は時に其の本分を誤ることもありませう、或は脱逸することもありませうが、学生の指導若しくは自分の後輩後進の指導誘掖に付きましては、其の足らざるを教へ、其の改むべきを改めまして、之をして中途に於て挫折することなからしむるが如く指導誘掖しまして、将来の国家の御用に立つべき者として教育すべきものと存じますので、教育の任に在る者が、此の点を十分考慮せられて、能く其の指導誘掖を致すやうにして、途中挫折せしめることのないやうにすることを、当局の方面に向っては十分に注意することを申述べて居ります」

菊池議員は帝大粛正期成同盟の一員であり、小田村事件を思想問題として取り上げたのに対して、荒木文相は東大当局のとった措置を追認したうえで、問題を「指導誘掖」の一般論にすり替える官僚的答弁に終始している。誘《ゆう》掖《えき》とは善き方向へ導き助けることであるが、思想善導の肝心の方向性には一切言及しない。あとでも述べるように、文部省は、小田村問題の思想的評価については一貫して日和見的な態度を決め込んでいたと思われる。荒木貞夫は皇道派で陸軍大臣まで務めるぐらいだから政治的な人望はあったが、思想的な指導者ではなかった。

以上のように、小田村を取り巻く関係をひとつひとつ洗い直していくと、通謀説は成り立たないことが分かる。

しかし、異なる複数の領域で、相互に直接の連絡もないのに、あたかも通謀しているかのようなタイミングで、似たような動きが同時的に発生したことは事実である。昭和十三年の一連の動きについては、蓑田の影響力を過大評価する陰謀説も、蓑田個人の病のように過小評価する狂気説も、どちらもうまく説明できない。むしろ〈蓑田的なるもの〉の同時説ないしは共鳴説で解釈せざるを得ないのではないか。竹内洋はそれを次のように説明した。「急速な近代化にともなう欧化と国粋との葛藤による自家中毒は近代日本の宿痾だったが、そうした病が蓑田の身体に乗りうつったのである、と。こう解釈すれば、蓑田の跳梁跋扈は蓑田個人の病でも蓑田個人の狂気でもないことになる。蓑田的なるものは近代化（する）日本のバックラッシュだったのである。蓑田胸喜が跳梁跋扈しなくとも、蓑田的なるものは、ほかの誰かの身体を乗りものにして表出、爆発したはずである」[20]

しかし、直ちに次のことにも注意しなければならない。小田村寅二郎は確かに誰とも通謀せず、自分の判断で論文を書いた。それに対して蓑田胸喜は絶賛し、土方成美は困惑し、荒木貞夫は日和見をする、という三者三様の反応を示した。これは実に示唆的ではないだろうか。一方で、〈蓑田的なるもの〉の噴出は確かに同時性を帯びていたが、それは一枚岩であることを何ら保証しない。また他方で、東大当局の通謀説は確かに間違いだったが、小田村処分をきっかけに東大精神科学研究会の勢力は学外へと拡大し、田中学部長の懸念は、あたかも「自己成就する予言」(self-fulfilling prophecy) のような展開を見せることになる。

■註

1　日本学生協会『日本政治学原理を追究して——東京帝国大学法学部政治学教授矢部貞治氏と学生小田村寅二郎君との学術論争往復文書』、一九四一年、一一二～一一三頁。

2　篠原一・三谷太一郎編『岡義武　ロンドン日記一九三六——一九三七』岩波書店、一九九七年、二九六頁。

3　三谷太一郎「解説　戦争の時代についての少数派知識人の回想」篠原一・三谷太一郎編、前掲書、三四七頁。

4　昭和十三年七月二十八日、矢部貞治は午前中に室伏高信「革新論」、続けて大串兎代夫「日本の勃興と政治の転換」を夕方までに読了して、次のような感想を記している。「個人主義を棄てろと言っただけでは何も積極的に出て来ぬ。天皇御親政を説くのはいゝが何人が如何に輔弼するかといふ現実問題は忘れてゐる。政治権力の争ひの舞台としての議会政治を排斥するのはいゝが、政治を如何にして国民と結合せしめるのかといふ現実の問題は無視されてゐる。そして全般的にナチス・ファッショの専制的傾向が強い。そんなことでは日本の問題は解決できぬ」〈7.28〉。
5　大学ゴシップものについては、竹内洋『大学という病』中公叢書、二〇〇一年、第四章を参照。
6　日本学生協会、前掲書、二七〜二八頁。『いのち』原稿には河合教授の発言（カギ括弧の引用部分）だけが取り上げられており、講義後の高木と河合の経緯は言及されていない。
7　小田村寅二郎『昭和史に刻むわれらが道統』日本教文社、一九七八年、六五頁。
8　小田村寅二郎、前掲書、六八頁には「八月上旬」とあるが、論文の末尾に（一三、八、五）と記してあり、また反応が最も早かったとされる河合栄治郎が知人からの手紙で小田村論文のことを知ったのは八月二十六日の時点である（占部賢志「東京帝国大学における学生思想問題と学内管理に関する研究——学生団体「精神科学研究会」を中心に」九州大学大学院教育学コース院生論文集、第四号、二〇〇四年、六九頁）。八月上旬の発売というのは考えにくい。
9　東京大学百年史編集委員会編『東京大学百年史　部局史一』東京大学出版会、一九八六年、二三一頁。
10　日本学生協会、前掲書、四七頁。
11　占部賢志、前掲書、七一頁。
12　日本学生協会、前掲書、四一〜四四頁。
13　日本学生協会、前掲書、四六頁。
14　占部賢志、前掲書、七二頁、内田祥三文書。
15　小田村寅二郎、前掲書、三八頁。
16　小田村寅二郎「三井甲之先生を追慕してやまず」『学問・人生・祖国——小田村寅二郎選集』国民文化研究会、一九八六年、所収。
17　小田村寅二郎『昭和史に刻むわれらが道統』、五八頁、および『追悼　小田村寅二郎先生』国民文化研究会、二〇〇〇年、六五頁。後者には、土方教授から使い古しの謄写印刷機を譲り受けたというエピソードが紹介されている。これが小田村処分糾弾闘争で役に立った。
18　小田村寅二郎、前掲書、六三頁。

19　『官報号外』昭和十四年二月三日（第七四回帝国議会貴族院議事速記録第九号）、一〇一～一〇四頁。

20　竹内洋、前掲書、二〇〇頁。

第四章　若き日本主義者たちの登場——一高昭信会の系譜

小田村といふのは一高時代から頑強偏狭で有名な男で、黒上正一郎といふ人の指導してゐた一高昭信会のメムバーで、それを今日蓑田、三井が指導してゐるのだとの事。〈矢部貞治日記1938.4.7〉

小田村寅二郎とは何者なのか？

戦時期の東京帝国大学を回顧する文章に、小田村寅二郎はしばしば登場するが、その人物について正面から取り上げたものは非常に少ない（その意味では蓑田胸喜をめぐる状況と似ている）。それどころか、明らかに間違った記述も散見される。例えば、團藤重光・伊東乾『反骨のコツ』（朝日新書、二〇〇七年）というインタビューを編集した本のなかで、美濃部達吉の天皇機関説に関する話題の途中、唐突に「小田村」の名前が登場する。★1

團藤　……美濃部先生もね、「上御一人」という言葉を使って、天皇に神格は全然認めない。国家機関説、つまり国家は公法人である、その法人のひとつの機関として天皇というものがあるという見方ですから。……ただ地位の特別に高い尊敬する方ですから、「天皇」と呼び捨てにはしなかったですね。大正から昭和の初期ごろまでは、世の中一般もリベラルな風潮が普通でしたから。それが小田村という右翼の若者がいてね、美濃部学説はけしからん、国体に反すると反逆を起こして、それに同調する右翼がだんだんと増えてきてね。

伊東　蓑田胸喜とかですね。
團藤　キョーキの沙汰（笑）と、よく言ったものですね。
伊東　先生は蓑田氏をお見かけになられましたか。
團藤　見たことはあるかもしれません。写真なんかはよく出ましたからね。けしからんやつだと思ったものでした。

刑法学者で東大名誉教授の團藤重光は、大正二（一九一三）年生まれ、昭和十年に東京帝国大学法学部を首席で卒業後、助手を経て、昭和十二年に二十三歳で助教授になっている。[★2] したがって身内の同僚にかかわる問題として見聞きし、また法学部教授会で処分を決定する当事者として小田村事件にかかわっていたはずであるが、その團藤でさえ、天皇機関説事件（昭和十年）と東大小田村事件（昭和十三年）の前後関係を取り違えている。さらに團藤の「それ〔小田村〕に同調する右翼がだんだんと増えてきてね」という言葉に、若い伊東乾（一九六五年生まれ）も「蓑田胸喜とかですね」と応じている。

もちろん事実はそれとは逆で、蓑田胸喜や三井甲之の原理日本社による天皇機関説批判・帝大教授批判が先行しており、後述するように、その精神的な影響圏のなかで小田村寅二郎や田所廣泰らの世代は思想形成する。そして次章以降で述べるように、小田村や田所が始めた思想運動は全国の高等教育機関に広がっていくが、それと入れ替わるように、蓑田や三井の言論活動は昭和十五・十六年頃を境に衰退していく。

しかし、わざわざこの個所を取り上げたのは、そんな単純な事実誤認を指摘するためではない。團藤の記憶のズレと伊東の反応のズレは、現代から小田村事件を振り返る際に非常に象徴的であるからだ。まず注目すべきは、團藤の脳裏に先に浮かんだのは蓑田ではなくて小田村であった点である。先に團藤でさえ、と書いたが、むしろ團藤だからこそ、かもしれない。当時の内部関係者でなければこの言い間違いは起こりえないからだ。法学部内部で小田村事件を見聞きした生々しい体験ゆえに、記憶の編集が起こったのではないかと考えられる。それに対して伊東は「美濃部」「国体」「右翼」というキーワードから蓑田胸喜を連想した。これは昭和史の常識からすれば素直な反応で、だからこそ「小田村」という固有名詞は読み流されたのだろう。

團藤はここで、自分の発言がミスリーディングであったと気づき、「いや、先に言い出したのは蓑田胸喜のほうで、それに同調する右翼がだんだんと増えて、ついには法学部でも小田村という学生が教授の講義を批判するようになったのだ」という具合に訂正してもよさそうなものである。しかしそうはせずに、伊東の「蓑田胸喜」に対して、反射的に「キョーキの沙汰（笑）」と返している。胸喜（ムネキ）をキョーキ（狂気）と揶揄するのは当時の学生や知識人のお約束だ。この無難なやり取りによって、「小田村という右翼の若者」の記憶は再び封印されたのである。

もうひとつ注目すべきは、このインタビューの活字化にあたっては、テープ起こし原稿をもとに團藤と伊東のあいだで何度もやり取りをしながら加筆修正し、さらに内容面の考証には昭和史専門家の協力を仰ぐなど、綿密な検討を経ているという点だ。[★3] 決して事実関係を曖昧にしたまま活字化されたものではない。編集者や専門家も加わり何重にもチェックを受けているわけで、この類のインタビュー原稿としては相当丁寧に作られている。蓑田胸喜の名前には人名解説の注釈が付けられた。

にもかかわらず、である。本書でたった一ヵ所登場する「小田村」は厳重なチェック体制を通過して、活字化されてしまった。おそらく伊東や編集者や専門家にとっては、無視できるほどの名前だったのだろう。編集作業の過程で削除してもよさそうなものである。しかし團藤はこれを削除しなかった。團藤には、蓑田より小田村のほうが強く記憶されていたことは事実なのだろう。

いったい、小田村寅二郎とは何者なのか。本章では、小田村寅二郎の人物像（大学入学までの前史）を中心に、小田村とその仲間たちの思想運動の母体となった第一高等学校昭信会について解説する。小田村寅二郎に関しては、『追悼　小田村寅二郎先生』（国民文化研究会、二〇〇〇年）の「小田村寅二郎先生のご生涯」および巻末の略年譜が詳しい。小田村とともに学生思想運動のリーダー的存在だった田所廣泰に関しては、小田村寅二郎編『憂国の光と影――田所廣泰遺稿集』（国民文化研究会、一九七〇年）巻末の年譜が詳しい。

吉田松陰と楫取素彦

小田村寅二郎の出自は、幕末の尊皇思想家・吉田松陰につながる家系として説明されることが多い。寅二郎の名前も、寅年生まれの次男だからというだけでなく、吉田松陰の名前（寅次郎）に因んで付けられた。

確かに、寅二郎は吉田松陰の妹の曾孫にあたる（松陰は寅二郎の曾祖母の兄）。吉田松陰の実妹の寿《ひさ》が嫁いだ相手は、藩儒・小田村吉平の養子・小田村希哲《ひきよし》（伊之助）である。松陰と親交があった小田村希哲は、幕末には藩命により楫取素彦《かとりもとひこ》と改名して幕府との応接にあたり、明治維新後には足柄県参事から群馬県令（県知事）を務めた。寿は希哲（＝楫取素彦）とのあいだに二人の男児をもうけた。長男・希家《ひきいえ》は小田村姓を再興して、小田村家の家督を相続した。そこに養子としてもらわれてきたのが、群馬県の役人だった山口県士族・磯村應《おう》の五男・有芳《つねか》、寅二郎の父である。[★4] 一方、楫取家の家督を相続したのは次男・道明《みちあき》で、妻・美寿子《みすこ》とのあいだに三男一女をもうけた。その一人娘が寅二郎の母・治子である。

とはいえ、小田村寅二郎の人物理解にとって社会学的に重要なのは、血縁的な出自（家系）以上に、人格形成に影響を及ぼす環境条件（家風）である。それは、ひとつは学問を基礎にした実践家の家風であり、もうひとつは皇室を身近な存在に感じるような環境である。両者の結節点に位置するキーパーソンが寅二郎の曾祖父・楫取素彦[★5]であり、彼こそが明治維新後の小田村家を実質的にかたち作ったと言ってもよい。

吉田松陰を輩出した吉田家は山鹿流兵学師範（学祖は山鹿素行）であり、松陰自身も八歳で藩校明倫館の教授見習となり、十歳にして藩主毛利敬親の御前で武教全書戦法篇を講義したエピソードがよく知られているが、後に学者の枠を逸脱して国事に奔走する。小田村家も藩儒の家柄である。希哲を三代遡って、小田村公望《きんもち》の代で藩儒官となり、公望の養子・直道《なほみち》は明倫館祭酒（学頭）となっている。しかし小田村希哲改め楫取素彦はやはり学者の枠に収まらない実務能力が買われ、松陰入獄後の松下村塾を束ね、また藩の高官として幕府との応接に東奔西走し、明治維新後には、先述のように群馬県令を一〇年間務めて県政の整備・発展に尽力、明治十七年に元老院議官に任じられ、二十年には維新の勲功により男爵を授けられた。寅二郎の父・有芳は明治十二年に群馬県前橋市に生まれ、満八歳で小田村希家の養子になった。[★6] 学習院中等科から第一高等学校理科を経て、東京帝国大学工科大学に入学、明治三十九年に機械工学科を首席で卒業した（恩賜の銀時計拝受）。福岡県の安川一族の経営する明治鉱業鉱山機械部に入社、後に磯村家の長兄音介の磯村工業所の設立に参画している（晩年会長）。

治子の父・楫取道明は、日清戦争後の明治二十八年に文部省から台湾総督府学務部員として派遣され、現地で日本語教育に携わった。治子の母・美寿子の実姉である千種任子《ことこ》は明治天皇の側近に仕えて「千種の局」と呼ばれた。治子は明治二十一年に山口県萩市に生まれ、父の渡台に際して伯母の千種任子に預けられ、皇居内から麴町区永田町の華族女学校（後の女子学習院）に通学し、ここを卒業した。なお、楫取道明は明治二十九年に、台湾教育の根拠地としていた台北郊外の芝山巖《しざんがん》で現地人の排日蜂起に遭い、同僚五人とともに殉難死した（芝山巖事件）。

男爵の爵位は楫取家の家督相続者に世襲されるから、道明亡き後は治子の長兄が継承したはずである。寅二郎の両親はともに楫取素彦男爵の孫として明治維新に勲功ある家庭に育ち――おそらくその関係で――ともに学習院に学んでいるのである。結婚は有芳の大学卒業の前年（明治三十八年）というから、治子の卒業のタイミングに合わせたのだろう。

学習院から府立一中へ

さて、小田村寅二郎は、大正三年三月二日、小田村有芳と治子の次男として、東京市四谷区左門町に生まれた。偉大な曾祖父・楫取素彦男爵はその二年前（大正元年）に八十四歳で亡くなっていたが、寅二郎がこの家に漲る維新勲功の矜持と皇室の藩屛たる使命感を呼吸して育ったであろうことは想像に難くない。

大正九年四月、寅二郎は兄・嘉穂と同じように学習院初等科に入学した。学習院でも一般と同じ教科書を使うのだが、教科書の言葉遣いは「お父さん」→「お父さま」のように正しい敬語に逐一直されたという。[★7] また初等科から外国人教師によって英語が教えられていた。しかし寅二郎は「こんなものは小学校の義務教育にはないのだから、やらなくてもいい」などという理屈で怠けたせいで、あとで困ることになる。

大正十五年の中学校受験では、東京府立第一中学校と東京高等学校尋常科を受けたが両方とも不合格だった。大正中頃から全国各地に高等学校が増設されていたが、志願者数はそれを上回るペースで増加し、高等学校への受験競争はかえって激化した。それに伴い中学校の「進学名門校」も各地に誕生して、中学受験もまた厳しさを増していた。なかでも府立一中（後の都立日比谷高校）は名門中の名門であり、寅二郎の兄も学習院初等科からここに進学していた。他方、東京高等学校はできたばかりの七年制高等学校だったが、尋常科（中学校相当）に入りさえすればエスカレーター式に高等科（高等学校相当）に進学できるので人気が高かったのである。二つとも落ちた寅二郎はしかたなく学習院中等科に進学するが、中等科の英語は初等科で基礎を終えていることを前提に進められたので、入った途端に落ちこぼれた。そこで父親の勧めで、府立一中の補欠編入試験を受けることになる。父親も父兄会で教師に「英語の成績が全然ダメ。級長ともあろうものが困る」と言われ、「英語は中学でABCから教えるものではないのか」と怒って喧嘩したのであとに引けなくなっていた。父子マンツーマンで猛勉強の末、編入試験に合格、九月から入学した。

府立一中時代の同級生に丸山眞男がいる。眞男の父・丸山幹治は大阪朝日新聞社で活躍する政論記者だったが、大正七年の「白虹事件」で退社、大正十年から読売新聞社に入社したのを機に、一家は兵庫県の芦屋から東京の四谷に越してくる。中学時代は四谷区愛住町の借家に住んでいた。丸山は後に、戦時期の東京帝国大学を回顧するなかで言及された小田村事件に関連して、当時の小田村寅二郎の様子を次のように述べている。

この小田村君と私とは中学で同級でよく知っていたのですが、金持の坊ちゃんで、中学時代にアメリカへ旅行したり、一高入試を何回も落ちて、結局、学年度は私より三年あとになりました。中学のころは軟派でどうしようもないくらいでしたが、アメリカから帰ってきてから、いつのまにか急速に右翼になりましてね。一高に入ったころにはもう極右ですよ。★8

「金持の坊ちゃん」というが、これには注釈が必要だろう。苅部直によれば、丸山自身「父親が洋行帰りのジャーナリスト、芦屋と四谷の育ち、大量の蔵書を家にもち、他方で英語、また映画や西洋古典音楽にも早くから親しんでいた、という点だけ挙げれば、これはいわゆる山の手中産階級の子弟の典型」★9であったが、愛住町時代の生活環境はなかなか複雑である。愛住町の西（現在の新宿御苑の北）にあった内藤新宿の遊郭が現在の新宿二丁目へ移転したばかりだった。東の荒木町には花街、南東の鮫ヶ橋（鮫河橋）は横山源之助『日本の下層社会』（明治三十二年）にも出てくる三大貧民窟のひとつで、四谷第一尋常小学校時代は「クラスの少なくとも三分の一はスラムの子」だったという。[★10]愛住町の借家は眞男の母・セイの異父兄だった井上亀六（当時、政教社社主）が自分の近所に世話したもので、近くには新聞『日本』や雑誌『日本及日本人』の関係者が多く住み、すぐそばで左右の政論が入り乱れる家庭環境は、山の手文化というより「もっと人間くさい、複雑な陰影を含んでいた」。[★11]ちなみに寅二郎の生家のあった四谷区左門町は、愛住町とは現在の地下鉄四谷三丁目駅を挟んだすぐ向かいに位置するが、ここの家は近所の火事で類焼したため、小田村家は大正七年に赤坂区青山南町四丁目に移り、大正十四年からは芝白金三光町に居を構えていた。芝白金の新築の家に住み、華族を身内にもち、当然のように学習院で学んできた寅二郎が、丸山には別世界の人間に見えたとしても何ら不思議はない。小田村家の由来を知らなければ「金持の坊ちゃん」とでも形容するしかない。

寅二郎の回顧によれば、丸山眞男とは「一中の四～五年の時の付き合ひ」[★12]だったというから、昭和四～五年の頃である。小田村寅二郎選集編集委員会編『学問・人生・祖国』（国民文化研究会、一九八六年）に収録された「丸山真男氏の思想と学問の系譜」（一九六九年の講演録）には興味深いエピソードが披露されている。

……その頃は、教室内での生徒の席順は、背丈けの高い生徒が後から順に席を占め、前に坐る者ほどチビ、といふことになつてゐました。丸山さんも私も当時、背が低い方でしたので、前の方の席で、名実ともに隣り合はせに机を並べてゐた、といふことになります。さうしたことから、自然に親しくもなり、彼が私の芝白金の家にまで遊びに来てくれたこともあり、私が四谷塩町あたり[★13]（であつたと思ひますが）の彼の家に出かけて行つたこともありました。その頃の二人は、中学生なりに比較的に親しい友人であつたわけです。

その折の思ひ出で、今も私に思ひ出されることは、私の家で蓄音機を持ち出してレコードを聞き合つてゐた時、私が古風な日本物に興じてゐるのを、丸山君から、「君の趣味はずいぶん古臭いぢやあないか」とからかはれたり、「君の家には、ジャズのレコードはないのか」と不満さうに言はれたことなどを思ひ出します。今から思ひますと、それは単に趣味の違ひだけではなくて、この頃から、二人の進む道の分岐点が、既にはつきり運命づけられてゐたのかも知れません。[★14]

先ほどの引用で、丸山眞男は小田村を「中学のころは軟派で」云々と言っていたが、これにも注釈が必要である。苅部によれば、中学時代の丸山は〔父兄同伴という校則を無視して〕一人で映画館に出入りしたり、新国劇のファンになったり、探偵小説に熱中したり、「当時の常識では、必ずしも素行善良とは呼びがたい中学生活」を送っており、[★15]丸山自身「ある意味で一中の正統的な優等生よりももっと鼻もちならぬ生徒」だったと回想している。[★16]だとすれば、「軟派でどうしようもない」のは丸山のほうではないか。また穿った見方をすれば、「金持の坊ちゃん」に圧倒されないためにも、ジャズのような先端的な輸入文化を対置して小田村の古臭い趣味にケチをつける必要があったのではないか。

小田村は高校受験で二浪、大学受験で一浪したので、東京帝国大学法学部に入学したとき、丸山は法学部を卒業して助手になっていた。府立一中卒業以降、会うことがなかった二人は、昭和十三年の小田村事件で劇的な再会を果たすことになる。再び丸山の回顧を引用する。

この〔小田村の無期停学〕処分のときも、ぼくの家までやってきましてね。……学生の学問的な質問に対して先生が返事をくれるのは当り前じゃないか、矢部〔貞治〕先生はちゃんと手紙をくれたのに、田中〔耕太郎〕・横田〔喜三郎〕はなんら答えない、しかも処分とは何ごとかというんです。そこで時局論になって何時間も議論して、結局最後には、私は「こうなったら互いに信じる道を歩むより仕方がないじゃないか、これで君ときっぱり別れよう」といって、以来、一度もあっていません。[★17]

同じ出来事を小田村は次のように回顧する。

……できれば東大当局の私に対する真意が奈辺にあるかを知りたくも思ひました折、ふと丸山氏といふ幼な友達が法学部に奉職してゐることを思ひ出し、彼の意見を聞いてみるのも必要かな、と思つて丸山さんのお宅を訪ねたのでした。しかし私の思惑はものの見事にはづれ、丸山氏は私を迎へはしたものの、既に思想的対立者を自負した冷厳な態度で応接され、東大の敵に相対してゐるといふ構へで、対座されたのでした。……ある意味では、この時の短時間の丸山さんとの対座が、私のその後の人生に大きく影響したことになつてゐるかも知れません。[18]

小田村は旧友として率直に意見交換できると期待して丸山の自宅を訪ねたが、おそらく丸山は法学部のスタッフとして公式的な「学問の自由」「大学の自治」論を展開し、二人の議論はどこまでも平行線を辿ったに違いない。丸山は矢部貞治が小田村の批判を受け入れて政治学の講義題目を欧州政治原理に変更したことについても「講義題目をかえたので、また足をすくわれたのです。何故、日本の大学で日本の政治原理をやらないで、欧州政治原理をやるかと批判された。矢部先生の真面目な自己批判がむしろ先方の思うツボにはまった[19]」と厳しい見方をしている。小田村に対しては断固たる非妥協の姿勢をどこまでも崩さなかった。

アメリカ旅行と濱口雄幸『随感録』

小田村寅二郎がアメリカを体験するのは、ジャズのレコードではなく、中学五年生の夏休みのカリフォルニア視察旅行であった。中村嘉寿という代議士が個人的にやっていたツアー旅行事業「学生見学団」で、父親の友人の阿部宗孝・府立六中校長が昭和五年の団長を引き受けたのが参加申し込みの直接のきっかけのようだ。十数名の参加者の多くは早稲田や慶應の大学生で、中学生は寅二郎一人だった。昭和五年七月十一日に出航して、帰着は九月六日。期間はまる二ヵ月、うち一ヵ月は移動の船の生活である。

濱口雄幸内閣が金解禁を断行して日本円の対ドル交換が有利になっていたとはいえ、費用は全部で五〇〇円(二五〇ドル)かかった。現在の貨幣価値に換算すれば、約一〇〇万円。しかし参加者の多くは資金力と行動力をもった意欲あふれる若者である。せっかく一ヵ月も滞在するのでサンフランシスコ周辺だけでなく、ロサンゼルス方面へ足を延ばしたいと、往路の船のなかで団体交渉が始まった。追加費用三〇〇円で交渉がまとまると、寅二郎も不足金は帰国後に阿部団長を通じて納入することにして、父親に無断で旅程変更を決めた。このあたりは寅二郎の「金持の坊ちゃん」ぶりをうかがわせるエピソードである。

しかしこのアメリカ旅行をきっかけに寅二郎の愛国心が芽生えてくる。現地で事業に成功した日本移民が毎晩のように盛大な歓迎会を催してくれて、夜遅くまで「日本の政治はなにをやってゐるのか」「だらしのない国になっては困るではないか」というような話ばかり聞かされた。帰りに日本の房総半島に近づき、近くに鋸山、遠くに富士山が見えたときに、カリフォルニアの乾燥した風土に比べて「緑滴る」日本の美しい風景を再発見して、日本の国を大事にしなければという気持ちになった。ちなみに府立一中『学友会雑誌』第一〇二号（昭和五年十二月）に寄稿した旅行報告「カルホルニア視察」が寅二郎にとって活字になった初めての文章である。

だから「アメリカから帰ってきてから、いつのまにか急速に右翼になりましてね」という丸山の観察は、半分正しい。実は、寅二郎の右傾化に大きな影響を与えた出来事がもうひとつあった。その年の十一月十四日、濱口雄幸首相が東京駅で愛国社社員の佐郷屋留雄に狙撃され、重傷を負うという事件が起こった。昭和五年は、ロンドン海軍軍縮条約をめぐる統帥権干犯問題が世間を騒がせ、金解禁による輸出業の不振とデフレ不況に世界恐慌が重なり、社会不安が深刻化していた。労働争議が頻発して無産政党の中間三派が全国大衆党を結成し、橋本欣五郎陸軍中佐らが国家改造を標榜して桜会を結成していた。しかし、中学五年生の寅二郎が反応したのは濱口首相の失政に対してではない。狙撃されて重傷の病中に出した『随感録』（昭和六年）という本のなかに、自分が総理大臣として死ぬとすればそれは「男子の本懐である」という言葉を見つける。

> それを読んだ先生は「なんといふ立身出世の権化か」、「総理大臣がそんなに偉いと思ってゐるのか」と憤慨されたとのことです。この怒りも、実は先のアメリカ旅行での、愛国心の目覚めと深く関連があるやうに思はれます。さて、かういふ憤慨もあって、先生は物の考へ方に大きな変化が生じたとおっしゃいます。★20

これは当時の世間の濱口批判とは次元の異なる批判である。もう少しあとの寅二郎なら、この憤慨の感情を「総理大臣が己の政治的信念に命を賭けるといふだけでは自己満足にすぎず、天皇の統治大権に対する輔弼責任にこそ命を賭けるべし」と冷静に言語化できたはずである。すなわち、輔弼責任を果たしえないことを天皇に詫びるのではなく、己の信念のために倒れることを「男子の本懐」として開き直るとは何ごとか——と。

それにしても中学五年生といえば、受験勉強に専念すべき大切な時期であるはずだが、寅二郎には全くその気配がない。アメリカ旅行から帰国後、父親から勧められるままに東京商科大学（後の一橋大学）予科を受験するが、当然のごとく不合格となる。[★21] その頃、旅行後の風邪をこじらせて肋膜炎と宣告される。昭和六年から約一年半のあいだ、葉山で療養に専念した後、昭和七年二学期から府立一中の補習科に通いながら受験勉強に取り組み、第一高等学校を受験して合格した。すでに目標は父親が望む外交官でも東京商科大学でもなかった。「ただただ日本文化の精神伝統を一日も早く学びたい」と、寅二郎にとってはおそらく初めて内発的な動機付けによって真剣に勉強に取り組み、初めての一高受験を乗り切ったのである。[★22] したがって、丸山眞男の「一高入試を何回も落ちて」という言葉も訂正されねばならない。寅二郎は療養後の受験勉強で一高に一発合格しているのだ。一高入試の挫折経験があるのは、むしろ丸山のほうである。丸山は四年修了で一高を受験するが失敗、そのとき伯父の井上亀六から「眞男、よかったな、秀才じゃなくて」と慰められたエピソードはよく知られている。

田所廣泰との出会い

昭和八年四月、寅二郎は丸山の二年後輩として第一高等学校文科丙類に入学した。日本文化の精神伝統を学ぶために一高に入ったものの、具体的に何をすればよいかは分からなかった。たまたま府立一中時代の同級生に校内で出会ったときに「一高昭信会といふのがあって、それが君に向いてゐると思ふ」と勧められて入会した[★23]一高昭信会が、その後の寅二郎の人生を決めた。

第一高等学校は皆寄宿制であり、寅二郎も入学時に「和寮一番」に割り振られていたが、一年の秋からは一高昭信会の「西寮十三番」に転居した。寅二郎の同期の会員は「十人前後」いたという。[★24] 当時、一高はまだ本郷にあったので（昭和十年に駒場移転）、東大在学中の昭信会OBたちが毎日のように西寮十三番に来ては後輩を指導していた。なかでもリーダー格にあったのが田所廣泰（東京帝国大学法学部）である。田所は、後に小田村たちの学生思想運動の指導者として日本学生協会・精神科学研究所を牽引したキーパーソンであるので、その経歴と人物像を紹介しておこう。★25

田所廣泰は、明治四十三年九月二十八日、吉川弘と梅子のあいだに生まれ、出生と同時に、海軍中将・田所廣海とます（梅子の実姉）の子として届けられた。大蔵官僚の迫水久常とは従兄弟同士である。迫水久常は、海軍大将・岡田啓介の女婿となり、二・二六事件のときは岡田啓介首相の秘書官だった。また鈴木貫太郎内閣の書記官長を務め、終戦詔書の起草にも携わった。ちなみに迫水は戦後、当時を回顧して田所らの活動には本当に手こずり、「一生の中でこのグループ（日本学生協会）ほど因縁の深いグループは他にありません」と述べている。★26

田所廣泰は大正六年に学習院初等科（北白川宮永久王の同級生）、大正十二年に東京府立第一中学校（同年養父・田所廣海没）、昭和三年に第一高等学校文科甲類、そして昭和六年に東京帝国大学法学部法律学科に入学した。ここまでは順調に来たが、東大入学の年に肺結核を発病して長期療養生活を余儀なくされ、卒業できたのは昭和十三年六月だった（在学期間七年二ヵ月）。療養生活を続けながら昭信会の後輩を指導していたことになる。学習院初等科→府立一中→一高→東京帝大法学部という超エリートコースの途中で長期療養生活を余儀なくされる点で小田村寅二郎とよく似ているが、田所家は海軍を中心とする政界官界の人脈に連なっていた。昭和十三年六月の大学卒業と同時に、東大精神科学研究会を結成するが（第五章）、田所自身は、海軍大将・末次信正内務大臣の秘書官である海軍大佐・山下知彦の補佐として、内務大臣室勤務になっている。昭和十四年一月に近衛内閣が総辞職し、平沼騏一郎内閣が成立すると、内務大臣秘書官補佐を辞するが、同年九月まで内務省文書課調査係として勤務し続けている。このあたりの事情はよく分からない部分が多いが、内務省に強力なコネクションがなければ不可能であろう。

田所廣泰の一高入学時点に戻ろう。昭和三年五月、田所は学内団体「瑞穂会」主催の講演会にたまたま参加する。瑞穂会というのは、一高の国文学の教授だった沼波《ぬなみ》武夫（瓊音《けいおん》）が外来思想による世相の混迷を嘆き、「せめて一高の生徒の中にだけでも、健実な志操の持ち主を養成したい」という趣旨で、大正十五年二月十一日に創始した学内団体である。[27] ところが、発足からわずか一年半後の昭和二年七月、沼波瓊音は病に倒れ亡くなる。田所廣泰が参加したのは、沼波亡きあとの瑞穂会の中核を担っていた黒上正一郎による「聖徳太子の人生観と日本文化」と題する連続講義だった。その講義を聴講した田所はじめ四人の一年生によって結成されたのが、一高昭信会なのである。

黒上正一郎の聖徳太子研究

黒上正一郎は明治三十三年に徳島に生まれ、徳島商業学校を卒業後、いったんは地元の阿波銀行に就職した。しかし独学で親鸞・日蓮の経文を学び、聖徳太子を研究するほど向学心が旺盛で、ついに大正十三年に銀行を辞めて上京、東京の本郷に下宿して、「聖徳太子の研究においては、入沢宗寿、藤原猶雪、井上右近その他の諸師に、明治天皇の御思想と「しきしまのみち」については三井甲之に、日本精神史については松本彦次郎、沼波瓊音その他の人々に師事[28]」しつつ独学で研究を深めていった。そうした求道的な研究生活のなかで黒上は沼波瓊音と出会い、一高とも東大とも関係なかったが瑞穂会会員となり[29]、「黒上氏が沼波先生の憂国、憂学の志に深い敬仰の念を示され、沼波先生は黒上氏の太子讃仰の信にいたく敬服されての交り」が始まった。

黒上正一郎は三十歳に満たない「無所属」の青年だったが、その聖徳太子の思想研究はユニークで、大正十五年から昭和四年にかけての四年間ほどのあいだに東京帝国大学文学部教育学研究室での講演が二回、『教育心理学研究』『教育思潮研究』『国語と国文学』といった権威ある学術雑誌に立て続けに論文を発表した[30]。そのエッセンスを後に小田村寅二郎は次のように要約する。これは矢部貞治の政治学講義を批判する際に示された「人間の不完全性」の認識そのものである（第二章）。

すなはち聖徳太子が、〝この世の人〟はどんな人であらうとも、所詮は〝十七条憲法の第十条〟に書かれてあるやうに、「共に是れ凡夫のみ」（註、欠点だらけの人間にすぎない）と把へられたあの痛切極りない宗教的な御人生観を、特に凝視なさつて、黒上氏ご自身の心魂を傾けつくして太子のお心を偲ばれ、さうした〝追体験〟の学問の中に自らを徹入されながら、以て太子の御思想を説き明かさうとなさつた点である。[31]

また黒上正一郎の聖徳太子研究のユニークさは、それが単なる歴史的遡行ではなく、大正末から昭和初期（一九二〇年代）という同時代に対する現実性《アクチュアリティ》をもちえた点にもある。どういうことか。後に一高昭信会によって刊行された黒上正一郎『聖徳太子の信仰思想と日本文化創業』（昭和五年）の冒頭に次のような一節がある。

> 我が国民生活は外来文化との接触によつて前後二回の重大転機に遭遇したのである。先に東洋文化を受容せし推古朝と、後に西洋文化を輸入せる明治時代とは正に此の二大転機に外ならぬのである。而も国民はこの重大転機に当つて、かくの如き指導的人格を国民生活の核心たる皇室に仰ぎまつゝたのである。近く　明治天皇の大御稜威《おおみいづ》の下に、わが民族が内、平等に皇化に浴せしめられ、外、世界文化に有力なる地位を確立したることは、われら国民の等しく仰ぎまつるところである。この心は又遡つて推古朝の時代に大陸文化を批判総合し給ひ、わが国民を哀愍教化せられたる　聖徳太子を憶念しまつるのである。★32

すなわち、推古朝の時代と明治時代は「外来文化との接触」とそれに付随する内政外交の混乱という重大転機が訪れた時代だったが、いずれも日本文化の主体性を堅持しながら外来文化を摂取して政治的な危機を乗り切った。その指導的人格はともに皇室から現れた。聖徳太子と明治天皇である。この日本歴史の厳然たる事実に注目すればこそ、「太子に関する研究は単に一代の功業の事跡に止まらず、其の功業の依つて来るところの信仰思想の内容に徹入し、ここに東亜大陸の文明を選択融化して国民文化の根底を確立したまひし内的偉業の真相を窮尽すべき」★33なのである。つまり、重大転機を乗り切ったのは確かに偉大な「功業」であるが、我々はその功業を可能にした思想的条件をこそ問わねばならない（＝御精神・大御心をこそ讃仰・憶念しなければならない）。そうすることが「我が文明の世界的意義を光闡する所以であると共に、又東西文化交流の中心にある現国民精神生活にとつて、その指導的光明をあたふべき重大の研究であると信ずるのである」★34。

大正末から昭和初期（一九二〇年代）という時代は、明治天皇を中心とする危機の乗り越えを忘却し、外来文化の「摂取」は主体性を喪失した「追随」に堕落して、再び国体の危機を招来している――と診断される。外来文化に対して主体性を堅持しながら摂取するにはどうすればよいのか。聖徳太子と明治天皇は、まさにいまこそ呼び出されねばならない。黒上の聖徳太子研究はむしろ現代思想として受容された。

ここから自ずと研究実践の具体的な指針も導き出される。すなわち、聖徳太子の精神については、『十七条憲法』はもちろん仏教経典の註解書である『三経義疏』にも直接触れて味わい学ぶこと。また明治天皇の精神については、膨大な数が残されている御製（和歌）を拝誦することで、大御心を我が心に憶念する努力を続けること。明快な時代認識と具体的な行動指針が見えてくるではないか。こうして、黒上正一郎の連続講義を聴講した田所廣泰ら四人の一年生[★35]は、黒上を指導者に仰いで新しい文化団体の結成に動き出した。

一高昭信会の活動

昭和四年五月五日、一高昭信会は発足した[★36]。ところが（またしても）発足から一年四ヵ月後の昭和五年九月、黒上正一郎が胸部疾患により三十歳の若さで亡くなってしまうのである。しかし黒上は徳島の実家で病臥中に、昭信会メンバーに指図して、それまでの聖徳太子研究の成果をまとめた『聖徳太子の信仰思想と日本文化創業』（前掲）を謄写版刷りで完成させていた。小田村寅二郎が入学してきた昭和八年には、黒上正一郎は既にこの世にはおらずテキストを通してその精神が継承されていた。田所廣泰ら生前の黒上を知る昭信会第一世代はまだ東大在学中だったので、彼らによって第二世代の指導が行われた。

昭信会の活動は、思想研究という言葉からわれわれが想像するような「文献を読んで理論を研究する」のとは異なる。また当時の高等学校を風靡していた「個人の人格の完成を目指す」式の思考法に対しても正反対の考え方に立っていた。小田村は後に次のように述べている。

〝人間の人格〟についての自己認識のしかたといふのは、各自で自己自身を磨けば磨くほど、自分の人格が向上したといふ意識が高まつてくるのではなくて、〝自分といふ人間が、いかに未熟・未完であるか〟を、より一層具体的に、より一層はつきりと知るやうになるものである。修業を積むほどに、人間は〝いかに自分は欠点だらけか〟が、よく判るやうになるものである。……自分にとつて一番大切なことは、学問における〝客観的な知的認識〟を高めていくこと以上に、〝自分の心の中味—〝主観〟—を、より正直で素直な心に整へていく〟ことのほうが、はるかに根本的な学問としての要請となつてくるはずである。★[37]

「人間の不完全性」を認識するには、まず厳しい自己反省が求められる。それがなければ、他者の心の動きを正確に受けとめることもできない。これは社会の指導者に不可欠な資質である。「とにかく、〝学問に励む〟といふことは、万人の苦しみ悲しみを、自分の心の中に人一倍敏感にうけとめ得るやうに自分の心を鍛へていくこと、を意味することでなければなるまい」★[38]。昭信会はこうした観点を「信」と呼んだ。

　これは竹内洋が「エリートはまわりからちやほやされる。驕慢というエリート病に罹患しやすい。だからエリートになによりも必要なものは現実を超える超越の精神や畏怖する感性である」と指摘した、「人間における矜持と高貴さ、文化における自省と超越機能」を支える教養の原点に通ずるものがある。★[39]つまり「自己を反省して他者を思いやれ」という類のありがちな道徳論ではなくて、社会統治の健全性の観点からエリート層にこそ「人間の不完全性」への自省が要請され、その自省は文化や伝統の超越機能によって制度的に担保される、というシステム論なのである。「信」は超越の精神を含む。

　道徳論は「反省せよ、思いやれ」と命令するだけであるが、システム論は「反省と思いやり」を可能にする超越機能の制度設計に注目する。小田村によれば、昭信会の場合、「信」を養う二つの行事が営まれていた。ひとつは、学内で毎週行われていた研究発表会を「讃仰《さんごう》研究会」と呼び、崇高な御人格を「讃へ仰ぎ」つつ勉強する姿勢を保持していたこと。「会員たちは、何にもまして聖徳太子と明治天皇の御人格を仰ぎ、そのお心をお偲び申上げながら、拙い各自の研究を進めてゐたので、……皆の前で発表するに当つては、いつも〝これから発表させていただきます〟と言つて、〝させていただく〟といふ言葉遣ひを使ふのが常であつた」★[40]（傍点ママ）。

　もうひとつは、「明治天皇御製拝誦」を毎朝の日課としていたこと。校内敷地の隅にある土手あたりに、全寮に散在している会員が集まり、拝誦行事を行った。「まづ全員が〝明治神宮〟の方角に向つて横に並び、会員のうちで拝誦当番に当つてゐる者が、前もつて数首お選びしてきた明治天皇の御製を、全員を代表して声を出して拝誦するのである。……御製そのものの拝誦の前と後とに……〝神式礼拝〟の儀式を行ふことになつてゐた」[★41]。明治神宮の方角に向かい、最敬礼の二拝と二拍手と最敬礼の一拝に続けて、当番は心を込めた声量で次の祝詞を二回奏上し、再び二拝二拍手一拝の礼を行う。

み民われら　もろともに　まめやかに　わが大君に　仕へまつらむ　と　誓ひまつらむ

皇居ではなく明治神宮の方角に向かうのは、この祝詞が「今上天皇に対してわれらがまめやかに仕へまつらうとする思ひを、明治天皇さまの大御霊にお誓ひする」ものだからである[★42]。今上天皇に対してさえ明治天皇という超越機能を設定している。なお、明治天皇御製については、原理日本社同人の三井甲之を指導者として仰ぎ、三井の『明治天皇御集研究』（昭和三年）をテキストに勉強した。

さらにこうした行事は、次のように「崇高な御人格を讃仰する」仲間の歴史的な連続性（祖国の悠久の生命）を感得させるものでもあった。

会員が日夜讃仰しまつつてゐた聖徳太子と明治天皇といふ御二方は、ともに、御自身だけの幸福を追求された方ではなく、万民の喜びをわが喜びとされ、万民の悲しみをわが悲しみとされた方であつたから、その御人格を仰ぎながら道を求める、といふことになれば、その仲間一人一人にとつては、〝師〟も〝同輩〟も、また、〝先輩〟も〝後輩〟も、さらには、同じ思ひに連るもろもろの〝同胞〟までも含めて、それらの人々すべてが、祖国日本を守り来つた尊い悠久の生命に連る人々として目に映り、心に感応してくることになつたのである。また、長い日本の歴史を通じて、この祖国日本のために、献身した数限りない先人たちの、尊い没我捨身のみ魂に導かれつつある〝いま在る我〟なるものも、つつましく意識されてくることにもなつたのである[★43]。

万民と喜び悲しみをともにした「崇高な御人格」を讃仰する同信の仲間は、すべて歴史を超えて「祖国の悠久の生命」に連なり、自分もまたそうした先人に導かれて「祖国の悠久の生命」を継承・護持すべき使命感が湧いてくる。これはいわゆる「一君万民」思想（天皇の下での平等）とは異なる。「一君万民」からイメージされる空間的な同質性ではなく、先人たちとの連帯感と、彼らによって継承・護持されてきた「祖国の悠久の生命」の存在感に力点が置かれている。おそらく、この地点から国体の理解まであと一歩である。

なお、矢部貞治は小田村との手紙のやり取りで黒上正一郎『聖徳太子の信仰思想と日本文化創業』を参考文献として紹介され、自分でも入手して読んでいる。日記には「本屋に頼んだ例の昭信会発行の黒上正一郎氏の聖徳太子に関する本を見ると、小田村の用ひる公式が皆この中にあることが判明し、更に三井甲之と密接な関係のあることも判る」〈1938.4.16〉という感想を記しているが、当然といえば当然である。

寄宿寮委員長の仕事と大学受験

第一高等学校は昭和十年に本郷から駒場へ移転することが決まっていた。[★44] そうなると当然寄宿寮も駒場に移転することになる。小田村寅二郎は二年生の終わりには「駒場移転委員会委員長」に選出され、また三年生になると「第一三七期寄宿寮委員長」も兼任することになり、寄宿寮の統括責任者として昭和十年九月十四日の「歴史的な駒場移転の日」を迎えた。当日は小田村委員長の指揮のもと「護国旗」（明治二十二年制定）を奉じて、全校生徒一〇〇〇名が帯剣に銃を担いで駒場まで武装行進した。[★45] 小田村による「向陵訣別之辞」と「開寮宣言」は『追悼小田村寅二郎先生』に全文記載されているが、特に後者はわざわざ甲府在住の三井甲之を訪ねて文章を補正してもらったほどで、昭信会の精神が縦横に展開されている。[★46]

寅二郎はこの年、東京帝国大学法学部の受験に失敗する。高等学校から無試験で帝国大学に進学できた時代はとうに過ぎ去っていた。寅二郎の中学受験の項でも触れたように、大正中頃からの高等学校増設により、そのぶん高等学校卒業者数も増加し、帝国大学も学部ごとに入学試験を課すようになっていた。特に東京帝国大学法学部は入学志願者が多く、大正十四年から昭和十七年までの合格率（入学者÷志願者）はトップ校の武蔵や一高でさえ六割

図1　東大精神科学研究会と日本学生協会

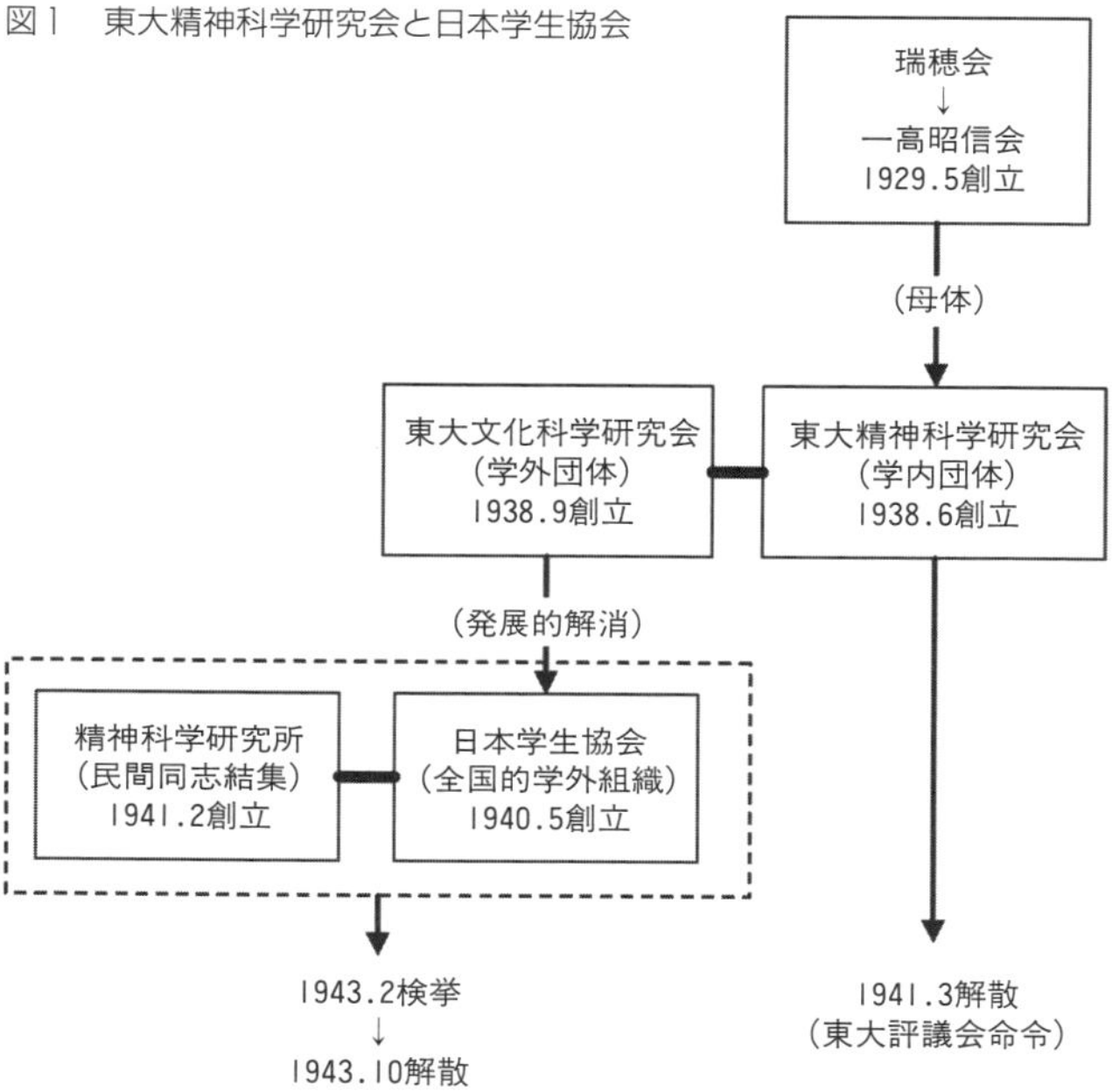

台にとどまり、多くの高校は五割を切るほどだった。[★47] 寄宿寮委員長の激務の片手間で準備できるほど入試は甘くなかった。

こうして寅二郎は高等学校受験に続いて、大学受験でも浪人生活を余儀なくされた。浪人中も決して勉強に専念できる環境ではなかった。駒場移転時の寄宿寮委員長を務めた関係から、当時寄宿寮委員会が中心となり編纂が進められていた『向陵誌』に「向陵駒場移転史」を執筆する仕事が残されていた。[★48] 自分が入学する前からの歴史を書かねばならないため、多くの先輩たちに原稿依頼の手紙を書かねばならなかった。こうして九五四字詰めで三五〇頁の大著（四〇〇字詰めで八〇〇枚超！）をまとめ上げ、編集後記を書いたのは入試直前の昭和十二年一月中旬だった。[★49] しかしその傍ら、浪人中に受験課目の仏語の勉強を兼ねて、『群集心理』（一八九五年）で有名なフランスの社会心理学者ル・ボンの原著に取り組み、昭信会の機関誌『伊都之男建《いつのおたけび》』に「ル・ボンのことば」（昭和十一年第一号）と「民族心理学者として見たるギュスターヴ・ル・ボンの思想」（同第五号）を寄稿している。後者は寅二郎の初めての本格的な長編評論である。

小田村寅二郎は一年間の浪人生活を経て、昭和十二年四月から東京帝国大学法学部政治学科に入学する。次章以降では、小田村寅二郎と田所廣泰が中心となって展開した日本主義的学生思想運動（図1）を詳しく見ていくが、全国組織に発展した日本学生協会・精神科学研究所の幹部の多くは一高昭信会出身者であったことが分かっている。[★50] 昭和十年代の政治状況は、黒上正一郎が思索を深めた大正末〜昭和初期（一九二〇年代）からは大きく変動していくが、その精神を讃仰・継承する昭信会OBたちによって、同時代の新しい危機に向き合う思想運動が推し進められるのである。

■註

1 團藤重光・伊東乾『反骨のコツ』朝日新書、二〇〇七年、四四頁。

2 小学校は五年、中学は四年修了で進学しているから、当時としては最年少助教授である。

3 團藤重光・伊東乾、前掲書、「編集のあらまし」二七四〜二七六頁。

4 「群馬県の県令であった楫取素彦が、当時県の役人で後に県土木部長となった磯村應に、優秀な男児が次々と出生するのを見て、その一人を小田村家に養子にもらひたいと申し出て、五男の有芳（満八歳）を養子に迎へた」（『追悼　小田村寅二郎先生』国民文化研究会、二〇〇〇年、一二頁）。

5 伊藤隆・季武嘉也編『近現代日本人物史料情報辞典2』吉川弘文館、二〇〇五年、六七〜六九頁、「楫取素彦」の項（小田村四郎執筆）も参照のこと。

6 楫取素彦の長男・希家が小田村に改姓して小田村家の家督を相続したのは明治十二年。楫取素彦が男爵を授爵したのは明治二十年五月二十四日。磯村應の五男・有芳（満八歳）が小田村希家の養子となるのが同年十二月十三日である。このタイミングから、授爵が、楫取素彦の出自である小田村家の再興のきっかけになった可能性が高い。

7 『追悼　小田村寅二郎先生』一七頁。

8 丸山眞男・福田歓一編『聞き書　南原繁回顧録』東京大学出版会、一九八九年、二三〇頁。

9 苅部直『丸山眞男』岩波新書、二〇〇六年、二四頁。

10 苅部直、前掲書、二七頁。

11 苅部直、前掲書、二九頁。

12 『追悼　小田村寅二郎先生』二八頁。

13 丸山が住んでいたのは四谷区愛住町四十八番地（現在の新宿区愛住町八番地）である。

14 小田村寅二郎選集編集委員会編『学問・人生・祖国』国民文化研究会、一九八六年、九六〜九七頁。
15 苅部直、前掲書、三四頁。
16 苅部はこの回想を次のように「自己卑下」と解釈している。「こうした「ちょっとばかり不良ぶる」態度を、優等生よりも「鼻もちならぬ」と回想する、丸山の姿勢に注意したい。中学生時代からそのようにはっきりと、自分を見下していたのではないと思われるが、当時からおぼろげにでも感じていなければ、出てこない言葉であろう。「善良生」にも「不良」にもならない中途半端な立場を楽しみながら、それを同時に鼻持ちならないと感じて自分がいやになる、二重の視線がここにある。自意識過剰のきらいはあるが、ここにはいわゆる都会人の含羞をこえた、自己に対するきびしい倫理感が顔をのぞかせている」(『丸山眞男』三五頁)。しかし「正統的な優等生よりも〈ちょっとばかり不良ぶる〉鼻持ちならなさ」というのは、庄司薫『赤頭巾ちゃん気をつけて』に登場する一九六〇年代の都立日比谷高校や、社会学者の宮台真司がしばしば回顧する一九七〇年代の麻布学園に代表される、都市部エリート中高生に典型的な身振りではないだろうか。だとすれば、丸山の回想も、東京府立一中ではそうした身振りが昭和初期には既にあった、という歴史的証言として受け止めたほうがよいのではないか。
17 丸山眞男・福田歓一編、前掲書、二三〇頁。
18 小田村寅二郎選集編集委員会編『学問・人生・祖国』一〇〇頁。
19 丸山眞男・福田歓一編、前掲書、二三一頁。
20 『追悼 小田村寅二郎先生』二八頁。
21 「お父様は先生を外交官にしたいと思ってをられたとのことで、外交官試験に学生がよくパスする東京商科大学(今の一橋大学)を受験するやうすすめられたとのことです。ところが、商大の入試問題は一風変はっていて、「馬の耳に念仏」とか「五日のあやめ十日の菊」などの問題が次から次に出る。「これは何を意味するのか答へよ」といふ。「僕は、このやうなことは全く知らない、常識のない子でした」と、先生はお話になる」(『追悼 小田村寅二郎先生』二七頁)。常識だけで入試問題が解けるわけもないので、おそらく、たんに受験準備をしていなかったのではないか。
22 『追悼 小田村寅二郎先生』三一頁。
23 同前。

24　小田村寅二郎『昭和史に刻むわれらが道統』日本教文社、一九七八年、三七頁。

25　田所廣泰は歴史上の重要人物であるにもかかわらず、一般にはほとんど知られていない。本章で紹介する人物情報は、小田村寅二郎『昭和史に刻むわれらが道統』と、小田村寅二郎編『憂国の光と影――田所廣泰遺稿集』(国民文化研究会、一九七〇年)の特に「田所廣泰年譜」を参照した。

26　迫水久常は昭和四十年十月の国民文化研究会「十周年記念の集い」に同会顧問(参議院議員・元郵政相)として出席し、次のようなあいさつをしている。「戦争前私の従兄弟の田所広泰が日本学生協会を作り、国体を中心にした一つの考えを発表していた。私は大蔵省の役人として統制経済をやったのですが、この会の人たちは「そういうことは日本の国体に合わない」といって反対したので、私は本当に手こずった。(笑い)そして、ここにおられる山本先生の自由主義経済理論をもって、私がいわゆるアカの思想の持ち主であると、激しく私を攻撃したので非常に困りました。(笑い)もう一つこの連中に私が非常に困ったのは、実は終戦の時です。当時私は鈴木内閣の内閣書記官長でしたが、鈴木大将のお手伝いをして、最後の御前会議におけるご聖断に基づいて終戦を決定した。……その日の午後終戦のご詔勅について論議したさい、阿南陸軍大臣が「なんとかして国体は変らない、国体は護持しているのだということを宣言する方法はないか」としきりにいわれた。たまたま下村海南先生が発議され「それではご詔勅の中にそういう趣旨のことを入れてはどうか」ということで「朕ハ茲ニ国体ヲ護持シ得テ」という一句が入ったのです。現在私は日本の国体は変っていないと確信していますし、それについて説明もしますが、田所広泰以下の者は「このご詔勅は違う、国体が変わったのだ」といって、私を手こずらせました。私の一生の中でこのグループほど因縁の深いグループは他にありません」(『国民同胞』第四九号、一九六五年十一月十日、三頁)。

27　沼波瓊音と瑞穂会については、小田村寅二郎『昭和史に刻むわれらが道統』日本教文社、一九七八年のほかに、打越孝明の以下の研究を参照のこと。「瑞穂会の結成および初期の活動に関する一考察――沼波瓊音、黒上正一郎、そして大倉邦彦」『大倉山論集』(財団法人大倉精神文化研究所)第四九輯、二〇〇三年、一四五~二一六頁。「第一高等学校瑞穂会の誕生と昭信会の派生――日本学生協会の思想的源流(その一)」『日本主義的学生思想運動資料集成I　雑誌篇』第一巻、柏書房、二〇〇七年所収解題第二章。

28　小田村寅二郎『昭和史に刻むわれらが道統』二三三頁。

29　瑞穂会会則に「会員ハ第一高等学校生徒ヲ以テ組織ス。但シ其他広ク同志ヲ加フルコトアルベシ」と定められており、会員資格は必ずしも一高生徒に限定されなかった。黒上正一郎は機関誌『朝風』の発行人となるなど、むしろ瑞穂会の中核的な役割を果たした（小田村寅二郎、前掲書、二三二頁）。
30　小田村寅二郎、前掲書、二三五頁。
31　小田村寅二郎、前掲書、二三四頁。
32　黒上正一郎『聖徳太子の信仰思想と日本文化創業』国民文化研究会、一九六六年（復刻版）、二頁。
33　黒上正一郎、前掲書、八頁。
34　同前。
35　田所廣泰、新井兼吉、河野稔、市川安司の四人（小田村寅二郎、前掲書、二四七頁）。
36　一高昭信会については、打越孝明「第一高等学校昭信会の活動――日本学生協会の思想的源流（その一）」『日本主義的学生思想運動資料集成Ⅰ　雑誌篇』第一巻、柏書房、二〇〇七年所収解題第三章、また『資料「一高昭信会」初期活動記録――「御製拝誦」と黒上正一郎先生ご逝去前後の「昭信会日誌」を中心として』国民文化研究会、二〇〇五年も参照のこと。
37　小田村寅二郎、前掲書、二七〇頁。
38　小田村寅二郎、前掲書、二七一頁。
39　竹内洋『教養主義の没落』中公新書、二〇〇三年、二四四～二四六頁。
40　小田村寅二郎、前掲書、二七七頁。
41　小田村寅二郎、前掲書、二七八頁。
42　小田村寅二郎、前掲書、二七九頁。
43　小田村寅二郎、前掲書、二八〇頁。
44　大正十二年の関東大震災の後、東京帝大の全学部を本郷に集結させるため、駒場の農学部と本郷の一高の校地を交換するという取り決めが、文部省と東京帝大、一高のあいだでなされていた（『追悼　小田村寅二郎先生』三三頁）。
45　武装行進については寄宿寮の最高議決機関である総代会で夜を徹しての議論の末、可決された（『追悼　小田村寅二郎先生』一七九～一八一頁)。

46　最後の一節を引用しておく。「今や国民現実生活内容の充実、国民精神生活内容の緊張の痛切要望せらるゝの秋、内に諸思想・諸学説を批判統一すべき信念なく、唯理智の技巧を尊びたる近代日本国民生活を顧み、又徒らに個我執着・理論偏重の弊に陥りたることもありし我が一高の歴史を顧み、我等は、我等の自治によりて、我国家の自治精神・我日本の独立精神を涵養すべきを念じ、忠義こそ我自治精神の根幹なるを肝に銘じて、今我等は、清浄なる明治神宮苑に間近く我等が居を定め、呉竹の代々木の大宮に鎮りまします大御霊を拝しまつりつゝ、我等の身も、我等の心も、我等の観念・意志・行動も、凡て唯一すぢに連なり、もろともにまめやかに我が大君に仕へまつらむと誓いまつりて、新たに展開せる日本の視野に前進せむとする若人に先がけ、正しく我等の進むべき道を開拓し、由緒も深き護国旗の下に、護国神霊の照鑑の下に、我等は激つ血潮の高鳴りを胸に秘めつゝ、今ここに開寮を宣言せむとす」(『追悼　小田村寅二郎先生』四六頁)。

47　竹内洋『学歴貴族の栄光と挫折』中央公論新社、一九九九年、一二九頁。また小田村の回顧によると「当時の東大法学部の入試は、「長文の欧文邦訳」と「和文作文」の二課目だけであったが、受験生たちの話を総合判断すると、「欧文和訳」が九十五点、「和文作文」はただの五点の計百点であつて、「和文作文」の方は、世論に遠慮して取ってつけた体裁的な課目に過ぎない、と言はれてゐた」(小田村寅二郎、前掲書、五二頁)。

48　『向陵誌』は創立以来の自治寮史であり、第一回は大正二年、第二回は大正九年、第三回は大正十四年、第四回は昭和五年、第五回は昭和十二年に発行された。各部活動の記録が掲載されており、当時の学生文化を研究するうえでは貴重な資料である。一高昭信会の活動記録も年度ごとに記載されている(『追悼　小田村寅二郎先生』四八頁)。

49　小田村寅二郎、前掲書、五二～五三頁。

50　打越孝明「第一高等学校昭信会の活動――日本学生協会の思想的源流(その二)」一一三頁。また打越は次のようにも述べている。「会の道統の継承を願った会員たちの強固な信念こそが日本学生協会の活動を下支えしたことはまちがいない。このようにして培われた信念こそ、戦時体制下にあって精神科学研究所による東條内閣批判という果敢な言論活動を可能にしたのであろうし、信念に基づいた活動は時の為政者の逆鱗に触れるほどの影響力さえ発揮したのであった」(一一五頁)。

第五章　学生思想運動の全国展開——日本学生協会の設立

東大精神科学研究会

　東大小田村事件の処理に際して田中耕太郎法学部長が考えたのは、小田村寅二郎の告発論文は、民間や議会の右派勢力および経済学部の土方派からなる帝大粛正のネットワークが東大の本丸である法学部に仕掛けた「爆弾」ではないか、という仮説である。第三章で見たように、小田村の人脈や論文内容や発表時期など、通謀説を支持する状況証拠は揃っていたからだ。しかし、その通謀説では、半年前の矢部貞治助教授との往復書簡を説明することはできない。小田村自身が矢部に参考文献として示した黒上正一郎『聖徳太子の信仰思想と日本文化創業』などとの思想的な影響関係は考えられるが、小田村の東大学風批判の行動は、第三者からの指示ではなく、独自の判断によるものと考えるべきである。

　第五章・第六章では、通謀説の判断根拠にもなった東大精神科学研究会、およびそこから発展した学生思想運動組織を取り上げ、これが田中耕太郎の想定した隠微な通謀（外部の意志に操られた傀儡サークル）とは全く逆に、外部と主体的に関係を構築しながら積極的にネットワークを拡大していく過程を辿ってみたい。その結果、ただの傀儡サークル以上に警戒を要する存在になる。

　ここで扱う内容は、小田村寅二郎『昭和史に刻むわれらが道統』（日本教文社、一九七八年）に詳しい。また雑誌『学生生活』の「編輯後記」には編集の意図やその時々の感想が現在進行形で記録されている。運営経費と資金調達に関しては、東大文化科学研究会の『昭和十四年（自一月至十二月）決算報告』、『「日本学生協会」予算概算』、および『精神科学研究所より寄附金勧請のために出したる文書』（資料の性格については本文参照）から具体的な情報を得ることができる。さらに内務省警保局『社会運動の状況』（昭和四年〜十七年、右翼・国家主義関連は昭和七年以降）および司法省刑事局『国家主義団体の動向に関する調査』（思想資料パンフレット別輯、昭和十四年〜十六年）から多くの関連記事を拾うことができる。[★1] 本章の大部分はこれらの資料に依拠している。

「東大精神科学研究会」（以下、東精研）は、昭和十三年六月一日、東京帝国大学の学内団体として結成された。「学内団体」とは大学当局が公認し、教員が「会長」として監督責任を負っているもので、あとで出てくる非公認の「学外団体」とは区別される。東精研の初代会長には土方成美経済学部教授が就いた。[★2]

土方教授は前年度の経済学部長であり、第三章で見たように、人民戦線事件で検挙された大内兵衛教授の「起訴前休職処分」を強硬に主張したが、教授会で否決されて失脚していた。内務省警保局『昭和十三年中に於ける社会運動の状況』によれば、「五月二日東大教授土方成美は各大学の革新教授を糾合して、戦時経済研究会を結成したるを始めとし東大教授本位田祥男を中心とする革新社等相次で結成せられ、所謂戦時下経済国策への協力又は自由主義粉砕並国民意識昂揚を目標として実践運動を開始したる等は、一般の注目を惹きたり」[★3]。捲土重来を期して学外に活躍の場を求めていた頃であるが、小田村の回想によれば会長就任を依頼しても「固辞をくりかへされる先生を、何回となくお訪ねしたあげく、遂にご了承をとりつけることができ」[★4]とあるから、学生を巻き込みたくなかったのかもしれない。内務省警保局『社会運動の状況』に東精研が登場するのは昭和十四年版からであるが、昭和十四年二月の平賀粛学により土方成美教授が休職処分となった後、「五月七日文学部教授高田眞次〔眞治の間違い〕を会長に仰ぎ」とあるから土方教授の会長時代は一年足らずだった。

学内には会室が確保できなかったため、東大正門前近くの下宿屋に八畳一間を借り、「手刷りの謄写印刷器一台と、ガリ鉄板と鉄筆と原紙、それに印刷用のワラ半紙ひとしめ」を揃えて、ここを当面の活動拠点とした。[★5] この謄写印刷器は土方教授から譲り受けたものだった。

『学生生活』創刊前後

最初の活動目標は、『帝国大学新聞』に対抗しうる雑誌を作ることであった。『帝国大学新聞』といえば全国の知識青年層を読者にもつ有力メディアであるが、それゆえにその左傾化の影響力を憂えたからである。当初は他の幾つかの学内団体との共同事業の可能性を模索したが挫折し、結局、東精研単独で行うことになった。田所廣泰が合流したのはその頃である。しかしまだ病み上がりのため、創刊時の資金調達は主に小田村寅二郎が担当した。「志」以外にまだ何の実績もない学生団体ではあったが、「遂に我々の志を了解されて、何の腐れ縁もないきれいなお金――当時のお金で金五百円也といふ大金、月刊誌二～三回分の発行費用――を出して下さる方にめぐり会ふことができた」[6]。五〇〇円を現在の貨幣価値に換算すれば、およそ一〇〇万円である[7]。「〔小田村〕先生は東大生に軍事教練を教へる矢崎寛十といふ配属将校（大佐）に会ひ、出版に応援していただけませんか、と懇々とお願ひしたら、「知人に話してみよう」といって、二、三ヶ月後に呼ばれ、封筒に入った五百円をいただいた、とのことです」[8]という証言もあるから、配属将校を通して陸軍関係から提供された可能性も否定できない。

「たしかはじめは千五百部の印刷であつたかと思ふが、当時はそれでも全国の主要な書店に配本してもらふことができた」[9]。倉田百三など著名人にも寄稿を依頼しているが、創刊号の原稿料はすべてタダであった。ここで一冊当たりの原価を計算してみよう。一五〇〇部の制作費は、一冊当たり原価を一〇銭とすると一五〇円、一五銭なら二二五円。「五〇〇円の予算で二～三回分」ということは、原価はこの中間と推定される。定価設定は創刊号のみ一五銭、以後六回分は二〇銭。雑誌刊行を継続するには毎号一〇〇〇部は売る必要がある。

九月、創刊号の初校のゲラ刷りをもって土方成美教授の自宅を訪れたところ、「いま君たちにこの雑誌を公刊されると、学内において私は活躍出来なくなりさうだ。君が雑誌『いのち』に書いた東大学風批判の文も読んだが、法学部はあれでテンヤワンヤしてゐる。どうかこの際は、学内の私が会長をしてゐる会からの発刊だけは、ぜひ思ひとどまってもらひたい」[10]と難色を示された。当時、東京帝大経済学部は総長任免権問題で真っ二つに割れていた[11]。他方、法学部で「小田村処分」問題の検討を進めている田中耕太郎法学部長は経済学部の反土方派に近かったから、東精研の監督責任を負う土方としては大変難しい立場にあった。

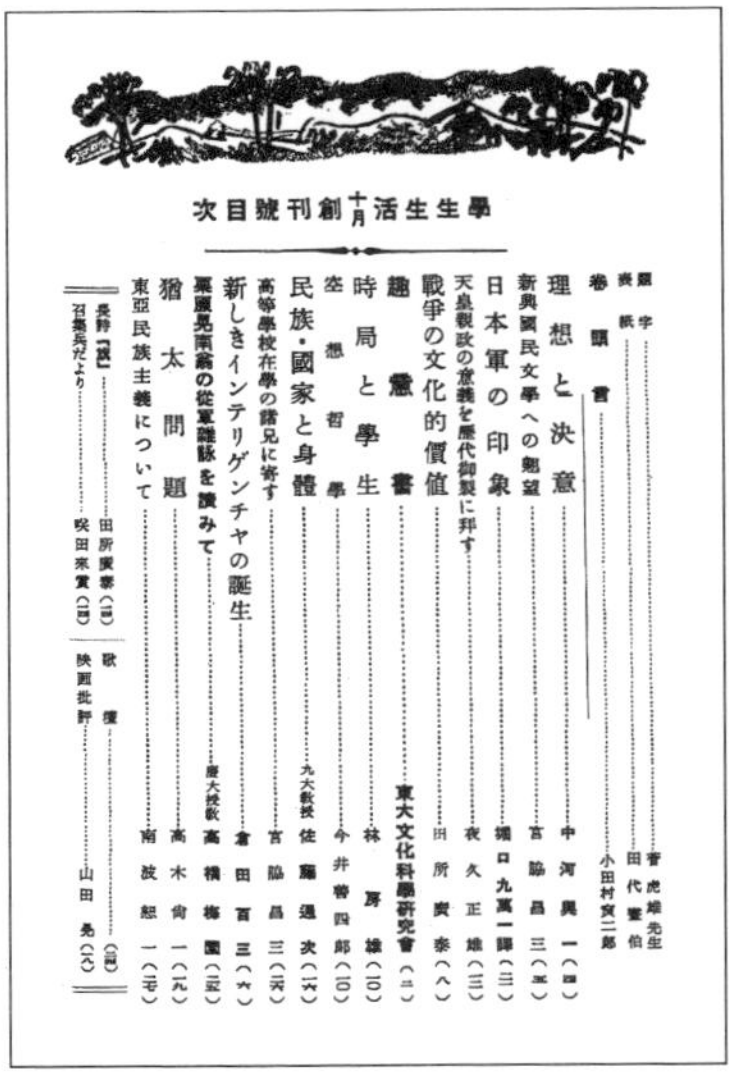
學生生活十月創刊號目次

『学生生活』創刊号目次

そこで雑誌『学生生活』発行のために、東精研とは別に学外団体「東大文化科学研究会」（以下、東文研）が結成されることになった。土方教授にこの解決策を報告すると「ほっとされたやうであった」。★12 土方教授は小田村論文の件も機関誌発行の件も、いつも事後的に知らされるのみである。東精研は確かに「会長」を置いてはいたが、実質的には学生の自主的活動に任せられていたと考えられる。

なお、藤嶋利郎『最近に於ける右翼学生運動に付て』（司法省刑事局、一九四〇年）は東文研について次のように解説している。東大の学内問題との関係には触れていない。

「本会は前掲精神科学研究会の外郭団体で学校当局より非公認の団体である。元来学内公認団体に於ては渉外行動は許されてゐないので、その自由行動を獲るため精神科学研究会の同人等が別個に組織したものである。従て本会の幹部は精神科学研究会の幹部と殆んど同一で、今井善四郎、南波恕一、宮脇昌三、高木尚一、小田村寅次郎〔寅二郎〕、吉田昇、吉田房雄等一高昭信会出身の者を中心としてゐる。本会の主義綱領は明らかにされてゐないが、結局昭信会と同様聖徳太子の御聖徳及明治天皇の御聖徳を御製を通して讃仰研究することにより皇道並に日本精神の神髄を把握し以て文化的に貢献せんとするものであると考へられる。事業としては昭和十三年十月以来毎月機関誌「学生々活」（菊判四十数頁乃至九十数頁）を公刊し広く高等学校生徒其の他に働きかけてゐる」★13

ともかく、昭和十三年十月一日付で東大文化科学研究会より『学生生活』が創刊された。一高昭信会OBの加納祐五（東大卒業後、第一銀行）が発行責任者となり、加納の自宅（小石川区第六天町四八番地）を発行場所と定めた。

なお、雑誌『学生生活』は昭和十三年十月に東大文化科学研究会から創刊し、十六年四月号より『新指導者』、十八年八月号より『思想界』と改題し二号で終刊になるまで、五年間にわたり全五三号が刊行された。『日本主義的学生思想運動資料集成Ⅰ　雑誌篇』（柏書房、二〇〇七年）には最終号を除く五二号が収録されている。発行所は、組織が発展するにしたがって、昭和十五年六月号より日本学生協会、十七年六月号より精神科学研究所へと移った（表1）。

表1　雑誌『学生生活』『新指導者』一覧（全53号）

巻号	年月日	定価	頁数	発行所	備考
1-1	13.10.1	15銭	28	東大文化科学研究会	『学生生活』創刊
1-2	13.11.1	20	32		
1-3	13.12.1	20	32		
2-1	14.1.1	20	40		
2-2	14.2.1	20	32		
2-3	14.2.15	20	44		
2-4	14.4.1	20	32		
2-5	14.5.1	30	52		
2-6	14.6.1	30	55		
2-7	14.7.1	30	56		
2-8	14.8.1	30	38		
2-9	14.9.1	30	42		
2-10	14.10.1	40	92		
2-11	14.11.1	30	52		
2-12	14.12.1	30	64		
3-1	15.1.1	30	52		
3-2	15.3.15	30	52		
3-3	15.5.1	30	64		5.13日本学生協会結成
3-4	15.6.1	30	52	日本学生協会	発行所を日本学生協会に
3-5	15.7.1	30	64		
3-6	15.8.1	30	34		
3-7	15.9.20	30	72		
3-8	15.10.27	30	71		
3-9	15.11.25	30	43		
3-10	15.12.20	30	40		
4-1	16.2.1	30	42		2.11精神科学研究所結成
4-2	16.4.1	30	96		『新指導者』に改題
4-3	16.5.1	35	104		
4-4	16.6.1	30	96		
4-5	16.7.1	30	96		配給元・日本出版配給株式会社
4-6	16.8.1	30	96		
4-7	16.9.1	30	100		
4-8	16.10.1	30	96		
4-9	16.11.1	30	100		
4-10	16.12.1	30	112		
5-1	17.1.1	30	96		
5-2	17.2.1	30	96		
5-3	17.3.1	30	96		
5-4	17.4.1	30	112		
5-5	17.5.1	40	114		
5-6	17.6.1	40	127	精神科学研究所出版部	発行所を精神科学研究所に
5-7	17.7.1	40	112		
5-8	17.8.1	40	128		
5-9	17.9.1	40	112		
5-10	17.10.1	40	104		
5-11	17.11.1	30	96		
5-12	17.12.1	30	96		
6-1	18.1.1	30	96		
6-2	18.2.1	30	80		2.14精研メンバー一斉検挙
6-3	18.5.1	30	64		
6-4	18.6.1	30	48		
6-5	18.7.30	30	52		『思想界』に改題
6-6	18.*	*	*		最終号？(*現物未確認)

小田村処分糾弾から運動の全国展開へ

『学生生活』創刊号の巻頭言は小田村寅二郎によるものである。明治天皇御製「産みなさぬものなしといふあらがねのつちはこの世の母にぞありける」を掲げ、現在の「無信の雑修雑業」状態にある学問と教育を再建しようと学生青年に訴える。その「力強き次時代を建設すべき地盤」の場所は、「幾千年も祖国を護り来たつた祖先」が指し示している。

我々の学んでゐる学問、我々の受けてゐる教育、それらは果して我々に綜合的信念と情意と希望とを与へてゐるであらうか。混沌たる世相と雑然たる思想界に、正しく身を処し、その中から力強き次時代を建設すべき地盤を見出すべしとは、常に我々青年に呼びかけられ、否、命ぜられてさへゐる言葉である。我々は長上者のその言葉に忠実に生きてゆかうと念じてゐる。又その命令に幾千年も祖国を護り来たつた祖先の尊い息吹をも感じてゐる。しかし現実の我々の学校生活は、その使命に生きんがために、余りにも無力な、余りにも消極的な、余りにも分析的な存在ではないだらうか。

創刊号が出たすぐ後の十月七日の教授会にて、小田村の無期停学処分が決定された。十一月八日の評議会決定[★14]を受けて、十四日、小田村寅二郎は、田中耕太郎法学長からの処分の申し渡し書の受け取りを拒否した。「〝学問の自由〟と〝言論の自由〟を日頃繰り返し主張してきた東大法学部教授会は、その権威にかけても、私の所論の内容に対して、思想的、教育的、学問的批判なり判定なりを下すべき立場であるはずである」[★15]と期待して学部長室に出頭したにもかかわらず、論文の内容には一切言及されなかったからである。これでは納得がいかない。

東精研を中心とする小田村処分糾弾・学風改革の運動が開始された。「東大法学部の欺瞞に満ちた実情」「小田村事件の真相」と題したビラを作成し、東大正門前・赤門前で配った。教授たちには面会を求め、学生たちを法学部大教室に集めては、事件の経過を説明し処分の不当性を訴えた。それは一学内団体から全国組織へと発展する学生思想運動の歴史の始まりでもあった。十二月号は巻頭言「大学の顚落」、東文研「小田村寅二郎兄の無期停学処分事件に関して我等の態度を表明す」を掲載、問題となった小田村論文の抜き刷りを附録に付けた。編輯後記では「これは単に「一学生の停学処分」で終るべき事柄ではない。又一大学の問題にすぎぬものでもない。吾国思想界の全面に亘る一大革新運動の導火線たるの意味こそその問題の本質である」と思想戦の宣戦布告を行っている。小田村処分問題は翌年二月二日の帝国議会貴族院本会議でも取り上げられた。菊池武夫議員が質問して、荒木貞夫文部大臣が応答している。★16

十二月号が出た頃、同志学生による「第一回全国学生連絡遊説旅行」が五人の東大生によって三班に分かれて全国大学・高専校に向けて出発した。★17 これが翌年の大躍進への足掛かりとなった。翌十四年六月号の編輯後記は「大学高校通信多数のためその他各地よりの消息等は次号に回さねばならなかつた」「本誌は最近全国学生諸君の間に急激に共鳴を見つゝある」とその手応えを記している。五月号から頁数も増えて定価は三〇銭に値上げされ、六月号から事務所が芝区琴平町二九番地東京虎ノ門ビル第一号室（東文研「仮事務所」）となっている。

昭和十四年六月には、精鋭七人を東日本班と西日本班に編成して全国の大学高専に向けて派遣した。東日本班は一六日間で九校（仙台二高、弘前高、山形高、新潟高、富山高、静岡高、金沢四高、名古屋八高、新潟医大）、西日本班は二二日間で一八校（浪速高、和歌山高商、高知高、松山高、大分高商、佐賀高、福岡高、鹿児島七高、熊本五高、九州医専、九州帝大、山口高、松江高、姫路高、岡山六高、大阪高、大阪商大、京都三高）、合計二七校を巡訪した。★18 その甲斐もあって、七月に神奈川県麻溝村の無量光寺で開催した「全国夏季合同訓練合宿」には、全国二六校から一三〇人近くの学生が結集した。★19 参加学生はいったん帰省した後、再び、八月下旬から九月上旬にかけて全国七ヵ所で同時開催された「地方別連合訓練合宿」に結集した。★20 さらに十一月、東京小金井にて「都下学生合同合宿」を開催、東大・早大・慶大・明大・中大・日大・国学院大・一高・水戸高・東京府立高・千葉高等園芸・第二早高・東京農高のほか、新潟高・山形高・福島高商・高岡高商からも結集した。★21 そして一高生を中心とする二〇人の学生が九班に分かれて、第二回目の全国大学高専巡訪に出発する……。

こうして、一年足らずの間に全国を網羅する学生運動ネットワークが組織された。全国巡訪→全国合宿→地方別合宿→全国巡訪という拡大再生産サイクルの企画・実行は、すでに小田村の手を離れ、学外組織の東大文化科学研究会が統括していた。東文研リーダーは一高昭信会時代以来の小田村の先輩で、構想力と実行力を兼ね備えた天才的活動家、田所廣泰である。運動の引き金を引いたのが小田村だとすれば、大躍進の道筋をつけたのは田所だった。

藤嶋利郎はこの間の東大文化科学研究会の「実際行動として注目すべき点」として以下を挙げている（「藤嶋報告」）。すなわち、①小田村処分事件をきっかけに『学生生活』誌を通じて大学改革問題について「果敢な闘争を始めた」。②昭和十四年六月「一千名を突破するに至った全国学生同志者の連携を図るため」全国の高校高専大学を歴訪して「相当の成果を収めたる様子」。③同年七月全国学生夏期合同訓練。④同年八月地方別連合訓練合宿。なお「本会系と目すべきものに、一高昭信会、五高東光会、八高信道会、新潟高校信和会、佐賀高校同信会、高知高校同信会、大阪商大皇道研究会、同大学正眼団等がある[★22]」。同志一千という数字の根拠は不明であるが、雑誌の発行部数または売上部数からの推計だろうか。また内務省警保局『昭和十四年中に於ける社会運動の状況』所載の「学生団体一覧」によれば、東文研は一七人、東精研は五〇人となっている（昭和十四年十二月末現在）。

小田村問題で忙しくなり「東大正門近くの下宿屋」が手狭になってきたので、東大から徒歩三〇分の場所にある本郷区曙町二八番地の一軒屋に拠点を移した[★23]。一階に八・六・六・四・三畳台所、二階に六畳が三室という二階家で家賃は四〇～五〇円、藤田東湖の詩の一節「天地正大の気、粋然として神州に錘《あつ》まる[★24]」から取って「正大寮」と名づけられた。全国から学生同志が上京してはここを訪れた。正大寮では毎朝「明治天皇御製拝誦」を行う。これは一高昭信会から引き継がれてきた重要な日課であり、御製拝誦の作法は正大寮を訪れた学生同志を通じて全国各地に伝播していった。蓑田胸喜を招いた研究会を開催したこともある[★25]。小田村は後に、雑誌『学生生活』と正大寮について「両々相まってわれらの学生運動の両脚の役目をすることになる[★26]」と回顧している。学生運動は小田村事件が引き金となって全国展開していくのであるが、運動論的には、その陰にメディア（機関誌）とイベント（巡訪と合宿）と身体的実践（御製拝誦）の三拍子が揃っていたことを忘れてはなるまい。

なお、矢部貞治助教授にとって、小田村問題というのは昭和十三年三月の往復書簡と講義案の修正で終わっている問題のはずだった。だから告発論文を発端とする九月の小田村事件については傍観的態度をとっていた。それが『学生生活』十二月号の記事をめぐって妙なかたちで再び巻き込まれることになる。

例の精神科学研究会の連中が「学生生活」といふ雑誌を送ってきたが、小田村の件をわい〳〵騒いでゐる。その中に小田村が僕との「学術論争」に依て僕の講義案を根本的に「修正せしめた」とか、僕の手紙を教授会に提出して「教授会の空気を有利に導く」といふことに対し、小田村は「矢部助教授との信義を重んじて」之を肯んじなかったとか書いてゐる。講義案の修正には小田村の指摘した誤解の箇所の説明を詳かにしたことはあるが、別に彼に依って「根本的に修正せしめられた」わけではない。又僕の手紙を公表すれば彼のも公表されるわけで、困るのは彼の方にあらう。とにかく煩さい奴等だ。〈11.29〉

矢部貞治にとってこれは大迷惑な事態である。自分の講義案が小田村との学術論争を経て「根本的に修正せしめられた」などと書かれるのは学者の矜持にかかわる。さらに法学部教授会として一致団結して小田村事件に対処するときに、矢部が抜け駆けで勝手な妥協をしたかのように受け取られかねない。「田中学部長から「学生生活」の中で僕についてのことに論及されたし、岡〔義武〕君なども妙に皮肉な口振りを示すので少し不愉快になった」〈11.30〉、「〔教授会で〕田中学部長から「学生生活」の小田村問題のことに論及あり、文化科学研究会といふものの正体につき調査する必要ありとの話があったので、その機会にあの中の僕のことにつき釈明して置いた。併し実に不愉快だ」〈12.1〉。

さらに矢部を困惑させたのは、この講義案修正問題のために、自分の教授昇任人事が文部省で止められたことである。「小田村の疑惑も尤もだと僕が言ったといふので、それを教授に昇進するのは議会もあるし困ると言ってゐるとの事」〈12.9〉。すでに九月二十九日の教授会で矢部の教授推薦が決まっていたところであった。結局、矢部に教授の発令が出るのは、翌十四年八月二十八日、平沼騏一郎内閣が総辞職した日であった（「内閣交迭《ママ》のどさくさ紛れといふところか」〈1939.8.28〉）。

「新計画」の準備

『学生生活』昭和十五年三月号の編輯後記は珍しく小田村と田所の署名入りで、内容も全国学生運動が新しい段階に入りつつあることを示唆しており、注目に値する。

「十二月下旬一月上旬の全国各学校別合宿の後引きつゞき多忙な生活に追はれて遂に二月号休刊となり申訳なく存じてをります。学生運動の全国的展開もそれに随起する支障に妨げられて可成りの困難を体験しつゝありますが在京本部の之に対する積極的努力は益々熾烈につゞけられつゝあります。一月二日から五日まで四日間は江ノ島に合宿して、あらゆる角度から昭和十四年度を検討し又昭和十五年度の新計画樹立に専心し、又二月十七、十八両日は相州鵠沼に合宿して我等の運動に不断の反省と進路とを与へて来ました。東大文化科学研究会も近く全く新しい強固なる背景、全学生運動を包摂するに相応しい名称の下に諸兄の前に現はれることになつてゐます。各高校共学校当局から可成りの無理解な圧迫を受けて合宿すらのび〳〵と出来ぬ所もある様でありますが、これらの障害も間もなくすべて消滅し去るでありませう」「東京には在京本部を中心として「日本学会」なる研究会が生れ、只今統制経済問題研究及び、聖徳太子三経義疏の輪読を行つてをります。又「日本歴史哲学」の執筆完成を目ざしての共同研究も愈々開始せられようとしてゐます」(以上「小田村生」)「このごろわれらが出席する研究会は少なくとも週四回を下らず、小田村兄の編輯後記に記してあるやうに、一つの研究問題は統制経済の問題ですが、それは現代日本の思想的性格が実際政治の上に顕著に表はれた具体的の例として非常の重要問題であると思ひまして選択しまして略ぼ研究の目的も得られました。これらの事で、また学生運動に形態を与へる準備の為、休刊また発刊遅延になりまして申訳ありません」(「田所生」)。

運動の発展に伴い、「各高校共学校当局から可成りの無理解な圧迫を受け」ているが、そうした障害を克服する「全く新しい強固なる背景」の「新計画」を準備しつつあること。これは東文研を発展的に解消して日本学生協会を設立するという計画を指している。もうひとつは、小田村と田所がともに言及している「「日本学会」なる研究会」であるが、これは日本学研究所のことと思われる(後述)。

昭和十五年四・五月合併号の編輯後記には「次号から新編輯員の手より新方針の下に邁進します」として次の氏名が挙げられている。戸田義雄、山本守、根岸正純(東大文)、丸山行雄(東北法)、名川良三(東大法)、阿部隆一(慶大文)、葛西毅夫(早大法)、石川正一(東大文)の以上八人である。★27 うち四人(丸山・阿部・葛西・石川)は後の日本学生協会の学生幹事にも名を連ねている。

東文研『昭和十四年（自一月至十二月）決算報告』と『「日本学生協会」予算概算』（以下それぞれ『決算報告』『予算概算』と略す）という、昭和十五年一〜二月のほぼ同時期に作成されたと推定できる資料がある。[★28]ここから昭和十四年から十五年にかけての事業の内容と規模が分かる。以下では雑誌刊行に絞って見ていく。

まず『決算報告』「収入之部」によると、当該年度の『学生生活』売上総額は二七七五円である。定価三〇銭とすると総売上部数は九二五〇部で一ヵ月当たり約七七〇部となるが、二〇銭なら約一一五六部なので、ここは一〇〇〇部程度と概算しておく。他方「支出之部」によると、当該年度の『学生生活』刊行経費の総額は七一六九円である。したがって雑誌部門は四三九四円の赤字である。また毎月の発行部数は四〇〇〇〜六〇〇〇部なので、そのうちの二割程度しか売れていないことになる。一部当たりの原価は六四頁換算で一四・八銭である（これは『予算概算』に示された原価見積もり一五銭と一致する）。定価三〇銭なら発行部数の五割売れてやっと採算が取れるが、二割という数字は低すぎる。とすれば、残りは別ルートによる配布目的で発行されていたと考えたほうが自然である。

『決算報告』「収入之部」には資金調達の概要も記されている。総収入一万九八九五円のうち約七割（一万四二六〇円）が外部資金（助成金＋賛助金）で、その約半分が政府関係機関からの助成金である（国民精神総動員中央連盟二四〇〇円、外務省関係二〇〇〇円、陸軍関係二五〇〇円、内閣関係七〇〇円）。

『予算概算』では、前年度実績の二倍に相当する毎月一万部の発行が予定されている（一万八〇〇〇円）。事業規模全体で見ても前年度実績二万円弱に対して、日本学生協会の結成により五倍以上の一〇万円強への拡張を見込んでいる。資金調達のための説明資料という位置づけならば実際よりも多めに見積もっている可能性が高いとしても、現在なら億単位に相当する巨額の資金をどこから調達するかが問題である。肝心の「収入」は記されていないが、やはり政府関係機関からの助成金を当てにしていたのだろうか。

ただし外部資金の獲得をもって直ちに「××の手先」と断ずることはできない。ある特定機関からの資金に依存していたのならともかく、東文研の場合は、資金調達先は「国民精神総動員中央連盟・外務省関係・陸軍関係・内閣関係」という具合に利害関係の異なる複数機関に分散していたから、かえって個々の機関からの独立性が確保されていた。[★29]言い換えれば、資金調達先を複数確保できたのは、雑誌刊行や合宿訓練の事業を含む東文研の活動が、同時代の「政治的な正しさ political correctness」を体現するものだったからと考えるのが自然である（少なくとも昭和十四年度の時点では）。むしろ助成元に文部省関係が入っていないことのほうに注目すべきかもしれない。特定の高等教育機関に属さず、外部資金を得て自在に言論集会活動を展開する東文研の存在は、「各高校共学校当局から可成りの無理解な圧迫を受けて」（昭和十五年三月号編輯後記）という徴候が示すように、文部当局にとっても潜在的な危険分子だったのではないだろうか。

日本学生協会の設立

昭和十五年五月十三日、神田区一ッ橋の学士会館二階会議室において「日本学生協会」発会式が開催された。近衛文麿や末次信正をはじめ各界の大物が列席するなか、田所廣泰が司会と議事の進行を務めた。まず田所が東精研および東文研の運動ならびに事業の概要を報告し、小田村寅二郎が両研究会の現況ならびに今後の運動計画（第四回全国巡訪・夏季合同合宿要綱・地方別合宿大綱）を説明した。ついで議事に入り、役員（表2）および会則を決定した後に、一二万円の特別費概算を説明して顧問側の諒解を求めたが「其の実行は今後の情勢に応じ適宜考量することに決定」、議事を終えた。[★30]

特別費概算の内訳は協会本部（事務所兼研究室）創設費七万円、学生寮舎（正大寮）創設費五万円である。これは前掲の『予算概算』には含まれていない。正大寮はすでに昭和十四年一月に開設していたが、「本年四月には全国高校より東大に入学上京せる学生……二十名あり、之を正大寮に迎へ」たことで狭隘化し、「本郷附近の下宿屋を改造して寮舎となすに若かずと思考する次第なり……寮舎は建坪三〇〇—四〇〇坪電話附」と説明された。[★31]『予算概算』で計上されていた一〇万円強の経常費と合計すると、初年度は二二万円となる。資金調達方法は不明であるが、議題にも挙げられていないので、すでに調達先を確保していると考えるのが自然である。

表2は司法省刑事局の調査報告書に掲載された名簿であるが、昭和十五年六月号掲載の「日本学生協会顧問及幹部」では顧問の数が十五人から二十三人に増えている。後から追加された顧問は、勝田主計、平生釟三郎、筑紫熊

七（陸軍中将）、柳川平助（陸軍中将）、白鳥敏夫、栗本勇之助、堀切善次郎、常盤大定、以上八人である（括弧内は名簿上の肩書）。

ここに東大文化科学研究会は発展的に解消され、『学生生活』の発行所（六月号より）と正大寮の運営は日本学生協会に移された。★32

日本学生協会設立後、運動の組織化はますます加速していく。五月二十五日に四班に分かれて全国の大学高専に出発、約二〇日間にわたる巡訪から帰京した六月十五日、直ちに、神田一ッ橋の共立講堂にて「日本学生協会結成記念大講演会」を挙行した。小田村は「新しき学生運動とは何か」と題し、田所は「日本思想の正系を将来に指示する新日本学生運動」と題して獅子吼した。★33 学生協会の式典歌「神洲不滅」と行進曲「進めこの道」が披露され

表２　日本学生協会役員名簿（昭和15年５月13日）

顧問	公爵	近衛文麿
〃	海軍大将	末次信正
〃		徳富猪一郎×
〃		安井英二
〃	文学博士	西　晋一郎
〃	〃	吉田熊次×
〃		◯宇田　尚
〃		◯松井春生
〃		◯角田久造×
〃		◯清水重夫
〃		大坪保雄
〃	医学博士	暉峻義等
〃	文学博士	鹿子木員信
〃		三井甲之
〃		◯中島知久平×
理事長	国民精神総動員本部	田所廣泰
理事	府立高等学校　講師	高木尚一
〃	内閣情報部　嘱託	桑原暁一
〃	第一銀行	加納祐五
幹事	国民精神総動員本部	有馬康之
〃	文部省　嘱託	齋藤　明
〃	内務省　〃	上野唯雄
〃		若野秀穂（出征）
〃		安武弘益
〃	日本学研究所々員	近藤正人
〃	〃	久保田貞蔵
〃	〃	吉田　昇（出征）
〃	〃	宮脇昌三（〃）
〃総務部長		小田村寅二郎
〃出版部長	国民精神総動員本部	夜久正雄
〃事業部長	〃	今井善四郎
〃調査部長	外務省　嘱託	岩本重利
〃連絡部長		南波恕一
学生幹事	東大経済学部　三年	濱田収二郎
	〃　法学部　〃	吉田房雄
	〃　文学部　二年	石川正一
	慶大文学部　〃	阿部隆一
	東北大法文学部〃	丸山行雄
	早大法学部　〃	葛西毅夫
	国学院大　〃	手塚顕一

（注１）　司法省刑事局『国家主義団体の動向に関する調査(9)』昭和15年4〜5月、66〜68頁。
（注２）　×印は当日不出席者、◯印は相談役。

た。ともに三井甲之が作詞し、「海行かば」で有名な信時《のぶとき》潔が作曲したものだった。昭和十五年七月号編輯後記から臨場感溢れる報告を引用してみよう。

「月一回出す本誌では間に合はぬ程我々の運動は急速に進展して居ります。全国巡回直後、六月十五日夜我々は神田の共立講堂に於ける報告大講演会の壇上に疲労し切つた身を運んだのであります。当日朝、在京同信諸兄が手別けして、都下の各大学高専の門前に立ち、二万のビラを一枚々々、未知の同信諸兄に手渡したのであります。受け取る学生諸君の大部分は限りなき信頼の情を披露され我々一同感激をく能はざるものがありました。当夜、会する者二千五百有余人、時代の苦悶は遂に地殻を破つて地上に火を吹き上げたのであります。かくして未開拓の都下学生層は一夜にして組織化されたのであります。配布された葉書は翌日から続々事務所に時代の苦悩を記入した返書となつて到着しました。四百通の中九十九パーセントは学生々活苦悶の切々の衷情が展開されて居ました。一夜にして成つた都下学生層の組織化は息つくいとまもなく、二十五日夜の青山会館に於ける都下学生懇親会[★34]となつて現はれました。……」（傍点引用者）

「協会の幹部は数十回に渡り合宿準備委員会を行ひ、合宿プラン及び準備プランを縦横に検討し、各自分担も定めて着々と準備を進めてゐます。合宿を中心とする文化映画の脚本作製、バッヂ絵葉書の作製等々多忙を極め、現地にも三回見学に行き、県当局鉄道省とも交渉したりして万全を期してゐます。合宿参加の申込者も、定員三百名を五十数名超過してゐる有様であります。一方正大寮では六月中毎夜黒上先生のテキストの輪読、七月一日から一週間研究発表が行はれ、七月九、十、十一日合同合宿本部員、班長の合宿が引き続き行はれます」

六月十五日の大講演会用宣伝ビラ[★35]には「東京の諸君の知らぬ間に全国五千の同志は結束してゐたのである」と謳われ、講演会は「二千五百有余人」を集めて大盛況だった。取り締まり当局も日本学生協会結成直前に影響下にある学生数を「二千数百[★36]」と把握していたから、「一千名を突破」した一年前と比べると勢力は倍増した。先回りして言えば、内務省警保局『社会運動の状況』所載の「学生団体一覧」の団体員数を見ると、昭和十五年十二月末で東京三〇〇〇＋近畿支部五〇〇＋新潟支部五五＋東北支部三〇＋中国支部三三（計三六一八人[★37]）、昭和十六年十二月末で東京三五〇〇＋近畿支部五〇〇＋新潟支部五五＋東北支部三〇＋中国支部三三（計四一一八人[★38]）であるから、一〇〇〇→二〇〇〇→四〇〇〇と文字通りの倍々ゲームである。昭和十五年の五月から六月という時期は、ちょうど近衛文麿公爵への政治的期待が高まった時期と重なる（六月二十四日「新体制声明」、七月二十二日第二次近衛内閣発足）。日本学生協会の標榜する「新しき学生運動」は、その発足当初は近衛の清新なイメージと重ね合わせて受容されただろう。

また同じビラで次のような記述が注目される。「……それのみではない。今次の高等専門学校大学の校長及学生生徒主事会議の最も大問題となつた。文部省はその成長を希望する最大最高の学生運動として之を認めた」[39]。このビラを作成する直前の六月十日、ちょうど会議で上京中の全国学生生徒主事を九段の軍人会館に招いて懇談会を開催している[40]。おそらくそこで得た感触がこのように書かせたのだろう。当時の東大学生課長はこう証言する。「学内でかれらに同調する者ははなはだ少なかったが、学外では貴族院の右翼議員団・軍部・内務官僚など、実力ある者が物心両面からこれを応援していたので、かれらの意気は軒昂たるものがあり、ますますその志士的自覚を高めた。終には文部省の内にも応援者が生じ、ただ〔で〕さえかれらの暴状に手を焼いていた学校当局を嗟嘆せしめた」[41]（傍点引用者）。先に述べた文部省日和見説を裏付ける証言である。

昭和十五年七月に開催された全国夏季合同合宿（信州菅平高原・九泊一〇日）には、全国八四校から三九一人の学生が結集した[42]。参加学生には往復旅費の全額が支給されたから、合宿費として一日一円を自己負担すればよかった（一〇日で一〇円）。そのためには相当な額の外部資金が必要だったが、リーダー田所廣泰の才覚と人脈、各界からの理解と支援がそれを可能にした。田所の構想力と実行力は他の学生同志のはるか先を行くものだった。その天才的な閃きは全国合宿と報告演説会の模様を記録映画に収めるという発想にも表れた。学生運動を国民運動にまで飛躍させるには出版物や講演会だけでは不十分で、目と耳に訴える視聴覚メディアを活用しないわけにはいかない。合同合宿から報告演説会までを収める記録映画を企画、これは『文化の戦士』と題する三五ミリのトーキーフィルム全三巻（八二〇メートル・映写時間三〇分）として同年秋に完成、若干の改訂を経て内務省の検閲に合格し、十一月一日付で文部省から一般用映画の認定を受けた（有効期間三年間）。あとから振り返れば、この昭和十五年の全国夏季合同合宿が日本学生協会に対する順風のピークだった。

興味深いことに、少なくとも映画検閲の時点では、官憲内部での評価は定まっていなかった。内務省と文部省はパスしたものの、しかし、娯楽映画の合間に上映されるために必要な当局推薦はついに得られなかったのである。推薦は、伊藤述史《のぶふみ》内閣情報部長（十二月から情報局総裁）に依頼し、関係官約二〇人と試写を観てもらったが、「現時局に対して痛烈な批判的言辞が多いことと、全般的に強烈すぎる」との理由で却下された。[★43] おそらく、ここが「学生らしい」運動の臨界点だったのだろう。

日本学研究所

昭和十五年三月号編輯後記で言及されていた日本学研究所についてであるが、日本学生協会・精神科学研究所とは関係が深い。小田村寅二郎『昭和史に刻むわれらが道統』（一〇五～一一〇頁）に具体的な記述があり、また司法省刑事局『国家主義団体の動向に関する調査』からは小田村が触れなかった情報が得られる。資料は限られているが、その実態は一般にはほとんど知られていないので、可能な範囲で概要を再構成しておく。

日本学研究所の創立は昭和十四年九月にまで遡る。雑誌『大日』同人だった秋山光材という人物が研究所立ち上げの中心となり、伊藤述史（前ポーランド特命全権公使）と小村捷治侯爵（小村寿太郎の次男で当時貴族院議員）の二人を顧問に迎え、資金は中島知久平（飛行機王で当時衆議院議員）と出光佐三（出光興産創立者）から提供された。[★44] 研究員として、東文研幹部メンバー約一〇人に参加を呼びかけた。[★45]「昭和十四年九月二十三日に、麻布区笄《かうがい》町（いまの港区南麻布）に木造二階建の一軒家を借りて看板をあげ、伊藤述史顧問と、研究員兼主事としての秋山光材氏のお二人が、その運営に当られたのである。無期停学中の学生である私〔小田村〕と、全国的の学生運動の指揮をとつてゐた東大国史科の南波恕一君の二人は、学生ではあつたが、とくに指名をうけてこれに加ることになつた。他の研究員諸氏は、それぞれの就職先での職務を続けるかたはら土・日曜とかウィークデーの夜間などに開かれる研究会に出席すればよろしい、とされた」。[★46] 田所をはじめ主要な研究員には研究費が支給された。[★47] 表3と4は昭和十五年五月と十月の時点の関係者名簿である。

その活動の実態は小田村の回顧録には触れられていないが、[★48] 司法省刑事局によれば次のとおりである。「昭和十

表3　日本学研究所名簿①（昭和15年5月）

（一）顧問	侯爵	小村捷治	麻布区桜田町五九
	法博	伊藤述史	府下吉祥寺中道南二八三一
（二）研究顧問	国民精神文化研究所々員 （国家学担当）	井上孚麿	渋谷区代々木本町七八八
	法博 （私法担当）	野津　務	大森区新井宿四ノ一一四八
（三）研究嘱託	（国史及言語学担当）	中島利一郎	世田谷区世田谷二丁目一二七〇
（四）臨時講師	国民精神文化研究所嘱託 （教育学兵学担当）	廣瀬　豊	北多摩郡保谷村下保谷二二八
	陸大教官（法博） （国家学担当）	佐治謙譲	杉並区永福町二一
（五）研究員	(1)（国際法研究）	秋山光材	小石川区中富坂町一九荒木方
	(2)法学士経済学士 （私法研究）（専大法学部講師大東文化学院講師）	金平幹夫	大森区入新井四ノ一一七
	(3)法学士 （哲学研究）	田所廣泰	世田谷区世田谷二ノ七一七
	(4)法学士 （経済学研究）（精神総動員中連）	有馬康之	目黒区鷹番町一五四
	(5)文学士 （国文学研究）（内閣情報部嘱託）	桑原暁一	京橋区西八丁掘四ノ四ノ三
	(6)法学士 （国家学研究）（府立高校講師）	高木尚一	渋谷区幡ヶ谷中町一四二五
	(7)文学士 （国史研究）（内務省神社局嘱託）	上野唯雄	品川区大井関ヶ原町一二〇三
（六）準研究員	(1)法学士 （国家学研究）（戦争文化研究所）	安田貞蔵	本郷区曙町二八正大寮
	(2)法学士 （国家学研究）　日本文化協会（出征不在中）	吉田　昇	芝区西久保廣町ノ七
	(3)法学士 （経済学研究）　第一銀行調査課	加納祐五	小石川区第六天町四八
	(4)文学士 （国文学研究）　精動中連	夜久正雄	世田谷区代田二丁目七二〇
	(5)文学士 （国文学研究）（戦争文化研究所　出征不在中）	宮脇昌三	杉並区方南町三〇三小沢方
	(6)文学士 （漢学研究）	近藤正人	本郷区曙町二八正大寮
	(7)日本学生協会　東大法学部 （国家学兵学兵法研究）	小田村寅二郎	芝区白金三光町二六一
	(8)法学士 （国家学研究）　精動中連	今井善四郎	本郷区曙町二八正大寮
	(9)（国史研究）	南波恕一	同右
	(10)其他日本学生協会幹部全員		

（注）　司法省刑事局『国家主義団体の動向に関する調査(9)』昭和15年4～5月、419～421頁。

表4　日本学研究所名簿②（昭和15年10月1日）

思想部指導員	田所廣泰			
政治部指導員	秋山光材			
経済部指導員	加納祐五			
学生指導員	南波恕一			
一般青年指導員	小田村寅二郎			
〃	夜久正雄			
所員				
思想部	田所廣泰		南波恕一	
	桑原暁一		安武弘益	（学生協会）
	齋藤　明	（精動）	山鹿光世	（台北高商教授）
	近藤正人		房内幸成	（八高独語教授）
	夜久正雄		葛西順夫	（明石中学教諭）
研究員	副島羊吉郎	（第六高女教授）	利根川東洋	（国民精神文化研究所）
	阿部隆一	（慶大文）	齋藤信房	（仁科研究所）
	石川正一	（東大文）		
助手	古賀秀男	（東大文）	太田次男	（慶大文）
	根岸正純	（東大文）		
政治部	秋山光材		小山和雄	（当研究所事務員）
	高木尚一		鈴木多喜男	（早大文）
	小田村寅二郎		松沢栄次	（日産）
	今井善四郎		河合　昇	（報知新聞）
	久保田貞蔵	（改安田）	大津留温	（東大法）
	吉田　稔	（台北国民精神文化研究所）	戸田義雄	（新潟高卒）
	木下允明	（大日本青年団）	名川良三	（東大法）
	吉田房雄	（東大法）	出沢　隆	
	手塚顕一	（國大哲）	石川豊次	
	葛西毅夫	（早大法）		
経済部	加納祐五		丹治正平	（商大卒）
	有馬康之		森　唱也	（国民精神文化研究所）
	川井一男	（新潟鉄工所）	瀬上安正	（東大農）
	遠藤秀男	（日満経済研究所）	千野知長	（東大農）
	岩本重利	（外務省）	品川誠一	（高知高卒）
	宮崎慶信	（外務省）	古宮敬一	（福島高卒）
	濱田収二郎	（東大経）	長島　敬	
予備	若野秀穂	（出征）	上野唯雄	
	野地　博	（出征）	吉野　昇	（出征）
	宮脇昌三	（出征）	藤田恒男	

（注）　司法省刑事局『国家主義団体の動向に関する調査⑿』昭和15年10～11月、771～773頁。

四年九月侯爵小村捷治及法学博士伊藤述史が中心となり、……規約を作成し、創立準備に着手せるも何等見るべきものなく、本年〔昭和十五年〕四月に至り漸く定例研究会を準備会の名に於て開催する事となつた。……研究員の大部分が日本学生協会員なる為同協会研究機関たる傾向がある」[★49]。実質的な活動が昭和十五年四月から、というのは同年三月号編輯後記の記述と符合する。

おそらく学生運動は日本学生協会で、研究活動は日本学研究所で、という役割分担が想定されていたのであろう。「九月一日次の如く幹部移動を発表し今後本協会〔日本学生協会〕の責任者は南波恕一と決定、従来の理事及幹事級の卒業生組は日本学研究所に於て青年運動の研究並文化を通しての政治運動の研究批判等に携はる模様である」[★50]。精神科学研究所構想の原型がここにある。

しかし日本学研究所での活動は長くは続かなかった。「その理由は、学生運動が後記のやうに更に一層に活發になつていくとともに、代表格の伊藤述史氏が翌昭和十五年八月には内閣情報部長に就任され、その年の十二月にこれが情報局に昇格されるとともに、初代総裁に就任されたのである。……やはり政府側の要職に就かれたとなれば、その立場からもはや政府攻撃に矛を休めることのないわれわれと行を共にするわけにはいかなくなられた。そこで田所さん以下われわれは、自ら進んでここを去ることに決め、別に独力で「研究所」を創始しようではないか、といふことになつたのである。伊藤氏の情報局総裁就任の同じ月をもつて、秋山氏とも別れることになつた」[★51]。

司法省刑事局の報告書はその事情を次のように伝えている。「日本学研究所（伊藤述史）に於ては予ねて田所廣泰対秋山光材間に確執があり、両者の紛争は所長伊藤述史の斡旋にも調停を見る事を得ず遂に十一月十一日研究所を閉鎖するに至つた」[★52]。あとで述べるように、これは法学部教授会にて小田村寅二郎退学処分が決まった日である。また日本学生協会の全国夏季合同合宿の記録映画の推薦を伊藤述史内閣情報部長に依頼して、「現時局に対して痛烈な批判的言辞が多いことと、全般的に強烈すぎる」という理由で却下されたのもこの時期と前後している。小田村の回顧録と司法省刑事局の報告書のニュアンスには若干の齟齬が認められるが、日本学生協会の運動方針（田所・小田村）が、日本学研究所の運営方針（伊藤・秋山）と決定的に相容れなくなったことは確かのようである。

この日本学研究所からの脱退が契機となって、自分たちの研究機関である精神科学研究所の創立に動き出すのである。

■註

1　この二種類の調査報告シリーズを系統的に利用した研究として、伊藤隆「右翼運動と対米観——昭和期における「右翼」運動研究覚書」（細谷千博他編『議会・政党と民間団体』東京大学出版会、一九七一年所収）がある。

2　藤嶋利郎『最近に於ける右翼学生運動に付て』（司法省刑事局、一九四〇年、以下「藤島報告」）には「本会は昭和十三年六月一日精神科学の綜合的研究を為し併せて会員相互の錬磨を図ると共に学風の振興を期することを目的として結成されたものである。会長としては教授高田眞司〔眞治の間違い〕を推戴し、委員には今井善四郎、南波恕一、吉田房雄等が就任して居り、会員数は最近に於ては十七名」（七八頁）とあるが、これは昭和十五年時点の情報である。

3　内務省警保局『昭和十三年中に於ける社会運動の状況』「国家（農本）主義運動」の項、二六四頁。

4　小田村寅二郎『昭和史に刻むわれらが道統』日本教文社、一九七八年、五八頁。また次も参照。最初に会長を土方成美教授にお願いしたときには「なかなか承知していただけない。何度もお願ひしたところ、やっとお引き受けいただいただけでなく、使い古しの謄写印刷機までいただいて帰った」（『追悼　小田村寅二郎先生』国民文化研究会、二〇〇〇年、六五頁）。

5　小田村寅二郎、前掲書、八五頁。

6　小田村寅二郎、前掲書、六一頁。

7　岩瀬彰『「月給百円」サラリーマン』（講談社現代新書、二〇〇六年）を参照。経済的に安定していた昭和九〜十一年を一（「戦前基準」）とすると、二〇〇〇倍すると現在の貨幣価値となる。厳密に言えば、昭和十二年以降は戦時経済で物価は上昇している。『数字でみる日本の一〇〇年　改訂第五版』（財団法人矢野恒太郎記念会編集・発行、二〇〇六年）によれば、昭和十三年にすでに「戦前基準」の一・三倍である。

8　『追悼　小田村寅二郎先生』国民文化研究会、二〇〇〇年、六五頁。

9　小田村寅二郎『昭和史に刻むわれらが道統』日本教文社、一九七八年、六一頁。

10　小田村寅二郎、前掲書、六三頁。
11　竹内洋『大学という病』（中公文庫、二〇〇七年）、特に「8　帝大粛正のミステリー」を参照。経済学部では河合栄治郎と土方成美をそれぞれ領袖とする二大派閥の存在が問題を複雑化していた。
12　小田村寅二郎、前掲書、六三頁。
13　「藤島報告」七九～八一頁。
14　東京大学百年史編集委員会編『東京大学百年史　部局史一』東京大学出版会、一九八六年、二三一頁。
15　小田村寅二郎、前掲書、七四頁。
16　『官報号外』昭和十四年二月三日（第七四回帝国議会貴族院議事速記録第九号）、一〇一～一〇四頁。
17　小田村寅二郎編『憂国の光と影――田所廣泰遺稿集』国民文化研究会、一九七〇年、四九五～四九六頁。
18　「全国学生歴訪同信世界開展記」『学生生活』昭和十四年八月号。
19　「全国学生夏季合宿訓練記」「合宿より帰りて」『学生生活』昭和十四年九月号。「予定の百五十名には少しく充たなかつたが」（七頁）とあるが、司法省刑事局『国家主義団体の動向に関する調査（三）』昭和十四年七・八月、には「百名の参加者を得て」とある（四三六頁）。
20　「同信協力進軍譜――全日本学生地方別連合訓練合宿」『学生生活』昭和十四年十月号。
21　司法省刑事局、『国家主義団体の動向に関する調査』（五）昭和十四年十一月、一九三～一九五頁。田所廣泰による近衛声明批判、日本国体論に関する討議、鹿子木員信の講演。
22　「全国に澎湃として起これる積極的建設譜」『学生生活』昭和十五年四・五月号には高知高校同信会、松江高校同信会、山口高商斯道会、第八高校信道会、富山高校維新会、新潟高校信和会、福島高商稽照会、早大精神科学研究会、一高昭信会、佐賀高校同信会などからの寄稿がある。また昭和十四年十一月号から毎号「同信通信」欄が設けられ全国の学生から寄せられた記事を掲載している。
23　司法省刑事局、前掲書（九）昭和十五年四・五月、によれば昭和十四年一月のことで、「全国学生運動の中核的大学々生十名此処に合宿生活を開始せり爾来正大寮は宛然全国学生の中心となり全国学生との間に思想的書信の往復せらるること極めて頻繁にして、且又全国同志学生上京に際しこの小屋に仮寓するを常とせり」（八〇頁）。内務省警保局、前掲書（昭和十四年版）によれば正大寮の設置は「一月二十八日」とある。

24 「文天祥、正気の歌に和す」という題の詩の冒頭の一句（小田村寅二郎『昭和史に刻むわれらが道統』日本教文社、一九七八年、八七頁）。

25 司法省刑事局、前掲書（七）昭和十五年一月、一九五頁。昭和十四年十二月二十三日、「蓑田胸喜、田所廣泰、加納祐五、小田村寅二郎、今井善四郎、濱田収次郎、木野内為博、吉田房雄、宮脇昌三、外一名計十名出席」、内容は精神科学の方法論と東亜協同体論批判であった。

26 小田村寅二郎、前掲書、八八頁。

27 その後では、昭和十六年八月号編輯後記にも編輯部員七人の名前が記載されている（桑原暁一、石川正一、渋谷成弘、島田好衛、稲垣武一、清水重夫、額賀強三）。

28 国民文化研究会所蔵資料（学協＝精研出版物No.2）。二つの冊子には日付が記載されていないが、①『決算報告』は「支出之部」で『学生生活』三巻一号までが対象になっているので、昭和十五年一月以降のものと考えられる。②『予算概算』は『決算報告』より以前には作成できず、また③「合宿並遊説旅行」に三月中旬以降の予定が記載されているので、三月以前のものと考えられる。さらに④『学生生活』昭和十五年三月号編輯後記の「一月二日から五日まで四日間は江ノ島に合宿して、あらゆる角度から昭和十四年度を検討し又昭和十五年度の新計画樹立に専心し、又二月十七、十八両日は相州鵠沼に合宿して我等の運動に不断の反省と進路とを与へて来ました」という記述から、一月と二月の幹部合宿で検討された可能性が高い。

29 後に、「日本学生協会とは何か——大学の敵か味方か、一切の先入見を捨てゝ識別せよ」と題する印刷物（昭和十五年十一月二十六日東大生に配布）のなかで次のように説明している。「協会の資金がどこから出てゐるか、と言ふことを大問題のごとく取扱つてヒソ〳〵話する方々に申上げよう。協会の金はいろ〳〵の人から出てゐる。しかし僕らはいつも汚い金はもらつたことがない。……資金は凡て我らの運動が現代に最も重要なるものの一つであるといふ確信によつて提供されてゐる。又僕らが如何に乏しい財源で戦つてゐるかは、貧弱な事務所や正大寮の規律正しい清々しい生活を見れば明瞭である。僕らに潤沢な金があるやうに錯覚するのは、シコタマ懐に入れてもらはねば活動出来ぬサモシイ連中であると僕らには考へられる」（司法省刑事局、前掲書（十二）昭和十五年十・十一月、八三一頁）。

30 司法省刑事局、前掲書（九）六三～八四頁に、当日のプログラムと議事内容が紹介されている。

31 その後、東京府下三鷹町牟礼四四七ノ三に新正大寮を開設、昭和十五年九月一日に開寮式を挙げた（司法省刑事局、前掲書〈十二〉七九六頁）。

32 「日本学生協会設立に際して」「日本学生協会顧問及幹部」「日本学生協会会則」『学生生活』昭和十五年六月号、四〜七頁。

33 「全国巡訪報告記」「日本学生協会結成記念大講演会」「講演会感想抄録」『学生生活』昭和十五年七月号。司法省刑事局、前掲書（十）昭和十五年六・七月、五三二頁。全国巡回は五月二十五日から六月十四日までの二〇日間にわたった。

34 「日本学生協会懇談会成立す」『学生生活』昭和十五年七月号、一四頁。司法省刑事局、前掲書（十）五三五〜五三七頁。

35 司法省刑事局、前掲書（十）五三三〜五三五頁に全文掲載。

36 司法省刑事局、前掲書（九）六三頁、および内務省警保局、前掲書（昭和十五年版）六九三頁。

37 内務省警保局、前掲書（昭和十五年版）六九五〜六九七頁。

38 内務省警保局、前掲書（昭和十六年版）五〇九〜五一〇頁。

39 司法省刑事局、前掲書（十）五三五頁。

40 司法省刑事局、前掲書（十）五三一頁に「出席者は二十八名、各時意思を提出したが一致するに至らず午後十時散会した」とある。

41 大室貞一郎「学生運動の戦前と戦後」『青年心理』二巻一号、一九五一年三月、一二五頁。大室は昭和七年より東京帝国大学学生主事、十五年九月五日学生課長に就任、二十年七月には学生部長となった。「学生主事の制度が発足して以来昭和二一年に辞職するまで、即ち戦時期全体を通じて学生課に於て活躍し、平賀総長のもとでは、東大の「新体制」構想の具体化をすすめる上で非常に重要な役割を果たした」（宮崎ふみ子「東京帝国大学『新体制』に関する一考察——全学会を中心として」『東京大学史紀要』一号、一九七八年、九七頁）。

42 小田村寅二郎、前掲書、一二三頁。このなかには中国の北京興亜学院一人、台北高商八人、京城帝大五人、満州医大二人、建国大学一人、奉天科学院一人を含む。

43 小田村寅二郎、前掲書、一三五〜一四一頁。映画製作費六〇〇〇円は田所廣泰が調達してきた。なお映画

『文化の戦士』はビデオテープに保存され、山梨県立文学館に所蔵されている。

44 小田村寅二郎、前掲書、一〇五～一〇六頁。中島知久平には伊藤述史を通じて近衛文麿の口添えがあり、出光佐三は伊藤述史の神戸高商時代の同級生だった。

45 小田村寅二郎、前掲書、一〇七頁。秋山光材は友人の有馬俊郎を通じて田所廣泰を知り、学術思想改革運動の実績を評価して、東文研グループを研究員候補として伊藤述史に推薦、伊藤はこれに同意した。東文研メンバーの提案により、井上孚麿、山本勝市、野津務、広瀬豊を研究顧問に委嘱した（名簿には山本勝市の名前はない）。

46 小田村寅二郎、前掲書、一〇八頁。

47 小田村寅二郎、前掲書、一〇九頁。「田所さんその他には当時の高等官六等の待遇、月額百三十円が、その他にはそれぞれに準じて研究費が支給されることになつたのである」。

48 ただし「戦後の〝国文研〟になつてから昭和四十三年に『日本思想の系譜―文献資料集―』五冊を新書判で出版し得た背景に、この「日本学研究所」時代の研究がこめられてある」（小田村寅二郎、前掲書、一一〇頁）。

49 司法省刑事局、前掲書（九）四一七～四一八頁。

50 司法省刑事局、前掲書（十一）五七九～五八〇頁。日本学生協会の新しい幹部として、本部長・南波恕一、総務部長・阿部隆一、出版部長・吉田房雄、連絡部長・濱田収二郎、事業部長・手塚顕一、調査部長・石川正一の名前が挙げられている。また八月二日より事務所を赤坂区青山北町一丁目八番地に移転した。

51 小田村寅二郎、前掲書、一〇九頁。「伊藤述史氏もまた、情報局総裁のお仕事の関係からと思はれるが、昭和十六年三月でこの研究所の顧問は辞され、そのあとには、外務省東亜局長の山本熊一氏が責任者になられたと聞く」（一一〇頁）。

52 司法省刑事局、前掲書（十二）七七三頁。

第六章　逆風下の思想戦——精神科学研究所の設立

「教学刷新」と学校新体制

日本学生協会と文部省との良好な関係は、長くは続かなかった。

昭和十五年七月の第二次近衛文麿内閣発足の前後から始まった新体制運動は、政党の自主解散を促して大政翼賛会を成立（十月）させたことで知られるが、その間の八月から九月にかけて、文部省も校内団体をすべて解消して学生生徒の活動を一元的に統制管理する新団体を各学校に組織しようとしていた。いわゆる学校新体制（報国団）である。★1

七月二十六日に閣議決定された「基本国策要綱」（八月一日発表）では、大東亜建設という大理想を実現するための国防国家体制の確立が謳われた。それに対応する文教施策として、橋田邦彦文相は青少年心身鍛錬の強化を説き、具体的措置として、専門学務局長から高等学校長宛に「校内新団体結成」に関する通牒（八月三十日付）が出された。通牒は前日（二十九日）の高等学校長会議の文書とほぼ同じもので、会議では新団体規則（準則）も配布された。規則が示す模範案によれば、新団体は全教職員と全生徒を組織するもので、総務部・鍛錬部・国防訓練部・文化部・生活部が置かれ、校長が会長としてこれを統括する。さらに「校内にあるすべての団体は発展的に之を解消し新団体をつくる」という方針が採られた。★2 この規則は、九月十七日付高等学校長会議における文部大臣指示事項「修練組織強化ニ関スル件」にて正式に提示された。これ以降、各高等学校は次々に校内団体を解消し、新団体

（報国団）を発足させていくのである。

文部省に対する不信感はここにきて決定的となった。組織改編による学生生徒の一元的な統制管理は、日本学生協会が目指す真摯な学風改革に逆行するものである。何より、各地で活動を活発化させていた日本学生協会の支部（同信団体）も「解消」の対象に含まれていた。高等学校長会議で「修練組織強化ニ関スル件」が提示されてすぐあとの、九月二十三日午後四時、日本学生協会幹部の夜久正雄（昭和十四年東京帝大国文科卒）が文部省教学局を訪問し、近藤寿治指導部長と朝比奈策太郎企画部長と一時間一〇分にわたり会見している。教学局は、昭和十二年に「思想統制」の思想局を大幅拡充して「教学刷新」の中央機関として設置された文部省の外局であり、企画部（企画課・思想課）と指導部（指導課・普及課）および庶務課という二部一課制をとっていた。どうして「教学刷新」施策を企画・指導する両輪のトップが、揃って一学生団体の幹部との会見に応じたのか。荻野富士夫によれば、この時期の教学局は学生の国家主義運動には基本的に親和的な対応をとっていたものの、「それでも、四〇年八月、劔木亨弘が思想課長についたときの大きな課題は、政治活動を活発化させていた日本学生協会への対応であった」[★3]というから、例外的に慎重な取り扱いを要する団体として位置づけられていたのだろう。この日の会見内容は夜久が逐一記録しており、数日後に印刷配布された。[★4]大変珍しい記録なので以下に紹介する。

夜久「文部省新体制は学生協会の趣旨を徹底せしめる為なりと云ふこと同信団体を解消せしむると云ふことこの方針を決定せられたと聞いてゐるが如何」

朝比奈「然り」

夜久「同信団体解消の理由如何」

朝比奈「高校新体制は教授学生の精神生活を改革せしむる気運をおこす為に学内各団体を一律に解消せしめ各団体を全部一斉に新らしい組織に編入することにより教授と学生との交流を図り自治寮組織をも学校長の直接の統轄下に置くことによつて改革の気運を与へるのである」

……

朝比奈「新体制は学生協会の趣旨を実現せむとするものであつてそのために各団体がすべて白紙にかへつて改革の気運を与へむとするものである〔。〕しばらく静観せられたい」

夜久「学生協会の趣旨を徹底せしめむとする新体制が同信団体を解消せしめることになると云ふかゝる価値判断をともなはぬ改革は破壊に帰嚮する〔。〕この点を如何に考ふるや」

朝比奈「学生協会に関しても第三者からは種々の非難がある」

夜久「協会に対しての批判は幾らでもあらう〔。〕然し第三者の非難と云ふ様な漠然としたものではなく文部当局或ひは学校当局者が学生協会の価値を判断して各同信団体に解散を命ずるなら夫れでよい〔。〕価値判断を抜きにした改革と云ふものはありえぬ〔。〕問題は高校教育の改革が如何にして行はれるかといふ問題である〔。〕現在の様な文部省の方針では高校教育の一層の悪化をもたらすに過ぎぬ」

朝比奈企画部長は言う。文部省が推進する学校新体制は、日本学生協会の運動を否定するものではない。それどころかその運動の趣旨を積極的に実現させるためのものであり、既存団体を全部解消することで改革の気運は効果的に増大するだろう、と。しかし、日本学生協会にとって、これはただの詭弁に聞こえる。われわれの運動の趣旨を実現するとは、具体的に何を善しと判断されてのことか。その「価値判断」の基準を示さない学校新体制は、運動の破壊と同じことである。そのように追及された文部省側は「第三者からの非難」をもち出して、日本学生協会とはいえ決して無謬ではない、とかわそうとするが、これは墓穴を掘ったことになる。われわれの運動の誤りについても、第三者に責任転嫁するのではなく、文部当局自らの責任で「価値判断」を下してみよ！

これは文部省教学局主導の「教学刷新」施策のアキレス腱であった。日本学生協会がこの時代の「政治的正しさ political correctness」を体現していたから、というだけでなく、日本主義的な思想運動を適切に制御していけるだけの正統性をもち合わせた機関など（文部省に限らず）どこにも存在しなかったからである。文部省にとっても時局の要請との兼ね合いで模索していた未知の領域だった。価値判断抜きの組織改編はむしろ高校教育を悪化させるだけだ、という夜久の批判を、近藤指導部長は一応認めつつも理解を求める。

近藤「やり様によつては悪くなる、然し学生協会のみに高校教育の改革を任せて置くわけには行かぬので我々も出来る限りのことをやらうとして居るのだ」

夜久「其の方法が現在の様な有様では実質的な改革を成就することが出来ぬのであつて教育改革は思想改革でなければならぬことは先程申上げた処である〔。〕この思想改革を実現するには先づ教授の思想を改革し反国体思想を宣説して居る者を処置せねばならぬ」

近藤「君の云ふ処は尤もである〔。〕高校教授を集めて講習会を開く計画である」

夜久「その成果の如何は暫く措きそれでは順序が逆である〔。〕高校教育に対する正しい認識より出発するならば少くともその講習会によつて教授の思想の改革を実現し而して各校内の各団体の統合を正しき価値判断に基いて断行すべきである〔。〕現状のまゝでは結局新体制とは各校同信団体を解消せしめることによつて教学局の企図する処とは反対の方向に即ち思想的混迷を助長することになるのである」

議論は完全に平行線である。日本学生協会側は教育改革の大前提として確かな「価値判断」に基づく思想改革を要求するのに対して、文部省側はまず組織の大改造による「気運」倍増効果を重視し、しかる後に教員講習会で思想面の改革を手当てしていく計画なのだ。それでは順序が逆で、喫緊の問題に対して手遅れではないか。堪りかねた夜久は「何故帝大其他高校教授の明白なる反国体言説を処置せぬのか」と質すが、近藤指導部長「徐々にやらうと思つて居る」、朝比奈企画部長「学説の転向は時間を要する」と煮え切らない。さらに日本学生協会に対してこんな妥協案を提示してくる。

朝比奈「新体制になることによつて学生協会が各学校に働きかけることが禁ぜられたることを恐れる必要はない〔。〕文部省に連絡本部を設け学内に働きかける学外団体は其処を通して行へばよいのである」

日本学生協会が現実に果たしているナショナルセンターの機能を文部省内に移したいというのは文部省の「本

音」だろう。日本主義的な思想運動を直接制御することは困難なので、せめて文部省の実働部隊として組み込み、その全国的な活動網を監視下に置きたい、と。もちろん夜久は「さういふことは問題外である」と拒絶した。最後、逆に「学生協会の趣旨を徹底せしめると云はるゝか〔。〕学生協会は生命の欲求にしたがつて全国学生の思想的交流連絡を行ふことをその趣旨としてゐる〔。〕協会の趣旨を徹底せしめると云ふことは全国的連絡を活発に行ふことであると思ふ」と述べると、朝比奈・近藤両部長は一言もなかったという。これは文部省に対する思想戦の宣戦布告である。

そのすぐ後、十月の合同合宿講演会の案内状では「国体防護の無窮の戦である吾らの運動は愈々その熾烈さを加へつゝあります〔。〕それは自己の無能無力を蔽はむとする文部当局の無責任なる所謂学校新体制によつて吾らの地方同信団体が解散消滅の危機に当面しつゝあり」と思想戦への決起を訴えている。[★5]

「大学の自治」を護持する東大新体制

占部賢志の研究によれば、東大当局は、日本学生協会に対してはその設立当初から神経質なまでに警戒していた。[★6] 昭和十五年六月四日の評議会では、つい前月に設立されたばかりの日本学生協会に関して学生課長より報告がなされている。東大精神科学研究会(東精研)が東大文化科学研究会(東文研)の名で雑誌を発行してきたこと、その東文研が日本学生協会になったらしいことが報告され、そして「尚本協会ノ実体ハ未ダ不明ニシテ之ガ対策ハ未ダ困難ナルモ、政治的ニ力ヲ有スルヤト思ハレル点等ヨリ充分注意シ居ル」旨が議事録に記録されている。七月二日の評議会では、穂積重遠法学部長と平賀譲総長より、日本学生協会の動向に関する「極秘」報告がなされている。六月十五日の結成記念大講演会(第五章)の中心テーマは小田村問題と帝大批判だったが、当日配布された冊子『一年八ヶ月余にわたり無期停学のまゝに放置せられ居る小田村問題の真相を録し文教当事者各位の御清鑑を乞ふ』についても、「甚ダ穏カデナイ、停学処分ニ服シテキナイ何トカ考ヘネバナラヌガ」と問題視している。講演会で大学を誹謗した学生に対しては呼び出して警告またはそれ以上の処分を検討せねばならぬが、問題はそれで済むものではない。「学生協会ハモツト大キナ問題ト思ツテキルガ現在ノ処小田村問題ノ□デ□□ツマラナイモノト今ハ思ツテキル、充分注意スル必要アリ」と今後も監視を継続していくことを確認した。さらに「文部省デハ弾圧ハ出来ナイ、学校当事者ヲシテ関係セシメナイ様ニ、地方ニ□□入部ヲ作ルコトヲヤメサセルコトハ出来ルダロウ」（傍点引用者）と独自の積極策に乗り出す必要性を訴えている。

九月二十四日の評議会では、全国夏季合宿をふまえた報告が学生課長よりなされたが、切迫度はますます強まり、ついに「学生協会ノ如キ学外団体ニ対スル為メ学内団体ヲ強固ニスルト同時ニ学外団体ノ為メニ働クモノアルコトヲヨク調査シヨク考ヘテ貰ヒタシ、愛国運動ト云フモ東大内部ヲカクランシ高等学校ノ内部ノ□□ヲ害スル不純ナモノニ対シ文部省デモヨク考ヘテ貰ヒタシ　学内ノ精神科学研究会等ニ付テモ充分調査、考ヘテホシイ」（傍点引用者）と文部省の無策ぶりに対する苛立ちを露わにした。もはや手を拱いてはいられない。いかにして思想問題を回避しつつ取り締まるか（直接的な弾圧ではない間接的な排除の方法）が問題だ。

結論から言えば、この後十月から十一月にかけて、東大当局は全学会という一元的な組織のもとに学内諸団体を再編成して、学外活動を厳しく規制する「学部共通細則」策定に取り掛かっている。[★7] つまり学内団体に関する規則（公認の条件）のほうを変えてしまえば合法的に団体を潰せる、というわけだ。先に紹介した、高等学校において「修練組織強化」の名目で導入された学校新体制（報国団）の帝大版である。ここで注意しなければならないが、宮崎ふみ子も強調するように、「他の帝国大学では、この昭和一五年一〇月二八日の総長会議に於ける文部省訓示を契機として学内組織再編が進められたと言われているが、東大の場合は文部省の訓示以前に大学当局自身の自発性に基いて企画が開始されていた」（傍点引用者）。[★8] どういうことか。宮崎が注目するのは、平賀譲総長が近衛首相のもとで開かれていた新体制準備会に学界から唯一参加していたため、「学校教育の組織の再編の問題を意識せざるを得なくなった」ということである。しかし、どうしてそれほどまでに急ぐ必要があったのか。占部賢志は先に引用紹介した評議会メモを根拠として、これがたんなる新体制運動に参加するという程度の「漠然とした学内団体の再編ではなかった」と指摘する。すなわち「日本学生協会とその傘下の精神科学研究会を学内から排除する手だてとして構想されたのが、全学生を一元的に統合する「全学会」だった」と。[★9]

もちろん学内合意を取り付ける理由は一学内団体の排除だけではなかったはずだ。中央指導部が各学部の上から指導統制する集権的な組織構想に対しては、当然のように各学部を代表する評議員たちから多くの反対意見が出されたが、「中央集権的組織を大学内部に設けなければ学外の諸団体と対抗しえない、という設立目的」が説明され、ようやく評議会の承認が得られた[★10]。「大学の自治」を守るためにこそ、学内の諸団体は大学当局（＝全学会中央指導部）に自治を返上しなければならない。これは戦時体制下にもかかわらず軍部や財閥に引き回され指導力を発揮できない「議会政治の限界」を突破するために、より強力な政治システムが要請されたのと事情がよく似ている。それを自らの政治学の課題と考え、昭和十三年から昭和研究会に参加していた矢部貞治法学部助教授（昭和十四年八月から教授）は、十五年には近衛文麿のブレーンとして新体制運動の構想立案に関与していた（第一回新体制準備会での近衛声明「新体制の基本構想」を執筆）。ここでは「政治の指導力」を強化するためにこそ、既成政党が自ら解散して近衛文麿のもとに結集したのだった。

そうしたキャリアも見込まれたのだろう、矢部教授は九月上旬に平賀総長に呼び出されて新体制のレクチャーを行っている。

今日も朝九時から総長室で、前の連中〔穂積重遠・田中耕太郎・東畑精一・橋爪明男〕と会合、新体制一般、特に教育との関係を論じた。学校教育の組織は一応別個だから、国民組織とは切離して考ふべきこと、同時に学校自身は自立的積極的に新体制に沿ふべき改新をやるべしと僕は主張。総長らも大体さうするとの事であつた。〈9.5〉

おそらく矢部は「大学の自治」を護持する強力なシステムとして新体制方式を勧めたのだと思われるが、結果としてこれは日本学生協会の影響力を学内から排除することになった。「従来大学当局がこのような学生団体を規制するときは、問題を起こした学生を個別的に処分する以外に方法はなかったが、全学会設立とそれに伴う「学部共通細則」制定によって、当局は初めて団体そのものを規制する有効な手段を得たのである」[★11]（傍点引用者）。全学会という一元的組織への再編成は、新体制という時局の要請と、「大学の自治」の護持、さらに日本学生協会対策をともに満たす一石三鳥の方法だった。

小田村寅二郎の退学処分と日本学生協会への迫害

十月十日の法学部教授会で穂積重遠学部長から、小田村処分問題と学生協会の処理を、同時に進める提案がなされた。学内新体制構想の実現の見通しが立ったのだろう。『矢部貞治日記』からは、日本学生協会に対抗する学生団体（学生七生隊）が結成されるなど、東大学内でも日本学生協会に対する包囲網が急速に具体化してきた様子が分かる。

学部長から小田村寅二郎が又最近今度は経済学部の難波田〔春夫〕が行幸について拝辞せよといふ運動をやり、文相や総長やその他の高官にも策動し（蓑田胸喜の発議で、上層部は井田磐楠が動き、下の方では学生協会を使ったらしい）たりしてゐるし、そこで積極的に小田村の処分問題を進めること、学生協会の処理をやることを考慮したいと相当に積極的な提案があり、二三の人が意見を言ったが、学部長の都合で、二時に締切ったので、問題はあとに残った。今日は又三上卓や穂積五一等の学生七生隊結成のビラを配布したりしてゐたが、これは又日本学生協会と対立して争ってゐるらしい。百鬼夜行だ。〈10.10〉

十一月二十六日、東大評議会は小田村寅二郎の退学処分を決定した。無期停学処分からちょうど二年間が経過していた。この席上、平賀総長は「コチラガ思フ様ニハキハキヤレナカッタノハ一ツハ彼等ガ国家主義ヲ標榜シテキタコトニヨル　従来カラ（夏前カラ）何トカセネバナラヌト思ツテキタガ、行幸ノコト等アリ結局十一月頃カトモ考ヘテキタ」と述べ、大室貞一郎学生課長も「学生協会ガ出来タ時ニ国家主義ノ考ヘ方デアッタ為メ文部省内務省等ノバックアリ、ヂキニ政治問題化スル恐レガ多分ニアツテ、ソレ等ヲモ考ヘ合セテ思ヒ切ッタ処分ガ出来ナカッタト云フ意味モアリ」と述べた。★12

しかし――学内団体の再編成によって東精研を排除して学生協会の影響を断ち切る目途が立った以上、いまや満を持して小田村を退学処分にできる。昭和十六年二月の評議会で「学部共通細則」を成立させるや、東大当局は直ちにこれを適用し、日本学生協会に対する学生の参加を禁止し、東大精神科学研究会の認可を取り消した。こうして東精研は十六年三月に解散を余儀なくされた。小田村処分と東精研解散は、最初から最後まで「大学の自治」によって遂行されたのである。

小田村退学処分の後、それを待っていたかのように、全国各地の学校で日本学生協会の同志学生に対する迫害が強められた。ひとつ例を挙げると、学生協会所属の水戸高校生五名が「水高共信会」を組織し、学外で合宿しながら求道生活に入っているところへ、地元新聞記者が取材に訪れ、「迸《ほとばし》る若き〝翼賛情熱〟衷情遡《うった》ふ水戸高校生」という題で記事にした。そこで学生の言葉として紹介された「教壇はまるで墓場のやうだ。講義は死物のやうだ、生きた何ものも教へて呉れない」云々というくだりが問題になり、学内のことを外部に通謀したという理由で学生たちは停学処分になった。[★13] まるで東大小田村事件そっくりである。しかも似たような事件が各地で頻発している。

後に小田村はこうした趨勢を振り返って「文部省は学校当局側に、暗々裡に「学生協会弾圧」の内示を与へたやうな気配も出てきた」と解釈しているが、[★14] 事実はおそらくその逆で、文部省の日和見的態度に業を煮やしていた学校当局にとって、東大小田村処分が、学生協会弾圧のお墨付きを与える形になったと見るべきだろう（東大の小田村処分と学内新体制自体が文部省の日和見的態度に業を煮やした結果であった）。学生が日本精神の観点から「学生らしく」真摯な学校批判を展開してきたときに、一番困るのは、文部省ではなくて学校当局自身だからである。「中には、学生たちが校庭に出て〝明治天皇の御製を拝誦〟してゐることに対してすら、〝やめてほしい〟と言ひ出す生徒主事が出てくる有様であった」[★15] というから、学校当局の過敏な反応は滑稽の域にまで達していた。文部省が動かない以上、自らの判断で手を下すしかないが、東大が先例を作ってくれていれば、判断の責任も軽くなる――。これこそ、小田村事件が反復される構造ではなかったか。

内務省警保局も、日本学生協会と学校・文部当局の対立に注目し、警戒を強めている。

「客年十一月十一日下旬《ママ》法学部教授会に於て同人を退学処分に附せんとする気運を観取するや、学校当局は遂に暴挙を敢行せんとしつゝありとして言論出版物を通じ全国学生に呼び掛け果敢なる粛学運動を展開して注目を牽きたり。而して文部当局に在りては「本会の運動は単なる学生運動に非ず多分に政治性を有するものなり」とし之が全国学校生徒に及ぼす影響を考慮し十一月十七日学生の軽挙を戒むべく全国各大学及高専学校宛通牒を発したるが、全国学生中には尚本会の趣旨に共鳴し依然連絡を保持せる者相当ありて学校側に在りては之が対策に腐心中の処、新潟高校に於ては同校学生文科甲三年小山市兵衛が「学校当局の諭示を肯ぜず依然同協会との連絡を保ち学業を怠り居るは学生の本分に反するものなり」とし退学処分に附したるが、協会側に在りては「第二の小田村事件」なりとして重要視し直ちに会員を派遣して実情を調査せしめると共に学校当局の処置を不当と断じて難詰に努むる所ありたり。而して同協会幹部は何れも粛学運動の為には学校当局より如何なる処分を受くるも敢えて辞せずとなし相当強硬なる決意を以て愈々果敢に運動を展開せんとしつゝありて今後の動向に対しては相当の注意の要あり[★16]」。（傍点引用者）

『学生生活』昭和十五年十二月号編輯後記から引用する。

「帝都に於ける思想戦の硝煙の中より全国の同志並びに愛読者書士《ママ》に十二月号を送る。小田村寅二郎兄は遂に退学処分に附され、我らは其の前後数週間文字通り寝食を忘れて戦ったのである。……某高校の生徒主事は同志の学生に対して学生協会のバッチをその胸から取り去ることを強ひたのである。二年生の一同志は涙をふるひつゝ即座に「仮令徽章を奪ふことが出来ても我等の意志を奪ふことは出来ぬであらう」と応酬したと聞いてゐる」

こうして小田村退学処分の後、全国各地の学校で日本学生協会の同志学生に対する迫害がいっそう強められた。司法省刑事局の報告書（昭和十六年四～六月）から引用する。

「〔東大精神科学研究会は〕今次の文部省提唱に係る東大全学会の結成と共に学校当局より解散を命ぜられ新学期開始に当り解散するに至った[★17]」

「東京帝国大学学生及び卒業生を中心とし全国的組織を有する日本学生協会は文部省の方針に基く報国団若くは全学会の結成が全国的に進行するに伴ひ種々なる影響を受けつゝあるが、佐賀高校に於ては四名の同信会員が停学処分に付せられ、東大に於ても学内精神科学研究会が解散せしめられる等同会に対する種々なる制肘が加はりつゝある。之等に対し同会が今後如何に対処するか注目せられる[★18]」

ここでは詳細を紹介する余裕はないが、司法省刑事局の報告書には「小田村問題を繞る東大粛学運動」[19]、「新潟高校生退学処分問題」[20]、「水戸高校生退学処分問題」[21]、「佐賀高校同信会員の停学処分事件」[22]についてビラ等の関連資料が収録されている。

第七六回帝国議会

小田村退学処分と日本学生協会の問題は、昭和十六年一月から二月にかけての第七六回帝国議会で繰り返し取り上げられた。

「茲に於て協会本部に在りては犠牲多き一切の対学校紛争を、可及的に回避し、教学刷新問題を議会問題化し以て運動を有利に展開すべく井田磐楠及帝大粛正期成同盟に関係せる貴衆両院議員及大政翼賛会青年部雨谷菊夫其の他革新陣営を各幹部に於て歴訪し協会の提唱する教学刷新運動に対する協力方を懇請しつゝあり、一月三十一日衆議院予算総会に於ける北昤吉の教学刷新問題に対する橋田文相への質問演説を初めとし各議員の発言質問等を通し着々自己の主張の実現を画策中なりしが……」[23]

『新指導者』昭和十六年四月号「学生運動の問題――未発表議会速記録」でも紹介されているが、『官報号外』で直接確認できるやり取りとして、一月三十一日の衆議院予算委員第二分科会（北昤吉委員と橋田邦彦文部大臣）[24]をはじめとして、二月十二日の恩給法中改正法律案委員会（仲井間宗一委員と菊池豊三郎文部次官）[25]、同十四日の恩給法中改正法律案委員会（林平馬委員と菊池豊三郎文部次官）[26]、同十七日の予算委員会（佐藤洋之助委員と橋田邦彦文部大臣会）[27]などを挙げておく。

例えば一月三十一日の衆議院予算委員第二分科会において北昤吉委員と橋田邦彦文部大臣の間で行われたやり取りは次のようなものである。[28]

北昤吉委員「……文部省側と致しまして、第一に此の日本学生協会の運動は、如何なる動機に依つて発生したと御認めになつて居りますか、此の動機の認識が十分でないと文部省の之に対する対策も亦当を得ない結果になるのでありますが、其の動機に付ての御所見を承りたいのであります」

橋田邦彦大臣「日本学生協会の組織されましたる動機と致しましては、今御話の通り従来動もすれば学生の思想動向に甚だ動揺を見、或は確乎たる方針が定まつて居ないと云ふことを是正せんが為に、修練を旨とする学生運動として組織されたのが動機であると考へます」

北委員「文部大臣の御答へでは、学生に信念思想の動揺があつて、確乎たる立場がないのを憂ひてさう云ふ確乎たる立場を求めんが為に生じたと云ふ御説明であります、大体私もさう考へて居ります、所が此の運動は可なり深刻に是から発展して行く可能性があると私は思ふ、……私は此の日本学生協会の運動も、悪くすればとんでもない脱法的行為まで行きはしないかと云ふことを憂へると共に、良くすれば「ドイツ」の大学生の運動のやうになりはしないか、……文部当局としては其の真の精神を生かして、さうして行動の常軌を逸しないやうに対策を講じなければならぬ、唯の弾圧だけでは此の運動は収まりませぬ、又収めた所が国家の為に必ずしも喜ばしいことではないと思ひます……」

橋田大臣「文部省に於ても……学生の精神を鍛錬し、信念を養成さしたいと云ふことは、全面的に希望して居る次第でございます、唯此の際に於きまして、……職分を守ると云ふ建前より逸脱することがないやうに、切に戒飭《かいちょく》しなければならぬのでありまして、只今の所学生協会に対して文部省は弾圧すると云ふ意思は毛頭ない、寧ろ本当の根本精神に副つて、正しく発展して来ることを実に要望して居る次第でございます、一面に於きまして学校を監督して居ります文部省としまして、学校内自体に於きまして、同じ精神の下に教養訓練を行はれるやう、切に此の際学校の教化的の部面、唯授業的の知識の注入と云ふ部面でなく、学校自体が従来の方針を翻然と改めて、学校教職員一体となつて、皇国の道に則つて、修養訓練の組織を実現するやうに努めさせて居る次第でございます」（傍点引用者）

北委員の質問が日本学生協会の潜在的な可能性（と危険性）にまで踏み込んでいるのに対して、橋田文相の答弁は、二年前の荒木文相と同じく官僚的である。思想的な政治弾圧はしないが教育的配慮から逸脱を戒めて、「本当の根本精神に副つて」正しく発展してほしい、教職員一体となった修養訓練の組織作りに努めている、と。文部省としては弾圧する意思は毛頭ない、という答弁に偽りはない。正確に言えば、弾圧など不可能だったはずである。「洵に熱烈血を吐くやうな国体観念に燃えて居るが学外に於ける所の教学刷新が中々徹底しないから、生徒自らの力に依つて促進して行くと云ふ悲壮な決心を以てやつて居る」[★29]のに対して、どうして弾圧できようか。日本学生協会の「政治的に正しい」(politically correct)学外活動を押し止めるだけの論理を、文部省はもち合わせていなかった。とはいえ、学校当局が教育的な関係(教師の権威)を守るために大学の自治や教育の論理で学内団体の活動を排除したり学外団体との連絡を制限したりするのはやむをえない。文部省はこれを黙認することしかできなかった。「本当の根本精神に副つて」いることを真摯に求めてやまない日本学生協会にとって、文部大臣の答弁は励ましにこそなれ、抑制になるはずもなかった。この勢いのまま、純粋な学生思想運動の枠を超えて、社会一般に向けた言論活動へと展開していくことになる。

精神科学研究所の設立

昭和十六年二月十一日(紀元節)、大学を卒業して社会人となっていた同志二一人の活動拠点として、精神科学研究所を設立した。[★30]日本学生協会顧問だった宇田尚の所有する一五坪ほどの一室(日本橋区本石町三ノ四)を無償で借りることができた(ただし三ヵ月ほどで手狭になり、麴町区麴町三ノ六の木造三階建延べ八〇坪の一軒家に引っ越した)。こうして学生運動は学生協会が、政治経済にかかわる対社会活動は精研が受けもつ二本立ての体制となり、田所廣泰が双方の理事長を兼務した。

『学生生活』は同年四月号から『新指導者』と改題され、[★31]精研所員が編集業務を行うようになり、六月号からは発行所も精研に移した。『学生生活』は四〇〜七〇頁程度だったのが、『新指導者』は定価三〇銭据え置きで九六頁以上と大幅に増量した。司法省刑事局の報告書に『新指導者』の発行部数が記載されている。昭和十六年四月号は三月二十六日二三〇〇部、[★32]五月号は五月一日三〇〇〇部+同五日三五〇〇部、[★33]七月号は七月一日五〇〇〇部、八月号は七月二十四日三〇〇〇部、九月号は八月三十日五〇〇〇部。[★34]昭和十四年度の『学生生活』の発行部数が四

表1　精神科学研究所々員名簿（昭和16年2月21日）

所在地　東京市日本橋区本石町三ノ四
電話日本橋(24)四九八三番

		（略歴）
理事長	田所廣泰	一高、東大法、国民精神文化研究所
理事（研究部長）	高木尚一	一高、東大法、府立高校
同　（思想戦部長）	桑原暁一	一高、東大文、内閣情報部
同　（庶務部長）	加納祐五	一高、東大法、第一銀行
（入営）	今井善四郎	一高、東大法、国民精神総動員
（四月入営予定）	岩本重利	山口高、東大経、外務省調査局
	上野唯雄	一高、東大文、内務省神社局
	小田村寅二郎	一高、東大法中退
	久保田貞蔵	九大法文、皇戦会
	近藤正人	一高、東大文、明光塾々長
	齋藤　明	一高、東大文、文部省実業学務局
	副島羊吉郎	東京文理大、府立第七高女、四月入所
	南波恕一	一高、東大文、日本学生協会本部長
	野地　博	福島高商、日立製作所
	廣瀬勝雄	東京高師、大阪府立中学、四月入所
	房内幸成	三高、東大文、第八高校教授、四月入所
（出征中）	宮脇昌三	一高、東大文、皇戦会
	夜久正雄	一高、東大文、国民精神総動員
	安武弘益	一高中退
（出征中）	吉田　昇	一高、東大法、日本文化協会
（　〃　）	若野秀穂	一高、東大法、大日本運動本部

（注）　司法省刑事局『国家主義団体の動向に関する調査（14）』昭和16年1～3月、594～595頁。

〇〇〇～六〇〇〇〇部だったので、それに比べると若干減少している。また内務省警保局の報告書によれば、昭和十七年一月号、二月号、四月号はそれぞれ一万部発行となっている。[★35]

精研の資金調達には、主に田所廣泰・高木尚一・加納祐五があたった。小田村寅二郎『昭和史に刻むわれらが道統』（二〇六～二〇八頁）に政官財界からの支援について具体的な記述があるので紹介する。

政界では政友会の長老である小川平吉と三土忠造、官界では現役内務次官の萱場軍蔵が積極的に関与していた。小田村の回顧録によれば、昭和十六年十月頃、新大阪ホテルにて、三土・萱場の参加を得て、大阪財界首脳を集めて「紹介の会合」を開催した。[★36]この大阪会合は、小川から「何とか田所一派を助けてやってくれないか」と〝遺言〟を託された三土が、田所の要請を承諾して実現した。萱場もこれに協力、内務次官自らの大阪入りに、大阪府の三辺長治知事はじめ坂信弥警察部長、菊池盛登経済部長も同席することになった。財界側は大阪商工会議所副会頭の杉道助、大阪工業会専務理事の吉野孝一が世話役となり、寄付金の取りまとめにあたった。東京においても、昭和十七年（時期は不明）に日本工業クラブにて同様の会合を開催し、池田成彬、小林中ほかが出席、東京財界でも精研の支援体制が作られた。

財界からの財政的な支援体制について、小田村の回顧録を裏付ける資料がある。水野正次『精神科学研究所の凶逆性――田所廣泰一派の陰謀を撃つ』（国民評論社、昭和十八年）の四六～五三頁に収録された「精神科学研究所よ

表2　精神科学研究所の昭和17年度事業計画案

	昭和17年	昭和16年
経常費	**366,300**	
（イ）新規事業	**77,000**	
（1）内務省トノ連絡強化	8,000	
（2）旬刊「思想国策」（タイプ印刷）ノ発行	15,000	
（3）日本世界観大学々友会ノ運営強化	4,000	
（4）仮称「国民教育協会」運営	35,000	
（5）婦人文化研究会	15,000	
（ロ）継続事業ノ強化拡大ト所要経費大略	**249,300**	**122,300**
（1）日本世界観大学ノ継続拡充	20,000	6,500
（2）学生思想訓練体制ノ強化拡大	26,600	25,200
（3）出版費	45,000	19,200
（4）人件費	120,000	55,200
（5）図書費	12,000	7,200
（6）庶務費	7,200	4,800
（7）講演会費	12,500	3,000
（8）調査出張費	6,000	1,200
（ハ）予備運動費	**40,000**	
臨時費	**125,000**	
（1）研究所分室創設	50,000	
（2）学生寮舎ノ創設	75,000	
予算額捻出方法		
経常費	**366,300**	
大阪財界　（十河ゴム製作所6,000）	150,000	
東京財界　（三菱20,000，三井20,000）	210,000	
小口賛助金	6,300	
臨時費	**125,000**	
大阪財界　（大阪瓦斯株式会社3,000）	55,000	
東京財界	70,000	

（注）水野正次『精神科学研究所の凶逆性』国民評論社、昭和18年所収の「精神科学研究所より寄附金勧請のために出したる文書」より作成。

り寄附金勧請のために出したる文書」（以下「文書」）である。水野は昭和十七年頃に『新指導者』に複数回寄稿しており精神科学研究所の活動にも一時深くかかわっていたが、[37]運動の路線をめぐって決裂した。タイトルから明らかなように本書は内部告発の体裁をとっており、刊行時期（昭和十八年二月五日印刷・十一日発行）からして精研メンバーの一斉検挙（二月十四日）を後押しする役割を果たしたと考えられる。この「文書」は昭和十七年二月頃に作成されたものと推定され、[38]水野が精研で活動していたときに入手した可能性が高い。

「文書」には昭和十七年度の事業内容と項目ごとの予算が提示されている（表2）。このうち「継続事業ノ強化拡大ト所要経費大略」の部に「昨年」つまり昭和十六年度実績の数字も記載されている。まず日本学生協会の財政と大きく異なる点として、収入源（予算額捻出方法）のほぼすべてが大阪財界と東京財界からとなっており、昭和十四年度にあった政府関係機関からの助成金は一切なくなっている。また事業規模が一〇万円（昭和十五年）から一二万円（昭和十六年）、三六万円（昭和十七年）と拡大しているのは、戦時経済下の物価上昇を考慮してもなお驚くべき数字である。[39]

経常費のうち最も額が大きいのは人件費である。小田村の回顧録によれば、精研を作るときに「社会の各層に勤めてゐた同志の一人一人に呼びかけて、各自の勤め先を〝辞職〟してみなで〝研究所〟を作らうではないか、と説き続けた」という。[40]それにしても前年度五万五二〇〇円の二倍以上の一二万円を計上している。次に掲げるように、現在員四三人から八五人への倍増計画である。[41]なお前年度実績五万五二〇〇円は一ヵ月当たり四六〇〇円、単純に頭割りすると一人一〇〇円程度なので生活費を賄うことは可能である。

	昭和十七年度予定人員	現在員
所員	一〇	一〇
助手	三〇	一〇
嘱託	五	三
職員	四〇	二〇

この大増員のためもあろう、昭和十七年度には「平河町近くにかなり大きな建物を入手し」本部機能を移転し、麹町の事務所は「出版部用の分室」とされた[42]。

また出版費には『新指導者』、パンフレット、単行本等の刊行経費が含まれる。昭和十六年度実績が一万九二〇〇円に対して、昭和十七年度は二倍以上の四万五〇〇〇円を計上している。ただし、先述のように予算額捻出方法をすべて財界に依存しており、『新指導者』等の売上見込額は計上されていない。

とすると『新指導者』等の売り上げはどうなっていたのだろうか。昭和十六年二月の本部指令[43]からは、各支部各同信団体における会計事務の実態がうかがわれる。すなわち、①「本部より発送さるゝ『新指導者』（学生々活改題）及学生叢書措其の他の出版物の代金は原則として申込の都度振替（振替口座東京一二〇、九八六）又は小為替にて払込むこと」、②「払込金を直ちに運動資金に当てたき場合は必ずその明細を本部経理部宛報告すること」、③「運動展開用として無料配布を為す場合も亦その旨明記して冊数を限定して申込むこと　雑誌以外の書籍は原則として代金を支払はしむ可く無料配布は之を許さず」など。つまり『新指導者』等の売り上げが本部を経由せず各支部で運動資金として使われるのが常態化していたことを示している。

取り締まり当局による監視強化

内務省警保局『昭和十六年中に於ける社会運動の状況』の「国家（農本）主義運動」における「学生団体」の項では、日本学生協会がついに筆頭に挙げられるまでになった。その最後の段落の一文を引用する。「一方同会と一体関係にある精神科学研究所に在りては日本世界観大学講座を開講し田所廣泰、小田村寅次郎〔寅二郎の間違い〕、其他知名士を講師として国際問題、経済問題に付き研究を重ねつゝあり、出席人員も次第に多きを加へ最近に至りては七、八百名の聴講生あり、本協会の学生に対する影響力は極めて大なるものあり、文部省の学内新体制問題に対し常に反対的言動に出でつつある本会将来の動向は最も注意を要する処なり[44]」。先述のように、日本学生協会の会員は昭和十六年の時点で東京で三五〇〇人、全国で四一一八人にまで膨れ上がっていた。第一章で見た昭和十四年時点の国家主義学内団体数および会員数と照らし合わせてみると、その規模がどの程度のものか分かる。四〇〇

○人というのは学生生徒総数一八万八〇〇〇人のうちの二・一%に相当する。その指導的立場にある精研に対して、取り締まり当局もますます警戒を強めていった。

恒例の夏の全国合同合宿訓練に対しても「待った」がかけられた。『新指導者』昭和十六年八月号編輯後記には「先月号にその要綱を附録した興亜学生修錬会主催の比叡山合宿はある重大な国家的事情の為に中止の止むなきに至つた」とある。小田村の回顧録によれば、「「興亜学生訓練会《ママ》」といふ会の名を主催者となし、時局柄、〃大政翼賛会〃の後援といふ形をとり、〃文部省の正式認可〃をとりつけての周到な準備で取り組んだ。然る所、五百名の募集人員に対し、わづか二週間で何と七百五十名の参加希望者が応募してきた。ところが何といふことであらうか、万般の準備を完了して、開始を間近に控へた某日、突如政府当局から〃新たなる国家目的の指示〃（政府に反対する運動のきらひある、と見られての指示――具体的には「国内輸送に支障を生ずるおそれあり」、として）を受け、全く残念ながら中止のやむなきに立ち至つたのである」[★45]。それでも比叡山に一二〇人と御嶽山に二三〇人、合計すれば当初予定の七〇%規模の結集によって分割合宿を完遂した。『新指導者』昭和十六年八月号「出陣の決意」に始まる「学生運動霊戦史要」シリーズ（同九月号「意志の動員」、同十月号「言葉の勝利」、同十一月号「帰依の詩」、同十二月号「指導者の運動」、昭和十七年一月号「心貧しきもの」、同二月号「神意のまに〳〵」）は逆境下での学生運動の記録である。

東條内閣の戦争指導に対する批判活動

昭和十六年十二月八日の真珠湾攻撃に始まる対米英開戦は、最初の数ヵ月間に目覚しい戦果を上げて、国民のあいだには熱狂的な祝賀ムードが盛り上がっていた。もちろん精研メンバーも祝賀をともにしていたが、同時に東條英機内閣の戦争指導に対する危惧も感じていた[★46]。すなわち、東條内閣は戦争をどこで終結させようとしているのか、それを真剣に検討する機関をまったく用意していないというのは、「宣戦の大詔」に見られる短期終結の御精神を無視しているのではないか。日清・日露の戦役では統帥幕僚も内閣の各大臣も共有していた「天皇の大御心に添ひ奉る心」はいったいどこにいってしまったのか。不忠の限りを犯している東條内閣は早期に退陣すべきである。昭和十七年二月末に決意を固め、こうして東條内閣打倒を掲げた決死の言論戦が開始された。東京の日比谷公会堂、大阪の中之島公会堂での講演会で、都内各地、地方都市での講演会・座談会で、昭和十六年から数ヵ月おきに東京と大阪で開催している「日本世界観大学講座」で、さらに『新指導者』誌上で、さらに一、二週おきに発行した『思想国策叢書』冊子（三七種）で、東條批判を展開した。[47] さすがに官憲の監視が厳しくなり、昭和十七年後半には講演会に臨席した警官によって演説が中止されたり、開会直後に閉会させられたりした。特高警察や憲兵が精研本部や分室に訪問してくることもあった。

内務省警保局『昭和十七年中に於ける社会運動の状況』には、日本学生協会ではなく精研のほうが取り上げられた。

「当初日本学生協会の教学刷新を目指す果敢なる運動と並行して専ら反国体思想の徹底的撲滅に邁進し、其の運動も出版物に依る外学生の合宿訓練・神社参拝・「シキシマの道」の高唱等全国大学・高専学生を対象とする比較的穏健なるものと認められたるが、客年（昭和十六年）三月、日本学生協会の機関紙《ママ》「学生々活」を「新指導者」と改題し、精神科学研究所の機関紙《ママ》に充当して一般大衆の啓蒙運動に転化するに及び、従来の反国体的思想排撃の域より飛躍し、屢開講せる「日本世界観大学講座」其の他講習会・座談会等に於ける言論、或は機関紙《ママ》並に時局問題を捉へて逐次発行せるパンフレットに表明せる論調は次第に反政府的となり、対内外施策は多分に反国体思想の影響を蒙れるが如く断じ、現行経済政策に対しては個人の利潤追求を無視しては真の経済的威力を発揮し難しとして極端なる批判攻撃を試み、又聖戦を歪曲し、国論の統一を紊る処ある激越なる主張を敢て為し、殊に客年十月十七日には「思想戦闘要綱」と題する秘密出版物を印刷して同志に配布（主幹者に於て反省するところありて秘密裡に回収せり）する等容疑動向ありたり。而して本年に入りては、左記の如く智識階級並に学生層を主たる対照《ママ》として言論・出版物を通じ相当果敢なる運動を展開したるが、その主張は依然として反政府的にして殊に現行経済政策に対しては「マルキシズム」の影響を受け居るかの如くに論難し、自由主義経済への還元を希望するかの如き言説を為す等国論の不統一を来す処ある主張を敢て為し、今後の動向に対しては相当注意の要あり」[48]

精研創立後も司法省刑事局の報告書は行事や出版物を列挙するにとどまるが、[49] 内務省警保局は右の引用からも分かるように、かなり踏み込んだ分析をしている。日本学生協会として教学刷新の学生運動をやっている限りはまだ「比較的穏健」だったが、精神科学研究所として一般大衆の啓蒙活動を展開するようになると「次第に反政府的となり」「国論の統一を紊る」危険が生じてきたというのである。

こうして精研の言論活動に対する監視が強化されていく。精研最初の出版物『支那事変解決を阻害するもの――東亜連盟論とは何か』〔昭和十六二月二十日発行〕は、三月十一日に発禁処分となっている。[★50] また雑誌の記事に対しても処分が頻発する。編輯後記から拾えるだけでも、昭和十六年十月号「前号は削除処分を受け、読者諸氏に迷惑をおかけしたこゝと思ふ」、昭和十六年十一月号「編輯部の細心の注意にも拘はらず、またまた前号は削除処分を受けた」、昭和十七年二月号「前号に関して当局のお叱りを受けた」などがある。

出版物に対してだけではなく、講演会での演説内容に対する監視も強化された。小田村の回顧録に「かくするうち、東条内閣のわれらに対する監視の眼は次第に鋭くなつていき、昭和十七年の後半になると、講演会では壇上の一隅に臨席してゐる警官によつて、講師にしばしば「講演ストップ」の号令がかけられ、時には開会直後に〃閉会〃のやむなきに至ることもあつた[★51]」とあるが、内務省警保局、前掲書〔昭和十七年版〕二九四〜二九五頁には一月から十二月までどの講演会の誰のどの言論に注目したのかが報告されている。

また内務省警保局が注目している「思想戦闘要綱」なる文書は、小田村の回顧録にも登場する『思想戦戦闘綱要』のことであり、これが取り締まり当局をして危険な秘密結社の存在を疑わしめる結果となった。

「このころ〔昭和十六年十月頃〕「精研」部内においては、リーダー田所氏の発議により、『思想戦戦闘綱要』といふ〃厳秘〃文書が〃印刷を以て謄写に代ふ〃と印せられて作成された。……ポケット型五十五ページの薄いもので、内容は、前記の「日本青年行動綱領」を巻頭に掲げ、本文は百八条に及んでゐて、各自が常時これを保持し、いたる所で同志を作る心得とすべく、また、お互ひの情操・意志の交流の〃しるべ〃としてこれを活用し出したのである。（この『思想戦戦闘綱要』を、後に東京憲兵隊が重要書類としてわれらを解散させる手がかりにしたことを考へれば、〃厳秘〃扱ひにするまでもなかった、と思はれてならない。[★52]）」

東京憲兵隊による一斉検挙

昭和十八年二月十四日、東京憲兵隊により精研メンバーの一斉検挙が行われた。

この検挙事件前後の経緯については小田村の回顧録（二一二〜二一八頁）に詳しい。先述のように水野正次『精神科学研究所の凶逆性――田所廣泰一派の陰謀を撃つ』（国民評論社、昭和十八年）が二月五日印刷・十一日発行である。また精研の活動は、検挙翌日の二月十五日、衆議院第三回決算委員会において今井新造委員によって取り上げられたが、その内容は水野の告発本と酷似している（二月二十五日の衆議院第一〇回決算委員会においても再び取り上げられた）[★53]。小田村はこれを「検挙正当化のための〝馴れ合ひ質疑〟」だと断定しているが、東條体制下で精研がどのように見られていたのかがよく分かる証言なので少し長くなるが引用しておく[★54]。

今井新造委員「財閥と密接なる関係を持つて居る恐るべき反戦、反軍思想を宣伝致して居る秘密結社がある、斯う云ふことなんであります、其の中心人物は精神科学研究所と云ふものを主宰する田所廣泰と云ふ者が中心人物でありますが、……戦時下許すべからざる不逞の言動を敢て致して居るのであります、……例へば昭和十七年五月一日から八日間に亙つて日本世界観大学に於て「日本世界政策宣言」なる題名の下に田所廣泰なる者が講演をやつて居る、其の講演の「パンフレット」に於て斯う云ふことを述べて居る「戦争の用意は平時にこそ整へて置くべきであるが、同様に平和の準備は戦争の最中に続けられて居らなければならぬ、それは銃後に課せられた重い任務である、如何に適切な時機に、如何なる明確なる方法を以て平和を克服するかに依つて、戦争の文化的価値、即ち大義名分が確定される」はつきり斯う書いて居る、……更に五月二十五日前後に開かれた研究所の会議に於て、田所は斯う云ふことを所員に言つて居る、日本の総理大臣が宣言すべき講和条約を作製用意しなければならない、是は誇大妄想と言ふか、何と言ふか批評の仕様がないのでありますが、……明らかに米英撃滅の戦争を早く打切るべしと主張する敗戦論であります、又統帥権干犯の不逞極まる言論である、斯う云ふやうなことは一、二の例に過ぎないのでありますが、更に此の田所を中心として一つの政治的の秘密結社を作つて居る、さうして其の秘密結社の党員に対して約百何十かの思想戦戦闘綱要と題する秘密出版文書を配付致して居ります、……其の内容を見ると、恐るべき反戦、反軍の思想を明白に現はして居る、吾々の敵とする所は軍と官だ、……さうして幸ひにもと云ふやうな言葉を使つて、幸ひにも軍と官は国民から今や信用を失つて居る、斯う云ふことをはつきりと述べて居ります、……而も斯う云ふやうな反戦反軍の言論を恣にして、敗戦主義を鼓吹宣伝して居る田所一派の、所謂研究所を営む経費が何処から出て居るか、何れも財閥から是は出て居る、……岩崎から二万円が出て居る、三井も一万円出して居ると云ふことを聞いて居る、さうして……大阪財閥等から約二十万円位の金を彼等は得て居る、……而も此の田所等の資金を財閥から仰ぐに付ては、国民の指導者と言はるべき上層部にある某々等が相当其の間に介在して心配してやつて居る、斯う云ふ事実でありまます……」

ここで披瀝された精神科学研究所の「反戦・反軍」の言論活動は、財界からの資金援助の件と合わせて、小田村の回想録『昭和史に刻むわれらが道統』の記述とも一致するので、ほぼ事実と見てよいだろう。興味深いのは、むしろその次である。今井新造委員からの「此の問題に付て私はあなたの御所見を承りたい」という質問に対して、奥村喜和男情報局次長は、取り締まりの権限は情報局の所管ではない、という責任転嫁の官僚的答弁に終始しているのだ。

奥村情報局次長「只今御述べになりました田所某なる者の思想運動は、私も重大問題だと思ひます、……併し実は今情報局はさうした具体的な取締の権能を持つて居りませぬ、何も逃げ腰で申し上げる訳ではありませぬ、……取締の担当の所では何と考へて居るか私は存じませぬが、私は極めて遺憾なことだと云ふことだけは責任を持つて申上げることが出来ると思ひます」

今井委員「……さうしますと取締の責任者は内務省と云ふことになりますか」

奥村情報局次長「取締に付きましては総理大臣の所に権限はございませぬ、……例へば印刷した出版物の発売禁止其の他の処分は、是は厳として内務省の権限なのであります、併し事実今日の国家の内容及び戦争完遂の必要上、警察的見地のみから言論取締をやることは、色々と時代の要求に必ずしもそぐはない、……一昨々年情報局を作りました時には、権限の問題は其の儘でありましたが、実際の運用上は政治全般と云ひますか、総理との連絡は緊密でなければならないと云ふ点から、出版のことをやつて居ります警保局の或る部局は情報局の屋根の下に机を持つて来て一緒に居る訳であります、併し権限問題の法理的議論となりますれば、……それは内務大臣であります、……権限となりますれば是は情報局が決心しても出来ないことであります、……是は宜しく内務大臣の御判断を戴かなければならぬものである、或はものに依つては陸海軍大臣だろうと、斯う私は考へて居ります」（傍点引用者）

重大問題につき遺憾に思ってはいるが、情報局にも総理大臣にも取り締まりの権限がない、権限をもつ内務大臣（ものによっては陸海軍大臣）に然るべきご判断をいただきたい、と。このやりとりから一〇日後の二月二十五日の衆議院第一〇回決算委員会でも、今井委員は再び、そして今度は湯沢三千男内務大臣に対して「なぜ斯う云ふものを今日まで放任せられて居つたか」と前と同様に問い質した。★55 それに対して湯沢内相は、この問題は最近知ったばかりだ、秘密文書の入手が困難だった、と今度は責任回避の官僚的答弁に終始している。

湯沢内務大臣「之に付ては最近私も此の事件のあると云ふことを承知致して居ります、併し何も私は其の責任を回避するのではありませぬが、ずつと前から知つて居る訳ではない、極めて最近に此の問題に付ては承知致しました、……私も極めて最近に此の事実を承知致したのでありまして、それが為に今御追究のやうに甚だ手緩いぢやないか、洵に御尤もであります、十六年からあるとすれば、之に私共が気が付かなかつたと云ふことは甚だ遺憾でありますが、御承知のやうに今の秘密のやうな文書で手に入らなかつた、或は目に触れなかつたと云ふ点もありまするし、又時に依りまするると、内務省の検閲の詰り組織機関の程度などから致しまして、随分努力は致して居りまするが、場合に依りまするると目溢れがあると云ふことも是は事実であります」（傍点引用者）

弾圧をめぐる無責任の体系

すでに見たように、二年前（昭和十六年一月）の衆議院予算委員会の質疑で小田村退学処分と学生弾圧事件が取り上げられ、日本学生協会の潜在的な危険性（と可能性）が指摘されているのに、内務省がマークしていないわけがない。本書でも内務省警保局の報告書から多数引用してきたように、ここまで実態を把握していたにもかかわらず、その管轄下の特別高等警察を使って決定的な弾圧を加えることはなかったということである。警察行政を掌握する内務大臣もこれに消極的であったと考えられる。

こうしたやりとりから浮かび上がってくる構図は、「検挙正当化のための〝馴れ合ひ質疑〟」（小田村）というのとは微妙に異なるニュアンスを帯びている。つまりどこの機関も日本学生協会＝精研の弾圧には消極的だった、ということである。したがって「〝翼賛政治〟の最も悪い部面の現出」（小田村）というのも、日本主義者を弾圧する責任を押し付けあう〝無責任の体系〟の露呈、と言ったほうが正しい。警察行政を掌握する内務大臣が及び腰だとすると、東條英機首相が直接指揮できる警察権力は、自ら兼任する陸軍大臣として掌握していた憲兵隊しかない。

そう考えると、小田村の次の回想とも符合する。★56

「あとで聞くことであるが、東条英機ははじめわれわれの検挙を、内務省と検事局に打診した、といふことである。双方とも「精研」への理解者がかなりをられたこともあつて、これを拒否した、といふことである。東条はそれが不首尾に終るや、昭和十八年二月十四日を期して、直属の部下である東京憲兵隊長・四方〔諒二〕大佐をして、「精研」幹部を一斉に検挙せしめ、以てわれらの運動の息の根を止めてしまつたのである」

検挙後、憲兵隊は精研の支援者に対して「あれは最も知能的な共産主義者であることが判つた」と告げて、今後断じて支援しない旨の誓約書を取ったという。★57「最後に田所さんが釈放される時に、憲兵隊側が起草した〝一通の文書〟に一同が同意の署名を求められ、憲兵隊内の一室に集合させられた。約四ヶ月ぶりでの対面であった。その内容は〝自発的に「精研」と「学生協会」を解散すること〟、そして〝二年間は思想運動と政治運動をしないこと〟といふものであつた。われらの留置中に壊滅の手を打つておきながら、形式的には〝自発的解散〟にさせようといふわけである。全員協議の上、万感こもごもいたる思ひでこれに署名した★58」。

学生協会＝精研の弾圧をめぐって取り締まり当局は一枚岩ではなかったばかりか、さらに思想問題として正面から扱うことすらできなかった。精研メンバーは、日本主義者としてではなく共産主義者として弾圧されたのだから。

『新指導者』は三月と四月を休刊した後、五月と六月を刊行、七月は再び休刊して八月号から『思想界』と改題する。編輯後記には「『新指導者』の改題は昨年春頃からの兼題であったが漸く実現の運びに至った」とある。改題したということは、編集方針を転換しての再出発を図ったはずであるが、小田村寅二郎編『憂国の光と影――田所廣泰遺稿集』（国民文化研究会、一九七〇年）の年譜の昭和十八年のところには次のように記されている。

七月「雑誌「新指導者」を「思想界」と改題、一、二号にて廃刊」。
十月「「精神科学研究所」ならびに「日本学生協会」の解散完了」。

■註

1　学校報国団については、山本哲生「戦時下の学校報国団設置に関する考察」日本大学教育学会『教育学雑誌』一七号、一九八三年、七八～九〇頁、宮崎ふみ子「東京帝国大学『新体制』に関する一考察――全学会を中心として」『東京大学史紀要』一号、一九七八年、六三～一〇〇頁などを参照のこと。

2　山本哲生、前掲書、八四頁。

3　荻野富士夫『戦前文部省の治安機能――「思想統制」から「教学錬成」へ』校倉書房、二〇〇七年、二六〇頁。昭和十五年八月に思想課長となった劔木亨弘《けんのきとしひろ》は戦後、次のように証言している。「〇劔木　一〇か月間の仕事ですけれども私の思想課長の一番大きな仕事は学生協会というのがありました。これは――。〔〇石田　小田村寅二郎さんですか。〕〇劔木　ええ、それから田所とか、ああいう人で、これは非常な、むしろ右翼ですね、大学の先生が講義でどういうことを言ったとか何とかいうことをみなこっちに持って来るわけですよ。そうするとむしろ逆に私のほうから言えば学生から先生がいじめられるのを守ってやるような立場で、それが国会でいえば貴族院に菊池〔武夫〕さんとか井田〔磐楠〕先生とか居られて学生協会が国会に持ちこむとすぐ私は呼びつけられたですよ、何回も。それで井田先生やら菊池さんにすぐふた言目にはこういうのをどうしておまえ文部省の教師にしておくのだ、やめさせ〔よ〕というようなことを言うものですから、それらを何というか、こちらで釈明するような仕事が、そういう学生協会に対する関係が一番多かったですね。もう左翼運動なんていうのは私が思想課長になった時にはまったく陰をひそめて表立って警察ならとにかく文部省のところにはいってくるような問題はありませんでした。〔○石田　学生協会というのは機関誌なども出して随分お金も持っていたようなのですが、どこから出ていたのですか。〕○劔木　そうなのです。やっぱりそれはどこからか出ておったのでしょうね、それは相当派手な学生運動をやったですから。学生協会というのがその時で言えば一つの教育的に言えばガンみたいなものだったですね、暴露、ちょうどいまでもそういうのがありますけれども何でも暴露していこうという傾向の団体でしたから。それぐらいが主として――」（内政史研究会『劔木亨弘氏談話速記録』一九七五年、四二～四三頁）。

4　司法省刑事局『国家主義団体の動向に関する調査（十二）』昭和十五年十～十一月、七九七～八〇二頁。九月二十四日付、夜久正雄「教学局近藤指導部長朝比奈企画部長との会見内容」と題する印刷物の全文を掲載。

5　司法省刑事局、前掲書（十二）八一〇頁。

6　以下の東大評議会の記述については、占部賢志「東京帝国大学における学生思想問題と学内管理に関する研究――学生団体「精神科学研究会」を中心に」『九州大学大学院教育学コース院生論集』第四号、二〇〇四年、六七～九三頁を参照。史料として評議員だった内田祥三の会議メモが用いられている（内田祥三文書）。引用文中の□は判読不能の文字を表す。

7　全学会を中心とする東大「新体制」については、宮崎ふみ子、前掲書を参照。

8　宮崎ふみ子、前掲書、七二～七三頁。

9　占部賢志、前掲書、八二頁。

10　宮崎ふみ子、前掲書、七九頁。

11　宮崎ふみ子、前掲書、八七頁。

12　占部賢志、前掲書、八三頁。

13　小田村寅二郎『昭和史に刻むわれらが道統』日本教文社、一九七八年、一七八頁。その他、新潟医科大学、新潟高校、佐賀高校、松江高校、山口高商、福島高商、東京帝大、東北帝大などの学生から、日本学生協会本部に学校側の強圧態度の数々が報告されたという。水戸高校の事件は、衆議院予算委員会でも取り上げられた。佐藤洋之助委員の質問から抜粋しておく。「是は今月の月初めに起りました問題でございますが、茨城県の水戸の高等学校に於きまして、文科三年生の……五名が無期停学の処分に付せられたのであります、此の停学処分の理由とする所のものは、学校の許可なくして学外に運動したること、二は学校の事情を新聞記者に告げ、教授を誹謗する談話をなしたること、三は学生協会の支部を設置する為め学校の許可なくして、学校外から寄附を求め、其の際校長は之を認めて居るかとの問に対して、然りと答へたること、此の三つの理由で是等五人の水戸の高等学校の生徒を無期停学処分に処したのであります、……是等学生は特に五名で合宿を致しまして、神ながらの道を研究し、日本精神に徹する為に洵に模範的な行動を行つて居る者であります、而して此の問題の根底となるべきものは、水戸高等学校に於ける先生の教授内容に端を発して居るのであります、或る教授が国体と相容れざる講義をするに対しまして、生徒が連繋を致しまして之に対して協力して反抗した、之に端を発しまして、而して此の五人が毎朝学生としては感心なる行為をやつたので、新聞記者が之を伝へ聞いて会見を申込んで、其の会見談が偶々茨城県の地方版の新聞に載つたのであります、是が動機に此の問題が取上げられまして、学校は停学処分に付したのでありますが、此の学生の心事を考へて見ると、洵に熱烈血を吐くやうな国体観念に燃えて居るが学外に於ける所の教学刷新が中々徹底しないから、生徒自らの力に依つて促進して行くと云ふ悲壮な決心を以てやつて居る、併し学生が学外に出て行動を起こすことは許されないことであるので、学校の立場も十分考へなければなりませぬが、一方学校が事前に何等の警告を発せずして、之を無期停学に致しましたことも、非常に学校として手落ではないか、斯う云ふ問題は独り水戸高等学校の問題だけではありませぬ、続々あるのであります……」(『官報号外』一九四一年二月十七日予算委員会議録第一七回、三三六頁)。

14 小田村寅二郎、前掲書、一七七頁。
15 小田村寅二郎、前掲書、一八七頁。『学生生活』を改称した『新指導者』は毎号「学生運動霊戦史要」を連載して、全国各地の学校当局による弾圧との苦闘を伝えている。
16 内務省警保局『昭和十五年中に於ける社会運動の状況』六九四頁。
17 司法省刑事局、前掲書(十五)昭和十六年四~六月、六〇頁。
18 司法省刑事局、前掲書(十五)四〇七頁。
19 司法省刑事局、前掲書(十二)八一七~八三五頁。「連日講演会座談会、学生大会を開催し或は各種文書を

以て東大生に働きかけ、学内の之に対する反響は工学部農学部医学部の一部が協会側に好意的態度を示し、法学部、経済学部が緑会を中心に協会側に反対的態度を示しつゝあり、本協会の最近の積極的運動と関連してその動向は注目すべきものがある」。

20 司法省刑事局、前掲書（十四）昭和十六年一〜三月、五七六〜五八六頁。
21 司法省刑事局、前掲書（十四）五八六〜五九二頁。
22 司法省刑事局、前掲書（十五）四一〇〜四一二頁。
23 内務省警保局、前掲書（昭和十六年版）五〇一〜五〇二頁。
24 『官報号外』昭和十六年一月三十一日（第七六回帝国議会衆議院予算委員第二分科会議録第二回）、五一〜五三頁。
25 『官報号外』昭和十六年二月十二日（恩給法中改正法律案委員会議録第四回）、五四〜五六頁。
26 『官報号外』昭和十六年二月十四日（恩給法中改正法律案委員会議録第五回）、七五〜七六頁。
27 『官報号外』昭和十六年二月十七日（予算委員会議録第一七回）、三三六〜三三八頁。
28 『官報号外』昭和十六年一月三十一日（第七六回帝国議会衆議院予算委員第二分科会議録第二回）、五一〜五三頁。
29 『官報号外』昭和十六年二月十七日予算委員会議録第一七回、三三六頁
30 小田村寅二郎、前掲書、一九二頁。司法省刑事局、前掲書（十四）五九三〜五九五頁にある「精神科学研究所要綱（目次）」「所員名簿」は、『新指導者』には掲載されていない。
31 昭和十六年四月号編輯後記は次のように説明している。「「新指導者」といふ名称は、所謂外国式の指導者原理を連想せしむる言葉であるが我国は　大君の下、万民ひとしく臣民として仕へまつる国体に則り、臣民はかりそめにも治者を以て任ずることがあつてはならぬこと云ふまでもない。しかしながら君臣の分を明弁しつゝ大政翼賛の責任を分担する指導的人格は必要であつて、本誌にいふ新指導者とはかくの如き人を指すものなることを特に強調し度いのである」。
32 司法省刑事局、前掲書（十四）一五一頁。
33 司法省刑事局、前掲書（十五）四〇九頁。「機関誌「御軍」六月号を六月三日千部発行」ともある。

34　七月号から九月号まで、司法省刑事局、前掲書（十六）昭和十六年七〜九月、三〇六頁。

35　内務省警保局、前掲書（昭和十七年版）二九六頁。

36　小田村寅二郎、前掲書、二〇八頁に、大阪会合の写真が掲載されている。菊池盛登（大阪府経済部長）、坂信弥（大阪府警察部長）、吉野孝一（大阪工業会専務理事）、片岡安（大阪工業会会長）、三辺長治（大阪府知事）、三土忠造、萱場軍蔵（内務次官）らが映っている。

37　「昭和十七年二月、その勤むる新聞社の職を辞して、彼等の懇望に従ひ所謂同志の一人として同研究所へ入り、同年三月一日付にて「本研究所嘱託ヲ命ス」の辞令を貰ひ、さらに同年六月一日付にて「所員ヲ命ス」の辞令に依り、同所々員たり、以来同年十二月二十八日辞職するまで同研究所の一所員として勤務した」（水野正次『精神科学研究所の凶逆性』国民評論社、昭和十八年、一〜二頁）。

38　「日本経済連盟会々長郷誠之助氏御配慮被下居候為新春来之ガ具体化ニ就キ当研究所ニ於テモ努力仕居候処、去月中旬、郷氏御急逝遊バサレ候、従ッテ新会長ノ御就任ヲ待ッテ改メテ御依頼申上グルコトト相成候ヘバ、多少時日ヲ要スルカト存候モ、常務理事高島誠一氏、久シク当研究所ノ生成ニ御配慮被下候経過ニ鑑ミ、大阪財界ノ方決定ノ上ハ急速ニ具体化シ得ルモノト確信仕居候」。郷誠之助の死去は昭和十七年一月であるから、これが書かれたのは翌二月と考えられる。

39　水野正次、前掲書、四六頁によれば「事業規模拡大ノ主目的」は次の五点。

（イ）国内赤化勢力並ビニ赤色類似思想ヲ思想的学術的ニ撃砕シ各方面指導者ノ思想ヲ赤化勢力ヨリ防衛セントス

（ロ）思想国策的見地ヨリ当研究所ノ従来行ヒ来リシ一般知識層ニ対スル啓蒙運動ヲ強化拡大セントス

（ハ）所謂「革新論」ヲ一掃シタル後ニ、日本ノ中堅層トシテ台頭スベキ青年学生及国民学校教育者ノ養成並ビニ訓練ヲ更ニ強化セントス

（ニ）「在野思想参謀本部」トシテノ当研究所ノ性格ヲ更ニ旗幟鮮明ナラシメ、ソノ体制ヲ整備セントス

（ホ）国内思想動向ニ不可測ノ危局到来セル場合随時「奇襲思想戦」ヲ展開シ得ルガ如キ充実セル準備ヲ強化セントス

40　小田村寅二郎、前掲書、一九一頁。

41　水野正次、前掲書、四九～五〇頁。

42　小田村寅二郎、前掲書、二〇五～二〇六頁。この事務所探しには精研の人脈が総動員され、山本勝市のつてで、京都で中企業を営む近藤与宗治郎という人物によって無償提供された。

43　司法省刑事局、前掲書（十四）五七五～五七六頁。前書きに「昭和十五年十一月十一日発行の同信句報誌上に於て本部指令として通告し置きしが茲に再び総括して通達する」とある。本文に引用した①～③に続けて、④各同信団体で〔会計事務の〕責任者を決定して本部経理部宛に三月十日までに報告すること、⑤委託販売の値段は定価の八掛けとすること、「尚ポスターを作成して掲示せしむる外宣伝の方策を適宜工夫考案せられ度責任者は各月末に売上の状況を調査の上明細を本部宛報告し売上代金は本部に送付するものとす」。

44　内務省警保局、前掲書（昭和十六年版）五〇三頁。

45　小田村寅二郎、前掲書、一八五～一八六頁。

46　小田村寅二郎、前掲書、二〇二～二〇三頁。この不安は一九四二年二月十九日のシンガポール陥落祝賀提灯行列の催しに参加したときに自覚され、翌日の研究会議では「この対米英戦争の開始に先立つ五年間、いつ果てるともわからなくなつてしまつてゐたあの〝支那事変〟のもとでの、さまざまな〝戦争観〟の横行の結果、政府も国民も〝平時と戦時の区別〟についての感覚が鈍磨してしまひ、〝戦争はいつまでも続くもの〟といふ考へ方が定着してしまつて、そのため〝戦闘の勝利〟を祝ふ気持ちがあたかも〝戦争の終結〟を祝ふかのごとき観を呈するに至つたのだ。それは同時に、戦争下の銃後に〝新体制〟の名のもとで、勝手放題な〝政治的・経済的変革〟を招きかねまじきことを意味し、やがて国民の〝天皇への帰一〟の感覚を鈍化させるおそれが十分に予知されることになる。『宣戦の大詔』に見られる短期終結の御精神を全く無視してゐるこの流れは、〝戦争から革命へ〟の路線に日本を持つていつてしまふかも知れない」と話し合った。すぐに調査したところ、東條内閣が戦争終結の目標策定を検討する機関を用意していないことが判明したので、東條内閣の戦争指導に対する言論戦の開始を決意した、という。

47　「この間におけるわれらの主張の要点は、一、今次の戦争の終結・平和の克服については、天皇の大御心がいかに在られるかについて、世の指導者・学者・軍人たちは、謹しみ畏む心が足りなさ過ぎる。彼らは、国民に対しては「承詔必謹」を叫んで、これをスローガンのやうに掲げてゐるが、それよりも自らの心を省みて、自らの職責の中で「承詔必謹」の実を挙げるべきこと。二、戦時下の所要物資がいかに窮迫していくにしても、「統制経済」は、断じて「計画経済」にエスカレートしてはならないこと。それは共産革命への道を意味するが故に。三、政府ならびに軍の首脳部は、〝平和克服への策定のための強力な協議機関〟を即刻設置すべきである。それは本来、この戦争の開始、いな「支那事変」の開始と同時に設置せられてゐなければならなかつたものである」(小田村寅二郎、前掲書、二一二頁)。

48 内務省警保局、前掲書(昭和十七年版)二九三〜二九四頁。

49 司法省刑事局、前掲書(十四)〜(十六)より列挙すると、三月二十四日北澤新次郎早大教授の著書批判印刷物一〇〇部作成し関係方面に配布、四月二十四日「教育改革案要綱」発表、四月二十九日正大寮にて天長節奉祝祭挙行出席者五七人、五月十七日時局懇談会出席者五一人、六月三日『現代教育の苦悶より』一〇〇〇部作成し関係方面に配布、六月七日受験者講習会開催出席者二二人、六月十一・十三・十四日講演会開催し聴衆は二〇〇人・二〇〇人・二五〇人、六月二十一日受験生教養目的の座談会開催し出席者一〇人、六月二十三日国民同胞に愬える講演会開催し聴衆七〇〇人、七月七日「事変四周年に当り国民同胞に衷情を披瀝す」等三種の檄文を頒布、七月十八日から二十五日まで比叡山にて興亜学生修錬会開催、七月十九日から二十五日まで御嶽山にて合宿訓練実施し参加者一九八人、七月二十一日「消えなば消えぬかに!!」と題する三井甲之作詩集を二〇〇〇部作成し関係方面に発送、七月二十八日「国際思想戦研究資料」等三種の印刷物を作成、八月二十四日から三十日まで神田駿河台文化学院にて日本世界観大学夏期講座開講し受講者二二〇人、九月十三日駿河台佐藤生活館にて日本世界観大学第一回ゼミナール開催し出席者五六人、九月十五日から二十日まで雄心寮にて日本学生協会の勤人対象に合宿訓練実施し参加者二一人、など。司法省刑事局『国家主義団体の動向に関する調査』は(十六)昭和十六年七〜九月で最後である。

50 司法省刑事局、前掲書(十四)五九五〜五九六頁。「その内容は東亜連盟論を排撃し東亜皇化圏論を提唱する四六判一四六頁のものである」。

51 小田村寅二郎、前掲書、二一一頁。

52 小田村寅二郎、前掲書、一九六頁。『思想戦戦闘綱要』の現物は確認できていないが、水野正次『精神科学研究所の凶逆性』二七〜四五頁にその概要が紹介(告発)されている。

53 『官報号外』昭和十八年二月二十五日決算委員会議録第一〇回、一七七〜一七九頁。
54 『官報号外』昭和十八年二月十五日決算委員会議録第三回、二三〜二五頁。
55 『官報号外』昭和十八年二月二五日決算委員会議録第一〇回、一七七〜一七九頁。
56 小田村寅二郎、前掲書、二一三頁。このとき検挙された幹部十余名は百余日の拘留生活のあと不起訴処分で釈放になったが、これ以降終戦時まで一切の政治活動が許されなくなった。
57 小田村寅二郎、前掲書、二一四頁。
58 小田村寅二郎、前掲書、二一六頁。二一七頁には安田講堂前で撮影した「東大精神科学研究会」最後の記念写真が掲載されている。

第七章　「観念右翼」の逆説——戦時体制下の護憲運動

なぜ体制批判が可能だったのか

昭和十五年五月に結成された日本学生協会は、全国の高等教育機関で支持者を増やし、十六年のピーク時には会員数四〇〇〇人を超えるまでに成長していた（第五章）。ところがこれは「政府公認の体制運動」という枠を易々と乗り越えていく可能性（危険性）を孕んでおり、結成当初から取り締まり当局によってその動向が注意深く観察されていた。とりわけこの運動を警戒していたのが文部省と東京帝国大学である（第六章）。

すなわち、昭和十五年夏頃から文部省が推進する学校新体制（報国団）運動によって、全国の高等学校にある日本学生協会の支部が解散に追い込まれ、東京帝国大学でも全国の帝大に先駆けて学内団体の解消と「全学会」への再編成に着手、日本学生協会の学内への影響力の排除に動き出した。昭和十五年十一月、東京帝大評議会が無期停学処分中だった小田村寅二郎の退学処分を決定すると、各地の学校でも同信会員の処分が相次いだ。しかし昭和十六年二月、日本学生協会の幹部たちは、さらに社会一般に向けた思想戦の活動拠点として精神科学研究所を設立し、体制批判の言論を果敢に展開していくのである。

戦時体制下において言論活動が著しく統制されていたことは周知のとおりで、単純な「反戦反軍」言説はまず不可能だった。左翼運動もほぼ壊滅状態で、左翼運動と距離をとっていた自由主義的な知識人までもが人民戦線疑惑をかけられる始末だった。そんななか、なぜそこまでの体制批判が可能だったのだろうか。それは戦後的な「反戦反軍」論理ではまったく理解できない。そこで本章では、日本学生協会・精神科学研究所に結集した若き日本主義グループの戦時体制下における言論活動を、政治史の文脈に位置づけておきたい。雑誌『学生生活』『新指導者』や各種講演・パンフレットなどで展開された彼らの言論が同時代にもっていたインパクトと可能性を理解するためには、たんに時代背景を押さえるだけでなく、言論の位置を測定する政治的座標軸を整備しておく必要がある。

さて、章のタイトルに「観念右翼」と「戦時体制」という言葉を並べたが、両者の結びつきは一般に想像されるほど自明ではない。実際の政治過程においては、両者の関係はむしろ逆説的ですらあった。どういうことか。

一口に「右翼」「国家主義」と言っても、戦時期には革新右翼と観念右翼を区別しなければならない。革新右翼が総力戦に耐えうる高度国防国家の建設を目指し、そのためには一党独裁体制や統制経済政策をも辞さないとするのに対して、観念右翼は国体明徴と憲法護持を掲げて革新勢力による急進的な国家改造を阻止しようとし、そのためには財界や既成政党や自由主義者といった勢力との連携も辞さない。確かにどちらも「右翼」には違いないが、戦時体制の形成過程で一方は「革新主義的な与党」、他方は「保守主義的な野党」へと完全に分かれて以降、合流することはなかった。観念右翼は、昭和十年の天皇機関説事件をきっかけとする国体明徴運動ではアクセルとなりながら、昭和十五年の第二次近衛文麿内閣の新体制運動ではブレーキとなった。逆説的とはそのような意味においてである。そして戦時体制下において観念右翼が果たした逆説的な役回りを先鋭的に体現していたのが日本学生協会・精神科学研究所であった。

以上の政治過程について、これまでの実証的な研究成果を踏まえて整理すると、次のような見取り図が得られる。

A　第二次近衛内閣の時期に革新右翼と観念右翼の対立が顕在化した。

B　革新右翼は近衛新体制と大政翼賛運動の推進に積極的に関与した。

C　観念右翼は「革新」派主導の政治過程においてユニークな位置にあった。

このうちAとBについては、実態がかなり解明されている。本章では両右翼の対照が際立つように理念型として再構成したうえで、その対立がどのような契機で顕在化してきたのかを明らかにする。中心となる舞台は昭和十五年六月に始まる第二次近衛内閣の新体制運動であるが、対立の兆しはそれ以前に遡ることができる。戦時体制の形成を主導した「革新」派は、大正期から昭和戦後期までを射程に入れた現代史の中に位置づけられる。

他方Cについては、注目されつつも解明されていない部分が多い。研究者の関心はこの時期の政局の中心にいた「革新」派や、それに対抗する現状維持派・自由主義派に重点が置かれてきた。また革新右翼（を含む「革新」派）が具体的・積極的な変革のビジョンをもっていたのに対して、観念右翼のほうはその思想を検討しようにも利用可能な材料があまりにも少なかった。文献で目にする観念右翼の多くは「革新」派の鏡に映った姿である（何より観念右翼という呼称自体「革新」派によるものである）。そこで、できるだけ観念右翼の逆説性に迫るような研究を参照しつつ、いわば外堀を埋めるかたちで「ユニークな位置」の測定を試みたい。そうなると必然的に国体論や憲法論に及ぶことになる。

なお、戦時期に関するこの逆説に自覚的な通史として、伊藤隆『昭和史をさぐる』（朝日文庫、一九九一年）、同『日本の近代　日本の内と外』（中央公論新社、二〇〇一年）、古川隆久『戦時議会』（吉川弘文館、二〇〇一年）、有馬学『帝国の昭和』（講談社、二〇〇二年）を挙げておく。本章執筆に際してはこれらの文献から多くを学んだ。

「国難の打開」と「国体の護持」

「右翼」という一般的な括り方は、左翼が健在だった時期はともかく、少なくとも戦時体制下の政治過程の分析概念としては有効ではない。それは陸軍内部の動きが皇道派と統制派を区別しなければ理解できないのと同じことである。昭和十五年から十六年にかけての政治過程の当事者のあいだでは、革新右翼と観念右翼という二つの政治勢力が区別されていた（後者は精神右翼とも呼ばれた）。日本学生協会・精神科学研究所の活動を政治史的に位置づけるのに有効な枠組みとして、本章でもこれを採用する。

通常の歴史叙述のスタイルに従うならば前史から説き起こし順を追ってその形成過程を展開すべきところであるが、ここでは戦時体制下の言論空間の座標軸を定めるために、最初に理念型（Idealtypus）を提示する。理念型とはマックス・ウェーバーの社会科学方法論の基礎概念で「現実をありのままに再現するものではなく、研究者の観点からみて〝知るに値する〟と思われる要素を現実のなかから取り出して、矛盾がないように再構成したもの」（岩波小辞典社会学）、複雑な現実を立体的・動態的に把握するための補助線として用いられる。

そのようなものとして両右翼の特徴を整理したのが表1である。この比較対照表は、横方向に見ると様々な項目について系列間の差異が強調されているが、縦方向に見ると系列内では矛盾のない論理的整合性を備えている。また最下段には相対的に立場が近く提携可能な相手を入れておいた。この二つのフィクショナルな不動点からの距離によって、実際の思想内容や個別具体的な政策評価を相対的に位置づけることが可能になる。理念型を構成する項目は現時点での作業仮説であり、置換・追加・削除といった編集の余地を残している。

当時から現在に至るまで「革新右翼＝合理的・現実的」対「観念右翼＝非合理的・狂信的」という対照的なイメージで語られることが多い。しかし危機の時代のなかで自己の信念に矛盾しないように一貫性を追求したという意味ではどちらにも合理性が認められる。「国難の打開」と「国体の護持」を同時に満たすことが要請されながら、そのような解は一義的には決まらない。この昭和十年代に固有の条件が強いる理論的な難問は、左翼的な抵抗・反戦・反体制の論理とはまったく異なる水準にある。

さて、このように革新右翼と観念右翼を対置する枠組みは、本章の独創というわけではない。同時代人としては近衛新体制のブレーンだった矢部貞治による把握が最良の水準を示しており、一九七〇年代以降は伊藤隆が昭和政治史のよりマクロな分析枠組み（「革新」派論）として洗練させ、実証研究を通してその有効性を証明してきた。したがって、まずは本章の理念型がそれら先行する枠組みとどのように関連しているのかを示しておきたい。予め言っておけば、革新右翼と観念右翼という概念には、①同時代人が人物や団体の識別のためにラベリングしてきた実体的カテゴリー（矢部貞治）、②複雑で流動的な政治過程のダイナミズムを再構成するための分析的カテゴリー（伊藤隆）、③言論空間における相対的位置を測定するためのフィクショナルな不動点（本章の理念型）、という三つの層が含まれているので、それらを一応区別したうえで、実際には重ね合わせて使用する。

ちなみに最近では、源川真希「近衛新体制期における自由主義批判の展開――二つのナショナリズムの相剋」（『年報日本現代史』一二号、二〇〇七年、一～二五頁）が、リベラルな知識人たちが戦時期に自由と訣別していくプロセスを論理内在的に解明するための不可欠の前提として、「経済的自由を中軸とする自由主義の克服、社会的経済的格差の是正を構成要素とする「新体制派」のナショナリズム」と「国体をシンボルとし自由な経済活動を含む既存の社会秩序を維持しようとする自由主義派・精神右翼のナショナリズム」を区別している。[★1] これら相克する「二つのナショナリズム」は、革新右翼と観念右翼の理念型に近い。また昆野伸幸『近代日本の国体論――〈皇国史観〉再考』（ぺりかん社、二〇〇八年）によれば、「本来、万世一系の皇統を称える国体論は、天壌無窮の神勅を戴く神代の始原の要素と、歴史上一貫して天皇に対する忠を発揮する国民の要素が相俟って成立するものであった」[★2] が、昭和十年代に至って、前者の要素を重視する「伝統的国体論」と後者の要素を重視する「新しい国体論」が激しく対立するようになったという。本章の枠組みとは異なる水準ではあるが、これもまた「国難の打開」と「国体の護持」をめぐる理論的な葛藤に照明を当てた労作である。

表1　革新右翼と観念右翼の理念型

革新右翼	観念右翼
国家改造	国体明徴
高度国防国家	国民精神総動員
解釈改憲	護憲（不磨の大典）
指導者原理	臣道実践
統制経済	資本制擁護
親ソ・親独	反共・反独裁
世界史的な使命	日本史的な道統
陸軍統制派 革新官僚 無産政党 国家社会主義者	陸軍皇道派 財界 既成政党（現状維持派） 自由主義者

矢部貞治の回顧的総括

まず、両右翼を対立的に把握する最も典型的な用例を、矢部貞治の戦後すぐの回想「近衛新体制についての手記」（一九四六年）から引用してみよう。昭和十五年の新体制発足の当時、東京帝国大学法学部教授（政治学）であった矢部は近衛文麿のブレーンとして政治の中枢にもいたから、最も見晴らしの良い地点からの観察である。日中戦争の泥沼化を打開する必要に迫られた陸軍（軍務局）が、民間の東亜建設聯盟と提携して、近衛の新政治運動を利用して、これを親軍的一国一党の方向へ導こうとした、というくだりに次のような補足説明が挿入されている。

この東亜建設聯盟は、会長に末次海軍大将〔元内務大臣〕を頂いてゐたが、その実体は陸軍の「統制派」に結ばれ、中野正剛、橋本欣五郎、白鳥敏夫氏等の当時称した「革新右翼」を中心としたもので、極めて顕著に親独伊主義を唱へ、三国同盟を主張し、国内ではナチス流の一国一党を考へたもので、当時人の呼んだ「観念右翼」と対立しつゝ、日本の右翼を形成してゐたものである。観念右翼は、純正日本主義を標榜し、国体明徴を唱へて、特に「赤」を排撃したが、同時に又ナチスやファッショも国体に相容れずとするもので、これは、荒木〔貞夫〕大将、真崎〔甚三郎〕大将、柳川〔平助〕中将、小畑〔敏四郎〕中将等の陸軍「皇道派」を中心とし、平沼〔騏一郎〕男爵や頭山満、葛生能久氏等の諸勢力と提携したものであった。当時欧州戦局に於ける独逸の破竹の勢を反映して、この革新右翼が観念右翼を圧倒し、外交の転換と国内新体制とをスローガンとし、……陸軍側の米内内閣に対する攻勢〔が〕露骨に表面化せられてゐたのである。★3

この時点ではまだ潜在的なものにとどまっていた両右翼の対立は、第二次近衛内閣の新体制運動を契機として顕在化する。このとき新体制運動を主導したのが革新右翼を含む「革新」派であり、その最初の成果が大政翼賛会（十月十二日成立）のはずであった。しかし結論から言えば、これは観念右翼をはじめとする激しい抵抗によって挫折を余儀なくされる。「挫折」から間もない時期の総括を、「政治力の結集強化に関する方策」（海軍省調査課、昭和十六年五月六日）の「革新右翼に対する反撃」という項から引用してみよう。

昨年〔昭和十五年〕十一月以来　諸新体制に対する反撃が猛然と行はれるに至つた。その中心勢力は、利潤統制、公益優先、資本と経営との分離、指導者原理等に不安を感じた財閥、就中大阪財閥であり、観念右翼が之と提携してゐる。観念右翼は徹底的な精神主義をその特色とし、団体的なプログラムをもたぬことから、時の情勢に応じて如何なる内容の勢力とも抱合し得るのである。而も赤の排撃ソ聯の警戒を根本的主張とする観念右翼は、最初から支那事変に対しては批判的立場にあり、ソ聯邦との抱合を企図する革新右翼のソ聯弁護論とは正面から対立する立場にあつた。観念右翼が支那事変の急速処理、南方進出の危険性、英米との開戦の不可を説くことが、財閥勢力との提携の地盤となつたわけである。観念右翼は、その思想の無内容さからして、自己の排斥する個人主義、自由主義と手を握るに至つたのである。[4]

両右翼の対立が実際の政治過程のなかでどのように展開したのかがよく分かる。冒頭に掲げた見取り図（A～C）に「革新」派寄りの立場から肉付けをするとこうなる。AとBは事実認識の問題であるのに対して、C（「ユニークな位置」）については価値評価の問題も含まれる。彼らにとって抵抗勢力である観念右翼に対しては、思想は無内容で提携も無節操、とかなり手厳しい。これらの記述から比較対照表（表1）の相当部分を埋めることはできるが、せっかく当時の喫緊の内政・外交問題への態度については正確に観察しているにもかかわらず、「思想の無内容」を前提にする限り、それら個別具体的な政策評価を貫く論理的な整合性を見いだすには至らないだろう。

伊藤隆の「復古―革新」派

矢部貞治による新体制運動の総括は、一九七〇年代以降に政治史学者の伊藤隆によってよりマクロな分析枠組みのもとに位置づけられることになった。それは例えば「昭和政治史研究への一視角」（初出一九七六年）[5]に簡潔に示されている。伊藤は大正中期に「改造」「革新」「変革」「革命」を標榜する集団が左右両翼で族生したことに注目する。[6]このうち「進歩―革新」派（左翼）は政府の弾圧と転向によって昭和十年までにほぼ壊滅したのに対して、より日本的な変革を志向する「復古―革新」派（右翼）は昭和五年のロンドン海軍軍縮問題を契機に確立し、満州事変以後急速に膨張していった。では、革新右翼と観念右翼はどのように姿を現してきたのだろうか。

多かれ少なかれ「復古」的な「革新」論者が、時代の推進力となる。そして彼らが権力の中において優位を占めるに従って、彼らの中のより「革新」色の強い部分と「復古」色の強い部分（前述の矢部貞治の用語による「革新右翼」と「観念右翼」）の対立が顕在化する。前者による東亜新秩序―新体制をめざす「革新」派中核の前衛党的結集と権力の掌握をめざす運動が新体制運動であり、矢部の指摘するように全体としてこのグループが

> 優位を占めてはいたが、新体制運動が挫折したのは「精神右翼」及び「現状維持派」（親英米派）の抵抗によるものであった。／極めて大ざっぱにいって「革新右翼」の路線で第二次大戦に突入したのち、……戦局の悪化とともに「現状維持」派・「精神右翼」のラインで英米依存の和平運動が行われ、他方敗戦後を見通した共産主義を志向する革命への展望が立てられる。★7

矢部貞治が同時代に観察した革新右翼と観念右翼は、伊藤隆の枠組みでは同じ起源（「復古―革新」派）から分化した「革新」派と「復古」派として位置づけ直される。冒頭に掲げた見取り図（A～C）で言えば、AとBは矢部の事実認識をふまえつつ、Cについては新体制運動に対する抵抗だけでなく、他勢力と提携して反東條運動を展開するところまで押さえている（伊藤の分析枠組みは戦後の政治勢力の再編成までを射程に収めているが、本稿では割愛する）。さらに「「ファシズム論争」その後」（初出一九八八年）では、矢部が十分には書くことができなかった観念右翼の理念型にかかわる重要な要素を指摘している。

> 戦中期の平沼（騏一郎）などを考えてみても、彼らが大日本帝国憲法を越えようとしていた「新体制」派（「革新」派と同じ）に対して憲法体制を守ろうと考えていたことは確かである。矢部貞治を攻撃した精神科学研究所のラジカルな復古派が革新派を反国体的・反帝国憲法的・独ソ的独裁論として激しく批判し、反軍思想として一斉検挙されたのは昭和十八年であった。……私は昭和十年代後半においては、「復古―革新」派のより復古的な部分は「現状維持」派化し、この時期の政治的対立は「新体制」派と「現状維持」派の間に存在したと述べた。「現状維持」派の拠り所は大日本帝国憲法であった。★8

観念右翼が「革新」派の政策を批判するときの重要な立脚点のひとつが大日本帝国憲法であった。これは後述するように、「革新」派の国家改造計画における最大のアキレス腱であった。比較対照表（表1）における観念右翼の「国体明徴―護憲（不磨の大典）」と、革新右翼の「国家改造―解釈改憲」の対立は、理念型の核心部分を構成している。

矢部貞治の革新右翼と観念右翼が、事実と価値が分離されず、適用対象も限定された〈実体的カテゴリー〉だとすれば、伊藤隆の「革新」派と「復古」派は、複雑で流動的な政治過程のダイナミズムを再構成するための〈分析的カテゴリー〉である。すなわち「人々やグループの政治的立場は、状況によって大きく変わり得るものであり、そもそも政治的立場は潜在的にかなりの許容範囲を持っているということが前提である。従ってその政治的立場は点ではなくてある広がりを持ったものとして理解される必要があると私は考えている。また私の図式は人々やグループの相対的な位置を測定する一つの図式であって、様々なレベルで別の図式が作成されることによって、より精緻な分析が可能になり得ると考えている」[★9]というように、政治過程のなかでの相対的な位置測定が目的なので、個人レベルでの思想的な一貫性や論理的な整合性は問題にされない。それに対して、本章における理念型も同じく相対的な位置測定を目的としているが、それは同時代の言論空間を構成する二つの〈フィクショナルな不動点〉を指示している。とはいえ、実際の歴史叙述においては三層を完全分離して特定の層を排除するのはかえって煩雑で得策ではない。むしろ文脈に応じて三層を行き来することで、立体的かつ動態的な分析が実現できればよいと考える。以下、特に断らない限り、革新右翼と観念右翼という用語は三層の意味を重ね合わせて使用する。

丸山眞男の「皮肉」

丸山眞男といえば日本ファシズム研究の基本的枠組みを作った政治学者であり、革新右翼と観念右翼の対立から戦時体制下の政治過程を捉える立場とはまったく相容れない。しかしながら、観念右翼の「ユニークな位置」をめぐる謎は、丸山によっても共有されていた。例えば敗戦から間もない時期に発表された「日本ファシズムの思想と運動」（初出一九四七年）には次のような記述が見られる。

それで、結局において上からのファシズム的支配の確立のためにていよく利用された形となつた民間右翼勢力は皮肉にも戦争末期には東条独裁に対する激しい批判者として現われた。最後の段階において最も東条をてこずらせたのは、こういう伝統的な右翼の勢力であつた。……日本ファシズムの最後の段階において議会において最も反政府的立場に立ち、最も批判的な言動に出たのは、皮肉にも、日本ファッショ化の先駆的役割をつとめた民間右翼グループだつたわけであります。[★10]（傍点ママ）

本章の枠組みで言い換えれば、「戦時体制の確立のためにていよく利用された形となった観念右翼が、革新右翼主導の政治過程においては最も反政府的立場に立ち、最も批判的な言動に出た」ということになる。丸山は「上からのファシズム的支配」と「民間右翼＝伝統的な右翼」を対比させるが、矢部貞治や伊藤隆の議論を踏まえるなら、革新右翼と観念右翼は必ずしも「上から／下から」や「エリート／大衆」、「密教／顕教[★11]」といった区別に対応するわけではない。むしろ政治エリート内部の思想的対立と考えたほうがよい。両右翼の対立が顕在化するのは「戦争末期」や「最後の段階」ではなく対米英開戦以前の近衛新体制運動あたりからであるが、しかし政治過程から疎外されていた一般民衆には見えにくい対立である。

短い文章のなかに二度も「皮肉」という言葉が登場するこの有名な個所は、「狡兎死して走狗烹《に》らる」（目的達成後に用済みとなった功臣が殺される）の故事がそのまま当てはまる「歴史の皮肉」として読まれがちである。しかし「日本ファシズム」への最後の抵抗勢力が観念右翼だったとするならば、「皮肉」で済ませられるはずがなく、「では観念右翼が最後まで批判的たりえたのはなぜか？」という逆説性への問いが立てられなければならない。この観念右翼の「ユニークな位置」に踏み込む問いに正面から取り組んだ希少な研究のひとつに、有馬学『帝国の昭和』（講談社、二〇〇二年）がある。有馬は戦時体制期の議会における観念右翼と自由主義者の「単に「口吻」だけではない同位性」を指摘して、「反対論者の「言論の自由」擁護が「国体」と結びついている」ことに注意を促している。[★12] 有馬の議論についてはあとで紹介する。

丸山眞男は観念右翼を「皮肉」で片付けたが、これは必ずしも矮小化や揶揄的な意味だけでなく、やや穿った見方をすれば、敢えてそれ以上の分析を保留したとも考えられる。丸山の伯父（母の兄）にあたる井上亀六についての回顧（「近代日本と陸羯南」初出一九六八年）を引用する。

私の子供のときからの感じでは、どうも明治時代の『日本』から出てきた日本主義者は、のちにたしかに右翼にもつながるわけですけれど、昭和右翼のイデオローグたちとはだいぶ違うのではないか。現に太平洋戦争が始まったときに伯父は痛憤してましてね。それはどういうことかと言いますと、ひとつは軍閥の支配、つまり政治が軍事をコントロールするのではなくて、それが逆になっている、ということ。これはまさに羯南が「武臣干政論」で書いていることですね。また井上亀六が私に言って覚えているのですが、およそ戦争というのは始めた瞬間にいかに終結するかを考えるものだ、それを、戦争はやってみなければわからん——東条〔英機〕はあとで、清水の舞台から飛び降りるようなものだと言っていますが——そんな無責任な戦争はあるか、およそ為政者は必ず終結のことを考えるべきだと、当時の指導者の政治家としての失格性を、戦争の始まった直後に口をきわめて痛罵してました。[13]

井上亀六という人物は、政教社社主を経て戦中は大日社にて雑誌『大日』発行にかかわった伝統的な右翼として知られている。[14] 丸山は伯父の思い出を語りながら、そこに陸羯南の系譜に連なる「明治の日本主義の余裔」[15]を見いだし、昭和右翼との差異を強調しているのである。しかしながら、軍閥支配批判や戦争指導批判は、伯父の私的会話のなかだけでなく、日本学生協会・精神科学研究所の公的言論によっても展開されていた。しかも対米英開戦以前の日中戦争から指導理念を批判している。丸山は伯父以外の「民間右翼勢力」〔観念右翼〕にも「明治の日本主義の余裔」を見いだしてもよかったはずである。また雑誌『大日』は陸軍情報部の鈴木庫三少佐によって弾圧されている。[16] 鈴木庫三は、佐藤卓己が「これほど「近衛上奏文」の軍部赤色革命論を具現した軍人の思想もめずらしい」[17]と指摘するように、革新右翼の忠実なイデオローグであり、「財閥と癒着した伝統的右翼」を嫌悪していた。しかし丸山が観念右翼に対する弾圧に具体的に言及することはない。

植村和秀『丸山眞男と平泉澄』〔柏書房、二〇〇四年〕はその先に議論を進める。

「ここで井上の述べる痛憤は、津田左右吉を糾弾し、その約三年後に東條政権を批判して弾圧された若者たち[18]の思いでもあったろうし、彼らを指導していたのは蓑田胸喜たちであった。〔中略〕この井上の私的な発言は、昭和の日本主義者として特に例外的であるとは考えられない。丸山はいったい、「昭和右翼のイデオローグ」として誰を想定していたのであろうか。／いずれにせよ、そのように痛憤する井上でさえ政治的に無力化されてしまったことのほうが、丸山には重要なはずである。なぜなら、日本主義の政治運動としての行き詰まりは、丸山にとって、大日本帝国における日本主義思想の行き止まりにも根差していたはずだからである。つまり、大日本帝国の精神的機軸たる天皇制こそが、日本主義への致命的な桎梏であり、その國體こそは、日本ナショナリズムを不可能たらしめるものであるとの決算書を、丸山は提示せざるをえなかったのである」★19

日本主義思想にもかかわらず、あるいはそれ故にこそ天皇制の官僚機構のもとで政治的に挫折していかざるをえないという逆説は、丸山の日本ファシズム論にとって「皮肉」なエピソード以上の比重を占めていたのである。そして、本章の枠組みを使うとまた別の見方も可能である。――あるいはむしろ「観念右翼」的国体論こそが大日本帝国の「革新右翼」的改造論への桎梏となったのではないか、と。観念右翼は、戦時体制の確立のためにていよく利用されたかもしれないが、同時に、戦時体制の具体化に際しては制約条件にもなった。革新右翼と観念右翼の対立の帰趨はそれほど単純なものではない。

新体制運動の以前と以後

それまでも右翼陣営内部で局所的な思想戦や議会での政策評価の齟齬はあった。例えば、大塚健洋『大川周明――ある復古革新主義者の思想』（中公新書、一九九五年）が、大正十五年に『月刊日本』と『原理日本』誌上で起こった大川周明と蓑田胸喜の「忠君愛国」論争を「革新右翼と観念右翼」の対立として捉えている。両者は昭和十五年に再び大川著『日本二千六百年史』をめぐって対立するが、これは昆野伸幸が指摘するように、伝統的国体論と新しい国体論も巻き込んだ三つ巴の論争に発展した。★20

また長尾龍一「帝国憲法と国家総動員法」（初出一九八二年）★21は『特高外事月報』の記録を取り上げて、昭和十三年一月の電力国家管理法と国家総動員法の成立後に「存外なところで、反対運動が残存した」ことに注目している。すなわち『月報』昭和十三年一月分には、電力国家管理法に対して「社会主義的妄想」「防共協定の精神を冒瀆し国体明徴に反する」「所有権を侵害するのみならず反日本的思想を背景とする」「亡国的」などと攻撃する複数の右翼団体の声明書が掲載され、同二月分には「右翼諸団体の電力管理法及び国家総動員法に対する態度について、積極的支持一一団体、消極的支持一団体、絶対反対五団体、電力案支持総動員案反対一団体の名があがって」いることから、「このように右翼運動が分裂したことは、「国体」と経済体制との関係に一定の曖昧さがひそんでいることを示している」[22]（傍点引用者）。あとから振り返ると、国家総動員法は革新右翼と観念右翼を識別するリトマス試験紙として機能したように見えるが、この当時は政策評価の対立軸はいまだ形成途上であった可能性が高い。ちょうど帝大批判と人民戦線事件が重なった時期で「学界も言論界も畏縮していた」こともあり、「総動員法制定後一、二年中に公法学界においてこれについて意見を発表した者は数名に及ぶが、違憲説を説いたものは一人もいない」[23]。あとで述べるように、政策をめぐる違憲論争は新体制運動以後である。

革新右翼と観念右翼という二つの政治的潮流の対立は、第二次近衛文麿内閣の新体制運動をめぐって顕在化した。政治過程にコミットするかたちでの全面対立は事実上初めてと言ってもよい。理念型に示したような両者の思想的・政策的な対立軸は新体制運動のなかで明確になってきたのである。したがって、近衛新体制期の対立を基点にその系譜を遡ることはできるが、明治期の原初的な右翼運動からこの帰結を予想することは難しい。

思想的な対立や論争といっても、たいていは「国難の打開」を目指す革新的な動きに対する「国体の護持」の観点からの観念右翼の警戒心から発している。言い換えれば、観念右翼は先行する「革新」派に触発されながら自らの思想的立場を自覚していく。例えば大正末期から執拗な批判を展開した蓑田胸喜がその典型である[24]。したがって、両右翼は同時期に明確に分化するわけではなく、右翼陣営内部に葛藤と分裂が生じ、時間差を伴いながら再編が進むことになる。右翼的な学生団体の多くは革新右翼主導の国策に無自覚に追随するだけだったかもしれない。日本学生協会もその設立（昭和十五年五月）は近衛新体制運動が開始される直前であり、顧問には末次信正や白鳥敏夫といった革新右翼の大物も名を連ねている。当初は政府公認の体制運動の最先端に見えたが、しかし次第に新体制運動と対立するようになる（第六章）。

戦時体制下の護憲運動

では観念右翼の覚醒を促した新体制運動とはいったい何だったのか。[25] 伊藤隆は新体制運動を次のように規定する。

全国民を地域・職能・性別等によって網の目状に組織化させ、近衛を最高指導者とする一国一党ないし中核体によってそれをまとめあげ、これを基盤とした強力な内閣をうちたてて、軍事を中心に産業の高度化をめざす高度国防国家を建設、ならびに東亜新秩序および独伊と連携した世界新秩序の建設を実現しようとする運動。[26]

これはまた「一九三〇年代のはげしい国際環境の中で生き残るために、帝国憲法の改正ないしその弾力的運用ということを含む、全政治、経済、社会体制の変革をめざす運動」[27]でもあった。すなわち、英米仏を中心とする自由主義的資本主義体制が行き詰まりを見せ、ベルサイユ―ワシントン体制による世界支配の枠組みが四大広域支配圏（世界新秩序）へと再編されようとしているなかで、帝国主義的植民地支配からアジアを解放すること（東亜新秩序）こそが、日本の世界史的使命である。その担い手たるべく高度国防国家を建設するために、

① 全国民を組織化し強力な中核体の指導下に置くこと（一国一党＝権力の一元化）。

② 日本の産業の飛躍的発展を阻害している資本主義体制を変革すること（統制経済＝経済に対する政治の優位）。

などが構想されたのである。

この世界史的大変動に主体的にコミットしていくための国家改造計画はまさに革新右翼の思想の結晶であるが、そのラディカルさは帝国憲法（およびそれが表現する日本の国体）に抵触する危険を孕んでいるために観念右翼を覚醒させることになる。反国体＝違憲疑惑は新体制運動の二つの構想に対して向けられた。

第一に、一国一党（①）は天皇大権を犯す幕府的存在ではないか？――という疑惑。一党支配体制にはソ連共産党やファシスト党、国家社会主義ドイツ労働者党（ナチス）といった先行するモデルが存在していたが、日本政治

史上それは「幕府」に相当する。有馬学によれば、近衛のブレーンだった矢部貞治は七月の組閣前からそれが意味する深刻な弱点に気づいていたという。「幕府」とはすなわち、天皇と国民の間にあって実質的な統合者として権力を行使する機構もしくは集団である。帝国憲法によって輔弼を規定された国務大臣や、協賛を規定された帝国議会以外に、政治的リーダーシップを行使しうる国家的な制度を構想すると、それは憲法違反であり天皇大権を犯す幕府的存在であるとの非難を招く可能性がある[28]」。第二章と第三章で見たように、矢部はこの年三月の小田村寅二郎との政治学講義に関する論争から、「国難の打開」と「国体の護持」をめぐる理論的な葛藤をいち早く予感していたはずである。

矢部の心配は的中し、八月に設置された新体制準備会の席上でも違憲疑惑が噴出した[29]。また十月の大政翼賛会発足直前に、憲法学者・佐々木惣一が翼賛会違憲論を『中央公論』十月号に発表、翼賛会の運動目標を具体的に示した綱領制定にブレーキをかける結果となった[30]。佐々木惣一は観念右翼ではないが、新体制批判が正統な憲法論的根拠をもっていることを示し、戦後『共同研究　転向』中巻で次のように評価された。

> 大政翼賛会の違憲性をきわめて論理的に導き出した者に、佐々木惣一がある。政府の説明だけを材料にしてそれを論理的に解析し、憲法の定義と組み合わせてゆくと、その論理的帰結として、政府の説明したいことと逆の結果を出すことができる場合がある。そのテクニックを彼がしめしたのである。これは「現実科学」としての翼賛社会科学の対蹠点に立つ論理的手続きのみに拘泥する学問の型が一定の状況においては有効でありうることを示した例だ[31]。

これは翼賛会の反対者たちに、恰好な理論的武器として利用された。佐々木の主張は、「大政とは、天皇が政治を行はせられること」である。したがって「天皇が統治権を行はせらるるには、御自身おひとりでこれを行はせ給ふこともできる。また臣民を参与せしめ、これを行はせ給ふこともできる。それは皆、天皇が定められる」。憲法で資格を認められた者以外のものが大政翼賛することは、根拠を欠くということが第一。大政翼賛会は国家の事務をおこなうことを目的にする団体ではないから、治安警察法の政治結社に該当するということが第二。大政翼賛会は私の団体であるから、国家機関の職にあるものが参加するについて法制上の根拠をもつか、経費を国家が負担する法律上の根拠をもつかということが第三。更に「特定の一の団体が恒久的に政治を担当するものであると定められることは、むかしの幕府に似た事態を招来することとならしめないであらうか」というものであった。[32]（傍点ママ）

こうして昭和十六年初頭の第七六回帝国議会において「革新派対反革新派連合の政治的激突」が「憲法論争の形をとって全面化[33]」するのである。宮澤俊義東京帝大教授が翼賛会合憲論を『改造』一月号に発表するなど、憲法論争は院外の憲法学者も巻き込んで戦わされた。[34]その過程で新体制運動は換骨奪胎されていき、結果として「その実現をめざして結成された大政翼賛会は、（中略）政治力をもった集団としては消滅し、政府の外郭団体のようなものになってしまいます。ナチスや共産党に類似したような前衛政党をつくるというたくらみとしては大失敗に終わったのです[35]」。

第二に、統制経済（②）は偽装された共産主義思想ではないか?——という疑惑。政治新体制構想に対する違憲疑惑（幕府論）についで表面化したのが、経済新体制構想に対する「赤」疑惑である。代表的なイデオローグであった笠信太郎の『日本経済の再編成』（中央公論社、昭和十四年十二月）は、有馬学の要約によれば次のような論理を展開した。「戦時における日本経済の危機を打開するためには、単なる上からの「統制」では困難であり、私的利潤追求を目的とする企業のあり方そのものを変える必要がある。すなわち「公益」に基づく生産力の拡大を追求するために、企業の資本という私的所有権は否定しないが、経営者は資本所有者と分離される必要があり（資本と経営の分離）、また利潤についても統制が必要である[36]」。有馬によれば、この本のタイトルにある「再編成」は、同時代の日本の知識人や革新官僚にとっては「戦時体制を利用して」従来の社会政策の貧困を克服する改革を意味していたと同時に、より積極的な「戦時体制が、日本社会のあり方を根底から変えるのではないかという発想」も重ね合わせられていた。[37]

経済新体制案は企画院を中心に作成され、昭和十五年九月にその概要が報道され始めるや、財界が強くこれに反発した。経済学者では山本勝市が国体論の観点から自由主義経済を擁護した。[★38]「そういうわけで、閣議や経済閣僚の懇談会などで妥協案をつくっているのですが、その過程で「資本と経営の分離」ということが落ち、財界よりの統制案になりかけます。しかし、さらに陸軍から強烈なまき返しがあって、少しゆりもどされ、最終案が決定したのは十二月七日のことでした。結果として経済新体制案は「骨抜きになった」のでした[★39]」。これに関連して、商工省では小林一三大臣（財界代表・反対）と岸信介次官（革新官僚代表・推進）の対立が深刻化し、また昭和十六年四月には企画院の中堅幹部が共産主義疑惑で検挙されるといった事件（企画院事件）も起こり、それがきっかけで岸が次官を更迭され、さらに報復で小林大臣も辞任に追い込まれた。

こうした昭和十五年から十六年の政局のなかで、新体制に反対する保守主義的な旧政党人と財界人と観念右翼が接近することになる。昭和十六年二月に設立された精神科学研究所が大阪財界と東京財界から多額の財政支援を受けることができた背景にはこのような事情があった（第六章）。また、この間に鍛えられた国体論的な憲法論は、昭和十七年十二月の第八一回帝国議会における戦時刑事特別法改正案の審議においても威力を発揮した。[★40]古川隆久は戦時議会の分析を踏まえ、次のように総括する。「通常政党政治の否定につながったとされる昭和一〇年の天皇機関説問題の結果、政府の公式的憲法解釈となった国体明徴論は、かえって独裁政党の存在を否定し、議会を唯一の国民参政機関とする解釈さえ可能にした[★41]」、と。

小括

本章は先行研究を参照しながら問題の見取り図を明確にする研究ノートである。前章までの内容に結合させて、議論を先に進めるために、具体的な作業課題を挙げておく。

第一に、雑誌『学生生活』『新指導者』に掲載された個別の論説を政治史的に位置づけること。本章ではその前提となる枠組み（観念右翼の政治史的位置づけ）を整理したので、次に、その枠組みの上に個別具体的な論点をマッピングしてみるという作業が必要である。これまでの、議事録や声明書などに依拠して政治過程へのかかわりの実態を分析するか、個人の日記・メモ・回顧録などに依拠して個人の感想や行動を分析するか、といった方法に加えて、同一メディアの定点観測に依拠して組織的な言論活動を分析することが可能になった。それによって、喫緊の時事問題に対峙するなかで組織としての思想的足場を固めていく過程——例えばいつ頃から何を契機に自らの立場を革新右翼と区別するに至ったのか——が明らかになる。

第二に、国体論を戦時期保守主義の観点から捉え直すこと。本章では国体明徴した結果として政治経済の新体制運動にブレーキがかかったという政治史上の逆説を紹介したが、[★42]次に、国体論が革新に対する保守の論理として機能したことの思想史的な検討が必要である。これまで国体は「空」や「無」や「狂」といった負のレッテルを前提としてその機能を論じることが多かったが、もしも支配層の政治的教養として保守主義的国体論が定着していれば、昭和政治史はまた違った展開を見せていた可能性がある。またこの史実と教訓が戦後保守主義にどのように継承されたのか（されなかったのか）というのも、戦前と戦後の連続と断絶を考えるうえで興味深い問題ではある。

第三に、戦争指導批判や短期決戦（早期終結）論の形成過程を明らかにすること。本章では丸山眞男が回顧した伯父井上亀六の言論が精神科学研究所の言論と同じであることを指摘したが、次に、その言論が観念右翼の理念型から論理的に導き出されてくるものなのか、それとも何か別の要因が作用したのかについて検証する必要がある。これまで東條倒閣運動や終戦工作の研究は、議会・軍部・官僚といった政治的支配層の人間関係を中心に進められてきた。また東條批判の多くは戦況が悪化していく時期に集中するが、しかし精研の場合は（丸山が回顧する井上同様）対米英開戦後のかなり早い段階、まだ連戦連勝中の昭和十七年二月頃から批判的言論を展開し始めるのである。

■註

1　後者のナショナリズムの具体的言論は、昭和十五年末から翌年にかけての第七六回帝国議会貴族院議事速記録から例示されている。

2　昆野伸幸『近代日本の国体論——〈皇国史観〉再考』ぺりかん社、二〇〇八年、八頁。

3 今井清一・伊藤隆編『現代史資料四四 国家総動員（二）』みすず書房、一九七四年、五七六頁。
4 今井清一・伊藤隆編、前掲書、四八六頁。
5 伊藤隆『昭和期の政治』山川出版社、一九八三年所収。ファシズム論争の引き金となった論文。鳥海靖・松尾正人・小風秀雄編『日本近現代史研究事典』（東京堂出版、一九九九年）の「「日本ファシズム」論」の項（古川隆久執筆）を参照のこと。
6 伊藤隆『大正期「革新」派の成立』塙書房、一九七八年。
7 伊藤隆『昭和期の政治』二〇～二二頁。
8 伊藤隆『昭和期の政治［続］』山川出版社、一九九三年、一六頁。
9 伊藤隆、前掲書、一八頁。
10 丸山眞男『増補版 現代政治の思想と行動』未来社、一九六四年、七九～八〇頁。丸山が挙げている例は、昭和十八年第八一回帝国議会の戦時刑事特別法案の委員会での赤尾敏委員と三田村武夫委員による質疑。
11 久野収・鶴見俊輔『現代日本の思想』岩波新書、一九五六年。
12 有馬学『帝国の昭和』講談社、二〇〇二年、三〇六頁。
13 『丸山眞男座談』第七冊、岩波書店、一九九八年、二二一頁。
14 「井上は、杉浦重剛の親戚にして頭山満の流派、『日本及日本人』発行の政教社の経営を二十年以上切り盛りした、実務家的な国士である。昭和四年に政教社を退社した後は、雑誌『大日』を発行し、三井甲之や蓑田胸喜たちとは親鸞信仰の同信者にして、特に長年の盟友でもあった」（植村和秀『丸山眞男と平泉澄』柏書房、二〇〇四年、二四八頁）。また「大日社は杉浦重剛を師と仰ぐ政教社グループが、頭山満を「社師」に担いで、一九三〇年に設立した右翼団体である。世話人は末永節、宅野田夫で、一九三六年刊行された機関誌『大日』は皇道主義的興亜論を唱えて終戦まで発行されている」（佐藤卓己『言論統制』中公新書、二〇〇四年、二八九頁）。なお日本学研究所設立の中心となった秋山光材も雑誌『大日』同人であった（本書第一章参照）。
15 『丸山眞男座談』、二二二頁。
16 佐藤卓己、前掲書、二八九頁。鈴木庫三日記より「近頃の雑誌の反陸軍的言論は遽に頭をもちあげて来た。今日発見したものの中で最も極端なのは大日社発行の『大日』二月号、時局解説であつた。匿名で、陸軍を足利尊氏にたとへ、海軍を楠公にたとへて居る大侮辱事件が現れたので、防衛課や憲兵に連絡して処分することにしたが、大日社は恐らく、現状維持勢力から金銭を贈ら〔れ〕て居るらしい。1940-2.10」。

17 佐藤卓己、前掲書、二八七頁。

18 「津田左右吉を糾弾し、その約三年後に東條政権を批判して弾圧された若者たち」とはもちろん日本学生協会・精神科学研究所に集まった若者たちを指す。

19 植村和秀、前掲書、二四八〜二四九頁。

20 昆野伸幸、前掲書、第二部第三章「大川周明『日本二千六百年史』不敬書事件再考」。

21 長尾龍一『大道廃れて』木鐸社、一九八五年所収。

22 長尾龍一、前掲書、一八九頁。

23 長尾龍一、前掲書、一八六頁。

24 『蓑田胸喜全集』全七巻（柏書房、二〇〇四年）の刊行によって観念右翼の思想形成過程の検証が可能になった。

25 新体制運動の概要と研究史については、鳥海靖・松尾正人・小風秀雅編『日本近現代史研究事典』（東京堂出版、一九九九年）の「新体制運動」の項（古川隆久執筆）が簡潔で要領を得ている。これによれば、観念右翼論にとって重要なのは、伊藤隆『近衛新体制』（中公新書、一九八三年）である。本書は「戦時体制論や「革新」派論に基づき、「革新」派の動きに焦点を定めて新体制運動を分析し、新体制運動の推進者が無産政党や社会運動家の右派、国家社会主義政党、陸軍統制派将校を中心とする「革新」派であることと、この「革新」派が、戦後の「革新」勢力と連続していることを強調した」。伊藤の「革新」派論は見取り図Bの系を洗練させ、さらにマクロな政治過程のなかに位置づけることを可能にする。ほかに下中弥三郎編『翼賛国民運動史』（翼賛運動史刊行会、一九五四年）、赤木須留喜『近衛新体制と大政翼賛会』（岩波書店、一九八四年）、同『翼賛・翼壮・翼政』（岩波書店、一九九〇年）などがある。また日中戦争以降の議会の動向については古川隆久『戦時議会』（吉川弘文館、二〇〇一年）がある。

26 伊藤隆『昭和史をさぐる』朝日文庫、一九九九年、三二一〜三二三頁。

27 伊藤隆『近衛新体制』二一四頁。

28　有馬学『帝国の昭和』二五七頁。帝国憲法と「幕府的存在」の関係については、三谷太一郎「政党内閣期の条件」(中村隆英・伊藤隆編『近代日本研究入門』東京大学出版会、一九七七年)を参照。三谷によれば、帝国憲法は、①天皇大権(天皇親政の否定)、②権力分立制(大権の委任・分有)という反政党内閣的志向をもっており、①が②を要請し、②が①を保障する関係にあった。これが「幕府的存在」の出現を抑制する装置として機能した。「しかしそれにもかかわらず、権力分散的な帝国憲法を作動させるためには、事実上の「幕府的存在」が必要であった。すなわち何らかの体制の集権化要因(天皇に代位する統合主体)が必要であった。天皇統治という体制神話と権力分散という憲法的現実とを媒介する政治的主体が不可欠であった」(七一頁)。また三谷太一郎「原敬と日本政党政治」(坂野潤治・三谷太一郎『日本の近現代史述講　歴史をつくるもの　上』中央公論新社、二〇〇六年)も参照。「明治憲法は制度上は天皇を代行する幕府的存在を排除した。排除しながら、しかし憲法それ自身を有効に作動させるためには幕府的存在の役割を果たすことのできる、いわば体制の求心力となり得る非制度的な主体の存在を前提とせざるを得ないという本質があったわけです」(一四四頁)。

29　「全体として主導権を握っていたのは「革新」的なグループですが、これに対する抵抗もまた激しく、とりわけ、復古的な観念右翼(精神右翼)といわれる人々、それから財界人や官僚など、新党ができることによって打撃を受けるであろうグループが、準備会の内外を問わず、いろいろなかたちで反対の動きを示しました」(伊藤隆『昭和史をさぐる』三〇〇頁)。

30　古川隆久『戦時議会』一一二頁。佐々木惣一「新政治体制の日本的軌道」『中央公論』昭和十五年十月号、また「大政翼賛会と憲法上の論点」『改造』昭和十六年二月号など。

最近の研究として、出原政雄「佐々木惣一における自由主義と憲法学――『国体』論の内実と変遷を中心にして」『立命館大学人文科学研究所紀要』六五号、一九九六年、一四三～一七二頁。

31　思想の科学研究会編『共同研究　転向』改訂増補版中巻、平凡社、一九七八年、四七頁(藤田省三執筆)。

32　『共同研究　転向』中巻、一三九～一四〇頁(安田武執筆)。

33　有馬学『帝国の昭和』二五八頁。

34　有馬学、前掲書、二六三～二六五頁。宮澤俊義「大政翼賛会の法理的性格」『改造』昭和十六年一月号、また「国民組織と政党」『法律時報』昭和十五年十月号など。

35　伊藤隆『昭和史をさぐる』三二三頁。
36　有馬学、前掲書、二四二頁。
37　有馬学、前掲書、二四三頁。
38　土井郁磨「自由主義経済論者山本勝市における思想的出発」『日本歴史』六三六号、二〇〇一年、七一～八九頁、および同「戦前期の自由主義経済論と「社会主義経済計算論」――山本勝市による「経済計算論」への接近について（上）」『政治経済史学』四一六号、二〇〇一年四月、二三～四八頁、（下）同四一七号、二〇〇一年五月、二七～四九頁。また伊藤隆「山本勝市についての覚書・附山本勝市日記」（一）～（三）亜細亜大学『日本文化研究所紀要』一号（一九九五年一月）、二号（一九九六年三月）、三号（一九九七年三月）。この伊藤の研究の経緯については、http://kins.jp/pdf/18ito_t.pdf（四二九～四三〇頁）を参照のこと。
39　伊藤隆『昭和史をさぐる』三〇七頁。
40　有馬学、前掲書、三〇三～三〇七頁。「興味深いのは、旧政党人が違憲論をたてにとって翼賛会批判を行ったときと同様に、この論理が実は権力分立的な憲法論に立っていることだ。……そしてこのような権力分立的な憲法解釈は、かの美濃部達吉のいわゆる天皇機関説の根拠をなすものでもあった。第二の特徴は、三田村がそのような憲法解釈に「国体」表現をあてていることである。……そのような形式をとったとき、明治憲法がもっていた、権力一元化に対する排除機能が最も強力に作用したということではないだろうか」（三〇七頁）。
41　古川隆久『戦時議会』二四九頁。
42　新体制運動の推進側もまき返しのための理論武装を準備していた。源川真希「戦前日本のデモクラシー――政治学者矢部貞治の内政・外交論」『人文学報』二八七号、一九九八年、一～六三頁を参照。「しかるにこうした国内政治・経済改革構想に対しては、「国体」を武器とした統制経済＝「赤」論などの障害物が立ちはだかることとなる。これは敗戦まで「大日本帝国」を悩ませ続けた問題であった。これを「皇道」の脱イデオロギー化、価値の上昇により突破しようという試みも構想される。そしてそのことは、統制経済を進め、場合によってはソ連「一国社会主義」的政策を部分的に導入しようとすればするほど、思想を超越した「皇道」ないし「国体」が高唱されるという構造を生んでいくであろう」（六二頁）。この「試み」について源川が紹介している資料は「参考資料　第二号　昭和十九年一月二十日　海軍大学校研究部　現下戦時体制強化ノ方向ヲ以テ共産主義的ナリトスル批評ニ就キテ」（「矢部貞治」）である。

第八章　昭和十六年の短期戦論——違勅論と軍政批判

なぜ短期戦論が可能だったのか

革新右翼と観念右翼という二つの政治的潮流の対立は、第二次近衛文麿内閣の新体制運動をめぐって顕在化した。昭和前期の政治思想史を振り返るときに、これは注目すべき分水嶺である。

というのも、ロンドン海軍軍縮条約が統帥権干犯問題を引き起こし（昭和五年）、五・一五事件が政党政治に終止符を打ち（昭和七年）、天皇機関説事件が国体明徴運動の発端となる（昭和十年）など、それまでの政治は、右翼運動を刺激しては彼らの大同団結を促し、それが再び政治にフィードバックされるという過程を辿ってきたからである。右傾学生による思想運動に関しても、それまでなら左翼思想を排撃し、軟弱外交を叱咤し、統帥権干犯に激怒し、天皇機関説に憤慨すればよかった。

この段階では、「国難の打開」[★1]と「国体の護持」が矛盾しないことは自明であった。思想史的には国体論独自の進化の歴史があったとしても、しかし少なくとも政治史の文脈では、国体論をそれ以上突き詰めて考える必要もなかった。左傾学生たちが「右翼は頭が悪い」と嗤ったのも、彼らが「何でも反対」の思考停止した反動勢力に見えたからだろう。もちろん右傾学生をひと括りにすることはできないのであって、第一章で見たように昭和十四年時点では「頭の良い」学生ほど右傾化していたのは統計的事実である。しかし少なくとも外から見える主張や行動からは、思想的な内実を推し量ることは難しかったのではないか。様々な右翼思想のなかで内容や水準の違いがあっても、現実の政治過程にはひと括りで回収されたのである。思想的には重要な差異が捨象されて、政治的にはひとつの「効果」として動員される時代であった。

新体制運動は、いわば右翼の思想運動に決定的な楔を打ち込んだ、政治史上の大事件である。それは同時に、「国難の打開」と「国体の護持」をめぐる難問を突きつける、思想史上の大事件でもあった。思想史と政治史が連動して、右翼の思想運動ははっきり分岐した。

新体制運動がスタートする直前に発足した日本学生協会は、文部省の学校新体制（報国団）による学内団体解散の危機に直面したこともあって、新体制が孕む問題に正面から向き合うことになり、第七章で提示した「観念右翼」に位置づけられる思想に覚醒していく。仮に文部省の学校新体制がなかったとしても、一高昭信会以来の思想的研鑽を踏まえて選び取られたのは、やはり「観念右翼」の思想的立場だったと考えられる。雑誌『新指導者』や講演・冊子等で展開された時局に対する批判的言論は、日本学生協会・精神科学研究所の完全な独創というよりは、新体制下の政治的状況が強いた「国難の打開」と「国体の護持」をめぐる難問に対して日本主義的教養の蓄積から論理的に導き出された、ひとつの解と捉えるべきである。もしも完全な独創だとすれば、あれほど信念をもって組織的かつ持続的な言論活動を展開することは難しかったのではないだろうか。

本章では、彼らの言論のなかでも特にユニークな論点、短期戦論を取り上げて、なぜそれが可能だったのかを考察したい。これは同時代の観念右翼グループのなかでも特にユニークだと言えるかもしれない。もしも彼らの言論が第七章で紹介した観念右翼の理念型の範囲内に収まっていたとしたら、東條英機首相兼陸軍大臣がわざわざ東京憲兵隊を使ってメンバーを一斉検挙させるという事態は起こらなかったかもしれない。戦時体制の構築にかかわる国体論的憲法論や統制経済反対論などは、現状維持的または自由主義的な政治家、経済学者や憲法学者なども堂々と議論の俎上に上げていたから、既存の研究書でもその概要を知ることができる。★2

それに対して、戦時期の戦争指導批判は最高度のタブーに属し、危険思想視されていた「反戦反軍」言論と紙一重である。そのため、たんに政治的信条が観念右翼に近いぐらいでは、そうした発言は困難であったと思われる。もちろん、私的な会話や日記などではその限りではない。例えば、丸山眞男は伯父の井上亀六が軍閥の支配（軍事による政治のコントロール）や無責任な戦争指導（終結を考えていない）に言及しながら「当時の指導者の政治家としての失格性を、戦争の始まった直後に口をきわめて痛罵していました」と回想しているが、[★3]このような私的な痛罵と公的な批判とのあいだには超えられない断絶がある。

では、彼らの短期戦論は、観念右翼の理念型とは関係のない思想に依拠していたのだろうか。それも違う。本章の内容を先取りして言えば、むしろ観念右翼の依拠する日本主義的教養を徹底させることで到達した結論なのである。ちなみに、昭和十六年、精神科学研究所を設立してますます旺盛に言論活動を展開していくのとは対照的に、彼らが思想的・精神的な影響を受けていた原理日本社同人の言論はこの時期失速していく。[★4]小田村寅二郎は後に、戦時中の蓑田について次のように証言しているが、両者の路線を分けたのは、批判の矛先を「誤れる思想を取り締まるべき軍人、官僚、即ち権力の所持者の根底」にまで向けるかどうか、という点にある。政府批判が可能かどうかも、ここにかかっている。

> 学生協会は打倒東條を叫んだため昭和十八年二月憲兵隊に呼び出され、百日間の拘留にあつたが、協会の解散を条件に漸く釈放された。この反東條の運動の展開に当つて蓑田氏は思想は行動を生むとの協会の理論に反対し、思想運動に止るべきことを力説してゐた。我々の一部では、蓑田氏は命惜しさにおぢけづいてゐると見るものもあれば、同氏の神経衰弱気味はその煩悶のためと見るものもあつた。私や同志の高木尚一などが釈放されて帰つて来た時蓑田氏は「君たちが捕へられるやうになつた日本は必ず負ける。自分は間違つてゐた。決して東大の学者たちをやつつけたことが間違ひだつたと言ふのではない。あれは何処迄も正しかつたのだ。しかしその誤れる思想を取り締るべき軍人、官僚、即ち権力の所持者の根底を匡さなかつたのは全く片手落であり、自分の失策であつた。結局自分のなしたことは中途半端なものであり、これは逆にマイナスに作用するものであつた。すまなかつた」と語つたことがある。[★5]（傍点引用者）

また、彼らの短期戦論は、戦況の悪化で敗戦の可能性が高まってきたから唱えられたわけでもない。確かに東條批判や終戦工作の多くは戦況が悪化していく時期に集中するが、精神科学研究所の場合は、支那事変（日中戦争）の長期化が懸念された昭和十六年二月頃から、また対米英開戦後もかなり早い段階、連戦連勝に国内世論も高揚していた昭和十七年二月頃から、政府の戦争指導に対する危機意識を高めていた（第六章）。とするならば、単純な戦況悪化説でも、また昭和二十年八月ポツダム宣言を受諾するにあたり最終的な決め手となった国体護持説でも、どちらでも説明できない。いったい、なぜこのタイミングで短期戦論が可能だったのだろうか。

人間の能力には限度がある

精神科学研究所の短期戦論は、実は対米英開戦以前から、つまり支那事変（日中戦争）の段階から公表されていた。昭和十二年七月の盧溝橋事件をきっかけとして始まった支那事変は、解決の目途が立たないまま泥沼化の様相を呈していた。

昭和十六年二月十一日に設立されたばかりの精神科学研究所は、最初の編著として『支那事変の解決を阻害するもの——東亜連盟論とは何か』と題する一四六頁の冊子を刊行した。奥付の発行日は二月二十七日だが、早くも三月十一日に発禁処分となっている。[★6] 主たる内容はタイトルが示すように当時流行していた東亜連盟論・東亜協同体論に対する批判であるが、[★7] 冒頭近くで短期戦論が明言されている。

> 人間の能力には限度があるからこそ、一点に力をこめて全意識の作用を動員して戦争をするのである。もし戦争が日常の生活化し重大問題でなくなり、全力を傾けて行はれるものでなくなつたとしたら、そこには拠るべき道徳性は失はれ、勝利によつて確保せらるゝ大義名分は没却してしまふ。戦争が正当防衛であつて、強盗の職業的暴力でないのならば、戦争の終局は明示されねばならぬ。一年二年か或は三年四年か、さう数字上の限界はなくともかく戦争は短期であるべきで長期であつてはならぬ。しかるに石原莞爾中将は、左翼張りの「世界最終戦論」で、支那事変の当然長期戦化を断言してゐる。これなどは全く唯物主義の戦争冒瀆であると言ふ外はない。

このやうに長期戦主義は……経済的見地から見ても国力の充実に重大の支障を与ふるものであつて、国民の怨嗟は期せずしてそこに集る。またこゝに、一つの詐謀の生ずる余地が存する。「対外戦争を国内社会制度の根本改革へ」。★8（傍点引用者）

冊子のなかでは短期戦論はこれ以上展開されていないが、「人間の能力には限度があり、長期間全力投入し続けることはできない」という基本認識は、意外なことに、無際限に全力投入し続けることを国民に要求するような（われわれが通常イメージする）戦争論とは対極にある。第七章で提示した観念右翼の理念型は戦争論については何も規定していないが、しかし同じ観念右翼グループに含まれる多様なバリエーションのなかでも、日本学生協会・精神科学研究所の思想をほかと区別する重要なポイントである。また昭和十年の天皇機関説事件以来、国体明徴は政治的標語となっていたが、その公式解釈は曖昧なままであり、複数の国体論の相克状態をもたらしていた。★9おそらく国体論の数だけ、戦争論にも多様なバリエーションが存在したはずだが、現実の戦争に盲従しないだけの、つまり単純な全力投入論に陥らないだけの根拠を備えた国体論がはたしてどれだけありえただろうか。

とはいえ「人間の能力には限度がある」という認識と国体論との関係は、必ずしも自明ではない。しかしながら、東京帝国大学法学部の矢部貞治助教授と学生小田村寅二郎の政治学講義をめぐる往復書簡の発端となった、「矢部貞治先生に奉るの書」（昭和十三年三月七日）には、すでにこの基本認識が示されていたことを想起されたい。しばしば「欧米学風への追随＝日本国体の不明徴」の部分のみが注目されるが（矢部が対応したのもその部分）、第二章に紹介した「人間の不完全性」の論点を再掲しておこう。

矢部先生は、「人間生活の不完全性と、而も絶対価値と真理の内的要請とは誠に人類の担ふ悲劇的ディレムマである」と仰られた。そして同時に、人間の不完全性を無限に完成に近づけて、その理想的な人格的完成を政治原理の基礎に据えられる。しかし、この悲劇的矛盾こそが人間生活の真の姿（＝実人生）であり、「諸学の中心科学たるべき政治学の根本的研究対象は茲にこそ存するのであり、人生のこの厳粛悲痛なる事実への徹入を以てその根柢となすべきである」(四頁)。聖徳太子の「共に是れ凡夫のみ」という認識や「承詔必謹」という根本信条も、人間の不完全性の深刻な体験に裏付けられている。(傍点引用者)

人間の不完全性という「厳粛悲痛なる事実への徹入」なくして、「承詔必謹」や「臣道実践」といった国体の本義を理解することはできない。日本学生協会・精神科学研究所のメンバーは、一高昭信会時代から黒上正一郎『聖徳太子の信仰思想と日本文化創業』などに学びながら、主に聖徳太子の思想を通して一貫した国体理解に到達していた。彼らにとって「人間の不完全性」と「戦争の道徳性」を両方満たす解は、短期戦しかありえない。長期化すればするほど、戦争は日常化して道徳性は失われ(「唯物主義の戦争冒瀆」)、戦争に便乗して国内体制を「革新的」に再編成しようという動きも生じてくる(「対外戦争を国内社会制度の根本改革へ」)。長期戦論批判と革新右翼批判とは、同じ国体論の裏表の関係にある。★10

われわれが通常イメージする単純な全力投入論は、人間の不完全性を(精神力で!)無限に完成に近づけて、その「理想的な人格的完成」を前提とした無際限の全力投入を戦争論の基礎に据える点で、小田村寅二郎が批判した衆民政原理(デモクラシー)と相通ずるようにも見える。この軍事と政治の関係については、後に「文武論」「軍政論」という二つの論説で田所廣泰が批判的に論ずることになる(後述)。

長期戦論は違勅なり

精神科学研究所の短期戦論が、最初にまとまったかたちで公表されたのは、『新指導者』昭和十六年十二月号の巻頭言「日本必勝戦論」(無署名)においてである。これはあとで「長期戦論は違勅なり」と改題されて、同号の小田村寅二郎「思想国防的見地より見たる官界新体制の動向」と併せて抜き刷りの冊子として配布された。十二月号の奥付には十一月二十五日印刷(十二月一日発行)とあるから、対米交渉が不成立に終わるならばいつ開戦に踏み切ってもおかしくないという緊張状態のもとで書かれた文章である。しかし当初の表題(「日本必勝戦論」)から想像されるような必勝を煽るアジテーションとは全く異なり、国体と戦争の関係を考察した原理論であるので、少し丁寧に紹介しておきたい。

「本巻頭言は特に謹んで　詔勅を反覆拝誦し奉り、ともすれば我見を立てゝ　聖諭奉戴の重大事を忘れむとする我等国民のこゝろに、再び三度大御教を仰ぎ奉らむの自督の心より出でたるものである」と始まる。詔勅は天皇の言葉（みことのり）であり、忠義を尽くすべき日本国民（政府も含む）が常に立ち戻るべき原点である。聖徳太子も臣道実践の基本として「詔を承りては必ず謹め」（承詔必謹）と説き、「謹まずんば自ら敗れむ」と戒めた。すでに五年の歳月を費やし、いっこうに解決の目途が立たない支那事変を考えるときも、やはり詔勅という原点に立ち戻るべきである。「支那事変は戦争なるが故に絶対であると我等は考ふることは出来ない。それは詔勅によりて命じ給ふものなるが故に絶対であると我等は信知してをる」（傍点ママ）。絶対なのは戦争ではなくて詔勅であり、戦争遂行の具体的方策が詔勅に従って執り行われているかどうかが問題である。もしもそれが「承詔必謹」の原則に反するならば、その非は躊躇せず改められねばならない。

これまで無数の戦争論が提出されたが、それらは「支那事変に対する国民の正当なる感情を歪曲し、正しき考へ方を誤謬に導いて行つた。今や国民は支那事変について考へる能力を完全に喪失したかの如くである」。今日ほど愛国心が旺盛な時代はない、と言われるが、ならばどうして国民は支那事変そのものについて積極的に論じようとしないのか。「国民は黙するやうに性格づけられたのである。先づ戦争論に於いて国民の思想が絶大なる虚妄の観念に結合せられてから爾後実行される一切のことがその観念の実現であるが為に国民は盲目的満足の意志表示をこそすれ、現実事態に対して批判する基底を失つてしまつたのである。同時に、統制が国民から一切の思慮の時間を奪つたために、こゝでも複雑の問題を究明する余裕を失つたのである」――数年前の帝大教授攻撃を想起すると意外な感じを受けるかもしれないが、小田村寅二郎たちの基本姿勢は、国民の団結は忌憚のない批判と真摯な応答を通じて達成されるべきで、上からの統制に下が黙従することでは決してない、というものである。

盧溝橋事件をきっかけに支那事変に入ったとき、「この政府をして戦争の字を避け事変の名を選ばしめたことについては幾多のことが聯想せしめられる。直接国民の感覚に訴ふる、戦争といふ字を避くることによつて、戦争それ自身を実感のない超感覚的のもの、観念的のものとすることが可能であつた」（傍点ママ）。国民にとって戦争の二字は、日清日露戦争の記憶を呼び起こすものだ。しかし事変の二字は、それとは全く異なる戦争、「戦争の名によつて呼ばれざる戦争、憲法第十三條に規定せられざる戦争」が存在しうることを国民に知らしめた。帝国憲法第十三条は「天皇ハ戦ヲ宣シ和ヲ講シ及諸般ノ條約ヲ締結ス」という天皇の外交大権の規定である。[★11] 支那事変でも詔勅は下されたが、それは宣戦の大詔ではなく、議会に賜りたる詔書だった。その大権によらない戦争が、宣戦の大詔に基づく日清日露戦争よりも、歴史的に重大意義を有する未曾有の戦争として国民は受け止め、「その知識を以て憲法と大権とを眺めたのである」——大権による戦争から思想による戦争へ。この戦争観の転換が意味するところは重大である。

こうして「一つの思想が生める戦争といふ日本歴史上画期的の事件が成立した。即ちそれは一定の戦争論より起りたる戦争であつたのである。それは国民をして戦争を遂行しつゝ戦争を実感せしめず、戦争の名によつて戦争以外のことを遂行せしむべき運命に陥らしめたのである」(傍点ママ)。したがって支那事変は、「対外戦争といふよりも国民の根本観念の変革である」という点で、思想問題にほかならない。それは支那事変が新しい思想を生み出したという意味ではない。全く逆である。支那事変こそが先行する思想から生み出されたのである——先行する思想とは、「大正昭和思想混乱時代より、人民戦線運動を経て、その「実績」の上に統制固着せしめられてしまった」反国体的なデモクラシー思想である。

この宣戦なき戦争、思想による戦争という戦争観の転換が観念の変革の最初だとすると、第二の観念の変革は「長期戦」が新しい戦争の形式として積極的に位置づけられたことによって、さらに第三の観念の変革は「総力戦」という言葉によって、それぞれもたらされた。「総力戦のための国家総動員、物資動員のための計画経済、自給自足のための東亜共栄圏、東亜協同体東亜聯盟、世界新秩序と国内新体制、これらは最初の観念の変革から導出された「必然的」推論であつた」——これらの系列は、観念右翼が厳しく批判してきた革新的な国家改造思想にほかならない。この思想にとって実感なき戦争の長期化は「戦争以外のことを遂行」する手段なのである。

しかし孫子[★12]を引くまでもなく、「長期戦は古来戦争の観念に根本的に反するものである。それは人間心理法則に反し、国家社会生活の根本法則に背反する。それは戦争といふもの自身を否定する故に反戦論である。戦争の神聖、緊急の拠所たる非常の事態非常の処置を否定する故に根本的戦争反対理論である」（傍点ママ）――これは先の『支那事変の解決を阻害するもの』（昭和十六年二月）でも見られた、人間の能力の限度、人間の不完全性への洞察に基づくものである。長期戦論は、人間心理や国家社会の根本法則に依拠した本来の戦争観念を否定し、戦争の本質である神聖性や非常性を剝奪するという意味で「根本的戦争反対理論」だとさえ言える。先の石原莞爾の世界最終戦論に対する言葉で言えば「唯物主義の戦争冒瀆」である。

そして直前の引用に続けて言う。「といふよりも、それは一層端的に言つて違勅である」（傍点ママ）――違勅とは、天皇の命令に背くことである。これまで、第七二回帝国議会開院式（昭和十二年九月）の勅語に「速ニ東亜ノ平和ヲ確立セムトスルニ外ナラス」と宣い、また支那事変一周年記念日（昭和十三年七月）の勅語に「今ニシテ積年ノ禍根ヲ断ツニ非ムハ東亜ノ安定永久ニ得テ望ムヘカラス……速ニ所期ノ目的ヲ達成セムコトヲ期セヨ」と仰せられ、三国同盟成立（昭和十五年九月）に際しての詔書に「朕ハ禍乱ノ戡定平和ノ克復ノ一日モ速ナランコトニ軫念極メテ切ナリ」と教え示された。天皇の大御心が一貫して短期戦を望まれていることは明らかである。

したがって「現代戦争は当然長期戦なりといふことの違勅は断然として責められねばならぬ。而も、国家生活根本観念の変革を計る一聯の思想も亦当然その違勅を責められねばならぬ」、として以上の議論を三つの提言にまとめている。

一、詔勅奉体《ママ》の運動をおこし、支那事変は日清日露戦争の如く、本来当然短期戦たるべきものなることを徹底せしめよ

二、長期戦、またそれに基く総力戦体制論が違勅なることを明らかにせよ

三、所謂近衛声明が無賠償、不割譲を以て聖戦の意義たるが如き感を与ふるにより、速かに之を根本的に修正せよ

そして最後に「この要求は生ける国民の声である。戦争遂行をその根本に於いて阻害し、戦争を単なる破壊に導

かむとする長期戦論と、それに連絡する思想とを掃蕩せよ。戦争をして、凡ゆる意味に於いて真実の戦争たらしめよ。戦争の名に於いて、戦争を行ふ力を喪失せしめむとする悪魔の所行を折伏せよ。勅命を奉ずる道を拓け。神霊に応へまつる道を講ぜよ。国民はいまこそ如何なる方法によつてはじめて祖国を防衛すべきかの問題を明らかにせねばならぬ。誰人が之を阻害しよう。もし之を阻害するものあらばそは反国逆賊である。我等之をきりそけて進むのみ。友よ、決意を新たにせよ」(傍点ママ)と結ばれた。ここで言う祖国防衛とは、対外戦争に勝利することを意味しない。対外戦争に便乗して「国家生活根本観念の変革を計る一聯の思想」に対する徹底的な国内思想戦をこそ呼びかけている。

違憲論から違勅論へ

観念右翼の理念型的な特徴は、日本国体を反映した帝国憲法を「不磨の大典」と捉える点にあり、その国体論に基づく違憲論こそが、大政翼賛会や経済新体制などの革新的な国家改造の企てを牽制する政治的な力の源であった。それは戦時体制下での社会システムの再編成に対する歯止めとしては一定の実効力を発揮しえたが、しかし現在進行中の戦争に関しては言論の対象とすることができなかった。戦争指導は統帥大権にかかわり、観念右翼といえども(観念右翼だからこそ)軍部批判はタブーだった。議会では昭和十五年二月に斉藤隆夫が行った「支那事変処理に関する質問演説」が反軍演説と見なされ、投票により衆議院議員を除名されていた。先に引用したように「国民は黙するやうに性格づけられた」のは、決して誤った思想を刷り込まれたからだけではない。★13

精神科学研究所の議論がユニークなのは、観念右翼の違憲論の限界を、日本主義的教養に基づく違勅論を駆使することで、躊躇なく突破した点にある。詔勅の命ずるところに従う「承詔必謹」の原則は、政府・軍部にも当然当てはまる。その詔勅は短期戦を指示しており、かつ、短期戦論は戦争論としても合理的で古今一貫する大道である。にもかかわらず政府・軍部が長期戦論を唱えるのは、違勅であるだけでなく、総力戦に便乗して「戦争以外のことを遂行」せんがためである。詔勅を拝誦し、現在のいわば「戦争もどき」を本来あるべき「真実の戦争」に戻そう、という主張になる。当時最も「政治的に正しい politically correct」要素だけで組み立てられた戦争論であるから、これに対して正面から反批判するのは困難だったはずである。逆にその確信がなければ「もし之を阻害するものあらばそは反国逆賊である」とまで言い切ることはできないだろう。

この確信は、昭和十六年十二月八日の対米英開戦以降ますます確かなものになった。『新指導者』昭和十七年一月号の巻頭言は、まずは「宣戦なき「新時代」の戦争と理論づけられた事変、敵国との平等、無賠償、不割譲といふ、国民の心に最後までピッタリとしない三原則で修飾された、人智作為の謀略戦争から、天下晴れての堂々の戦争へ、今や明らかに転換した。外国仕込みの理論で無理に説明しなければならなかつた支那事変から、何の説明もいらぬ三千年の国民的信念だけで納得出来る戦争へ転換した」と、「真実の戦争」への大転換に対して天日を仰ぐ晴れがましさを表明している。この開戦時の晴れがましさは、当時の知識階層を含む多くの国民の共有する感情だった。

しかし巻頭言は、直ちに憂慮すべき事態の予感も付け加えている。開戦初日の十二月八日、宣戦の大詔渙発後、夜のラジオ放送で流された「語調のみ徒らに激越にして、時流に乗るをこれ努める革新演説の軽薄の内容[14]」たるや！「彼は世界変革を幾度呼号したであらうか。現状維持国家群に対する現状維持打破国家群の戦、それは、公式に従へば、資本主義自由主義打倒、社会主義樹立に外ならぬ。……政府声明は、「苟モ驕ルコトナク」と国民に戒告してゐるが、驕ることなきツ、シミ、カシコマリは日本国民にとつて「承詔必謹」のツ、シミであること言ふ迄もない。しかるに、彼は詔書を奉戴する精神がない。もし、その精神あらば彼がごとく軽佻の言辞を弄することはなかつた筈である」。その演説は、時局の困難にあたっての私的な情熱を吐露したものにすぎない、と厳しく批判される。宣戦の大詔に基づく「天下晴れての堂々の戦争」へ転換したにもかかわらず、政治指導者にその詔書を奉戴する精神が欠落しているとは。

日本国民はいまこそ詔書を繰り返し拝誦して聖訓を奉戴すべきである。宣戦の大詔をよく読むならば、「大詔の形式内容すべて、明治天皇の清国に対し、また露国に対しての戦に際し下し給へる　大詔と、また　大正天皇が独国に対しての戦に際し下し給へる　大詔と符合一貫せさせ給へるを仰ぎ奉るのみならず、従つて、そこには所謂新時代の全く新しい構想など勿論なく、古今に通じて謬らざるの大道をのみ昭示したまふ」（傍点引用者）――そこに示された古今一貫の大道を敢えて無視して、戦争便乗的な革新論を喧伝する政治指導者に対しては、違勅論の観点から危機感を募らせていくことになる。

シンガポール陥落

小田村寅二郎の回顧によれば、精神科学研究所メンバーが、東條英機内閣の戦争指導に根本的な疑惑を抱くきっかけは、昭和十七年二月のシンガポール陥落祝賀行事であったという。日本軍はハワイ真珠湾奇襲攻撃でアメリカ主力艦隊を壊滅させると同時にマレー半島に上陸、マレー沖海戦ではイギリスが不沈を誇る戦艦プリンス・オブ・ウェールズと巡洋戦艦レパルスを撃沈させ、ついに二月十五日、難攻不落の要塞シンガポールを陥落させた。二月十九日、政府はシンガポール陥落祝賀行事を宮城前広場で開催した。東京市民による盛大な提灯行列に、精研メンバーも参加して祝賀をともにした。

だが、その歓呼の渦を見てゐるうちに、われわれの胸中には一抹の不安が生じてきた。〝この熱狂さ〟は、戦争そのものがすでに勝利を収めて〝終結した祝賀〟にも似てゐるやうだ、〝人々が喜びに酔ひしれてゐることの有様は、苛烈な戦線にゐる将兵たちの心中と果して通ひ合ふものなのだらうか〟、等々といふ不安であった。★15

祝賀行事の翌日、さっそく研究会議を開き、次の二点を調査するという結論に到達した。ひとつは、東條内閣はこの戦争をどこで終結させようとしているのかについて検討する機関を用意しているかどうか。もうひとつは、明治時代の日清日露戦争の際に政府はこの戦争終結の問題にどう取り組んでいたのか、である。一週間もかからず調査は完了し、前者は（予想どおり）東條内閣周辺には「戦争終結の目標策定に関する機関」は用意されていないことが判明した。後者は現代とは全く逆で、「明治天皇のもとで軍の統帥幕僚も内閣の各大臣も、一糸乱れず〝大御心に添ひ奉る〟心が整ってゐて、当時の「宣戦の詔勅」に示された戦争目的、すなはち〝日本を侮り、日本の独立を無視するやうな暴慢の心根を粉砕し得れば、それで目的は達成〟といふ考へで統一されてをり、その目的達成を一日も早く到来させようと、天皇ともども関係者一同が、常時細心の配慮を注いでゐた」という事実が判明した。[16]

我々は愕然として驚くと共に、〝天皇の大御心に添ひ奉る心〟を磨滅してゐる為政者——東条英機並びにその一統——は、まさに〝不忠の限り〟を犯してゐる、と断定した。そして開戦後間もない昭和十七年二月の末には、同志一同は深く心に期する所があり、果敢な言論戦を開始する決意を固めたのである。[17]

ただし小田村の回顧にもかかわらず、一年前の昭和十六年二月から短期戦論は明言されており、十二月には違勅論によって政府の戦争指導を牽制していた。すでに支那事変の段階から、日清日露戦争の経験と対比させながら、宣戦なき戦争、思想による戦争は総力戦・長期戦に便乗して「戦争以外のことを遂行」する手段として使われていることは分かっていた。対米英開戦当日のラジオ放送で流された政治指導者の演説によっても、詔勅（大御心）とは裏腹の戦争指導が行われるであろうことは予感されていた。

『新指導者』昭和十七年三月号の巻頭言は、シンガポール陥落祝賀会の直後に書かれた。冒頭では「此の日或席上に於て或人が開口一番「到遂旅順が陥落しまして……」と言つたのに対して、我々はこの言ひ誤りをむしろ心からの快笑と拍手とを以て迎へたのである。彼は旅順港陥落の日を経験した一人であつたがため、つい口に出てしまつたのであらうが、正に我々はこの国民的感激に於て日本の歴史につながることが出来たのであつた」というエピソードが紹介されている。ここまでの言説を辿ってきたわれわれは、「真実の戦争」のお手本である日露戦争の旅順陥落と重ね合わせることにどのような批評的意図がこめられているか、また次の極めて婉曲的な表現の真意も理解することができるだろう。

歴史を中断せしむるもの、それは外からの力によつてのみ齎らせらるゝとは限らない。否、むしろ我自らの手によつて我が歴史をそこに断ち切ることなしと誰が断言し得るであらうか。外からの脅威に対しては我々は既に何等恐るゝものを認めない。然し我自らの内部に於ける歴史否定の意志に対して我々は不断に戦死を要請せられつゝある。楠公や吉田松陰先生の戦死、それは実に我自らの内に於ける国史否定意志との戦ひに外ならなかつた。そこにはその否定意志が北條・足利或は徳川幕府といふやうの明白な形として存在してゐたと思はれやうが、しかしそのことは実際は楠公や松陰先生の戦死によつてはじめて明白に自覚せられた事に外ならない。もし楠公、松陰先生なかりせば遂に我が国史は「全く新しきもの」に変質してかへりみられなかつたであらう。すべて戦ひは国体防護の戦ひであり、歴史転換のそれでは断じてない。

文と武の峻別

『新指導者』昭和十七年四月号の巻頭論、「文武論」は田所廣泰の署名論文である。これは同じく田所の「軍政論」という書き下ろし論文と併せて『思想国策叢書　「軍政論」の横行に注意せよ』（精神科学研究所、昭和十七年六月）に収録された。[★18] この思想国策叢書は精神科学研究所が刊行した非売品シリーズで、表紙の裏には「本叢書は当研究所の研究成果の一部を政府関係者特に思想取締の任に当る方々の参考資料として頒布するものでありますから取扱に御注意下さい」という注意書きがある。一般向け啓蒙活動ではなく、対象を政府関係者に絞ったロビイング用資料という位置づけである。

「軍政論」は「文武論」のポイントを整理してより丁寧に展開したものであるから、ここでは両論を併せて軍政批判論として扱いたい（「軍政論」は批判対象の軍政論と混同しやすいので）。この軍政批判論は軍と政治の本質論から両者のあるべき関係を述べたもので、短期戦論のいわば国家機構編と位置づけることができる。

軍政批判論は六節から構成される。

一、「軍政論」は実際上の必要からではなく、一つの理念に基いてをることを注意すべきこと
二、文武の性質の根本的相違と、両者の相互補足的関係
三、「軍政論」は統帥権の神聖を犯すもの、従つて国家を弱体化するもの
四、戦時強力政治運用の正しき実際的方法は如何

五、軍政の歴史は、国家を必ず弱体化してゐることを証してゐる
六、軍政論横行を憂ふるもの〻祈念する全国民協力の具体的方途如何

第一節では最近流行している軍政論に注意が喚起される。一般に軍政と言えば、軍事占領地の行政を指す。占領地軍政を布くのは、国家ではなく軍隊である。[★19] ここでの軍政論が扱う対象は、占領地の軍政方式を国内の政治体制にも当てはめようという議論である。すなわち、「軍政論といふのは軍の力によつて一般国務を急速強力に実行して行かうといふので、それは一局部一地域に一定期間施行すべしといふのではなく、時代の性質上政治全体がさうならねばならぬといふので、国家制度の上に包括的に実現を要求する政治原則であるから、警戒せねばならぬのである」。国務の一元的軍統制である。

「文武論」では、大串兎代夫「軍政論」(『改造』昭和十七年三月号)がその代表として取り上げられた。大串曰く、「曠古の大国難に当つて、わが国力を真に強力緊急に発揮しうる如き、国家全体の軍政的性格を十分に考慮せられんことを望んで止まないのである。従来の所謂法律学的、技術的考慮のみを以ては何等のエネルギー的体制は考へられないのである」。これは典型的な革新的国家改造論であるが、軍の力によってそれを実現しようという点がそれまでとは違う。さらに中村哲「軍政と占領後統治の形態」(『日本評論』四月号)では、「これらの新しき植民地がかへつて国内経済の再編成を必要ならしめ、逆作用をなすといふ点にあるとすれば、これはひとり経済現象についてのみ生ずる問題ではないのである。現在に於ける軍政と民政との抱合は、国内における統帥部と執政部との協合を促進し、ひいては国務と統帥とを対立的に考へる憲法の解釈にも影響を与へることになる」と、国務と統帥の協合という解釈改憲の可能性にまで踏み込んでいる。

注意しなければならないのは、これらが実に俗耳に入りやすい主張である点だ。「従来軍人の中にも、深い考へからでなく軍政といふことを、事を手取り早く処置してしまふ為に必要だと考へる人がなきにしもあらず、それは、簡単に何でも命令で行くものとの錯覚から来るものでかういふ民間の理論が、この簡単に考へがちの軍人の頭に自分のかねて考へてきたことはこれだと思はせるおそれが多分にあるので軍当局は充分これに注意を払はねばなら

ぬ」。

軍が指導する強力な政治システム――これは当時の革新的な思想家や実務家が、一度は夢見る理想郷ではないだろうか。いったいこれのどこが問題だというのだろうか。田所曰く、「問題は軍政によつて統帥権が果して守られるか否かといふことである」。

第二節では文（政治）と武（軍）の本質論に基づき両者のあるべき関係が論じられる。「武は国家の興亡に関する問題である。軍は国家の固有の生命力の発現機制である。故に、軍は一般に「軍部」といふが、決して国家の中の一つの部局ではない。武の特徴は、国家の最大問題たる興亡を決する全一的作用であるから、生活の一切の細目を犠牲に供するのである。それを一々顧慮してゐては、到底戦争は出来ぬ。故に国家はかゝる戦争の為の用意を平素整へておかねばならぬ。その用意即ち力の蓄積を一旦緩急ある場合に、一挙目的に投じて、興亡を決するのである。故に、戦争は元来短期でなければならぬ」。

武＝軍の本質はこの非常時性にある。非常時に備えて平素から用意が整えられ、非常時にこそ国家の生命力を十二分に発現させ、非常時ゆえに生活の細目の犠牲が許される。では、この非常時性を軍政方式によって平常時にまで拡張するとどうなるか。「この非常時に採るべき処置乃至機構を平常時に延長移行すると、その方法の本質的誤りから却つて目的達成が不可能になる。生活の細目的問題を犠牲に供することは、非常時には許されるが、平常時には許されぬ」。これまで何度も指摘されてきた、長期戦の危険も、短期戦の量的な延長にとどまらない質的な変容を国家にもたらす点にあった。「国民生活の末端を調整せずに放置すると、その生活の混乱から、結局国家生活の原理、国体観念までも見失ふに至るのである」。それは戦争の惨禍よりも悲惨なものがある」。

それに対して、文＝政治の本質は「分れたものゝ関係を秩序づけること」、すなわち平常時の秩序維持にあり、国民生活の細目的問題を取り扱う。「文弱に流れて勇気を養ふ努力がなくなれば、民族の危機が迫る如くに、武断に偏して文教文政文化がなくなれば、精神的危機が近づく、容易に謀略にかゝる」。文と武のあいだには本質的な差異があり、それ故に相互補完的な関係にある。

「これを一元的に統制しようとすれば、必ず生命の固定を来し、生命自らの危険が到来する。ことに文は平常のことで、この平常時に遠く慮り深く謀るところがなくてはならぬ。さうして、高い生命体の複雑に分化した機能を簡明に統一する原理を発見してゆくことは、文の任務である。軍政論などは、かゝる文とか学問とかの任務を忘れた野蛮低級の議論で、生きることの何たるかを知らぬものと言はねばならぬ」。帝大学風改革から運動を始めた精神科学研究所メンバーの面目躍如たる一節である。

軍政は統帥権の神聖を犯す

繰り返すが、「問題は軍政によって統帥権が果して守られるか否か」ということであった。第三節ではいよいよこの問題が政治学的に考察される。「政治的行動といふことは、全国民の批判を受けるものであり、又それ故にその健全を保ちうるのである。厳格な規律の下に行はれる軍組織での統制を、この政治生活の範囲にもち込むことになれば、批判は凡べて封ぜられ、強権のみが事を決し、自由の創意はなくなり、活発の機能の発揮は望まれず、剰へ、必ず批判の対象となるからして、軍の威信は地に墜ちることゝなる。かくすれば、一旦緩急の場合、統帥権の万全の発動が困難になる。軍人が自ら統帥権を汚辱することである」。例えば国務大臣の輔弼の責任は議会で問われ国民の批判を受ける。政党の議会活動は選挙を通じて国民の批判を受ける。さうして政治生活の健全性は保たれている。「政治が相当に自由に行はれてよく又行はれるやうにされ、それ故に活発に運行せしめられるのは、元来政治が文の一部局であるからに過ぎない」。

軍の組織原理はそれとは全く異なり、「統帥権により全く一元的統率がなされ星一つちがへば死地にも赴かせることが出来、軍隊生活では、その規律が平時にも保たれて上下秩序の厳守が絶対条件である」(第二節)。また「軍は国民の批判の前面に立つ内閣とは異り、天皇の統帥大権に直属するものであるから、たとひ軍人に諸種の足らざるところありともこれに対して兎角の論議を挿むことは忠良なる臣民の好まざるところである」(第六節)。天皇の統帥大権に直属し、上からの命令のみで行動する軍に対して、国民の批判はありえない(=統帥権の神聖)。「軍は絶対的であるが、政治は相対的である。軍の神聖を守ることは、軍が部局ではなく、国家全体にわたる機制であることを保障することで、それは全国民の任務である」。それに対して、軍政方式は軍を政治・行政の部局とすることであり、その結果責任が課せられる以上、国民の批判を受けることになる。「国務と統帥の協合」は統帥権の神聖と軍の権威を損なう結果にしかならない。

第四節では軍政方式が現行の大本営会議を否定するものとして批判される。平時においては、統帥関係事項は統帥部（参謀本部と軍令部）と軍政部（陸海軍省）とに分掌されているが、戦時には、大本営設置によりそれが一元化され、統帥部を中心として国家の全機能を戦争目的に向けて動かす。大本営会議には内閣総理大臣はじめ関係閣僚が出席して政戦両略の一致を図るのだ。「文政閣僚は、自己の全能力をあげて、軍の必要に応じ戦時輔弼の責を果さねばならぬ」。文＝政治は平時だけでなく、戦時にも大本営会議のメンバーとして（天皇に対する）戦時輔弼の責を負っているのである。「しかるに、謂ふところの軍政は、統帥部そのものによる文政の執行で、これは天皇親裁の大本営会議の機能を否定するものである。国務大臣（陸海軍大臣を含めて）の輔弼の責任を撥無するものであるからである。現行大本営の完全なる組織を否定して、故らに軍政論を呼号すべき必要如何」（傍点引用者）。

ここで展開されているのは、単に政治の側の都合で軍を遠ざけておこうという軍政分離説ではない。軍にその本来の「国家固有の生命力の発現機制」としての機能を十二分に保障するためにこそ、そして軍の権威と統帥権の神聖を守るためにこそ、文と武は峻別されねばならないのだ。だとすれば「それにもかかわらず軍政論が主張されるのはなぜか」が問われねばならない。

「軍政論は冒頭述べし如く実際の必要上より起つたものではない。何らかの理念、或は何らかの目的（現実に戦争は明確なる目的をもつてゐる、その目的以外の目的、即ち戦争以外の目的）を意図して主張する議論である、と言ふべきである」。われわれはすでにその先を言い当てることができる。総力戦・長期戦に便乗した「戦争以外の目的」とは、あの繰り返し批判してきた革新的な国家改造ではないのか。しかし田所は、ここで遂に「革命」という同時代の禁句をもち出す。「その目的とは何であるか。多くの論者はそれについて明確なる概念をもつてゐないが、マルキストは、「戦争と革命とは酷似してゐる、のみならず、それは常に併行的事実であつた」と言つて、一つの目標を見つめるのである。酷似するものが一つの目的として掲げられ、言論界が誤謬論に導かれることなしと断言出来ようか」。軍政論を口にする論者たちは自らの議論が何を意味するのか無自覚のまま、「戦争から革命へ」（レーニン）の線路の敷設に加担している、と言うのである。

軍政は国家を弱体化させる

第五節では、軍政が反国体＝国家改造にとどまらず、国家の混乱と弱体化をもたらすと指摘される。天皇親政下では「文武相補足」という国家の根本体制が、平時にも戦時にも保存される。前節で述べたように、戦時にも大本営が設置されるから軍政は必要ない。この文武相補足体制の保存は「戦争より平和への弾機ともなる。それは戦争遂行上最も重要の問題である」（傍点引用者）。ここは短期戦論でも重要なところだろう。戦争の終局の際にも、天皇親政下の文武相補足体制のほうがうまく機能するというのだ。

それに対して、軍政が恒久化すれば、日本歴史上では天皇親政を否定した幕府になる。「軍隊の力で、国内の政治を強力を以て統制実行してゆかうとすれば、それは幕府である。軍は国家興亡に対処する全国家的機制たるの性格を失ひ、一個の行政部局化しこれが軍権をもつことゝなつて大権は臣民の手に奪はれる。天皇の軍ではなくなる。そして国家は極度に弱体となる」。日本歴史を振り返っても、鎌倉、室町、徳川幕府時代に日本は弱体化したと言う。ここで想起してほしいのは「聖徳太子以前、外征悉く利あらざりし時代、軍閥の政治が、国民生活の細目を調整する力を失ひ、権力の横使によつて、国民はその生くる原理をも失つたことは、忌はしくも忌はしき　崇峻天皇弑逆事件が、之を証して余りある。この国家生活原理を見失つた時代に聖徳太子はも早武によつて恢復すべくもない混乱を洞察されて、こゝに文を興し、位階を定め、憲法を撰し、経を講ぜられて、国民霊性の養育につとめ給うた」（「文武論」）。聖徳太子こそ文によって日本国体を防護したお手本である。聖徳太子の理想はその後、明治天皇に至りようやく実現する。

再び幕府時代を招来してよいのか。「かゝる歴史の悲劇をくりかへさゝるべく、文にいそしむものは、死を以てその忠誠心を貫かねばならぬ。武に死ぬものは古来多い。文に死ぬものは少い。しかし、今日は国家の歴史がそれを要求してゐる」（「文武論」）。国内思想戦は、文に携わるものこそが、命がけで戦わねばならない。先にも引用した楠木正成や吉田松陰の「国体防護の戦死」がこれに相当するのだろう。

第六節では、軍政論の横行から軍を守るための全国民協力が呼びかけられる。軍政論横行の背景には、マルキシズムの影響下に現れた反国体的デモクラシー的政治傾向があり、「かゝるものに誤られるやうなことがあれば、――軍人の政治進出といふことがあつたとすればその端的の表はれである――それは反国体思想の統帥権干犯であつて、かゝるものから軍を防衛することは、つまり思想言論界の反国体的傾向の一擲こそは、国民が軍人の立場をおもひつゝ、之と協力し、之を助けて、真にその忠を致さしむる所以の道で、戦時下一般国民の任務これより重きはない」。

近衛文麿内閣の新体制運動に対しては、まだ、観念右翼や既成政党、自由主義者など幅広い立場から「一党独裁の幕府的存在ではないか」という批判が可能だった。しかし東條英機内閣のもとでの対米英開戦後の戦時体制下で、軍の政治化を牽制する言論は困難になっていく。日本主義的教養から見れば、戦時体制下での軍の政治化（および軍政論）こそ、幕府化への危険な徴候であった。それは天皇親政の否定であるだけでなく、統帥権の神聖と軍の権威を損なうことにつながる。天皇親政の文武相補足体制は平時でも戦時でも対応できる。むしろ軍を政治から分離することが、統帥権の神聖と軍の権威を守り、「国家固有の生命力の発現機制」を十二分に機能せしめることになる。

短期戦論は、観念右翼の理念型と整合的であるが、観念右翼の表面をなぞるだけで自動的に導き出せるわけではない。観念右翼の依拠する日本主義的教養を掘り起こすことで、一貫した議論が可能になった。とはいえ、これも「ひとつの解」にすぎない。同じ観念右翼グループでも、どのような日本主義的教養を掘り起こすか（組み合わせるか）で、導き出される解は異なってくるだろう。

■註

1　最近注目すべき研究が相次いでいる。昆野伸幸『近代日本の国体論――〈皇国史観〉再考』ぺりかん社、二〇〇八年。長谷川亮一『「皇国史観」という問題――十五年戦争期における文部省の修史事業と思想統制政策』白澤社発行・現代書館発売、二〇〇八年。

2　とはいえ定説とまではなっていない。今後さらに実証研究が蓄積・総合されるために、日本学生協会・精神科学研究所の言論活動を詳細に辿ることができる『日本主義的学生思想運動資料集成Ⅰ・Ⅱ』（柏書房、二〇〇七〜〇八年）は不可欠な基礎資料となるだろう。

3　『丸山眞男座談』第七冊、岩波書店、一九九八年、二二一頁。

4　佐藤卓己「解題――『原理日本』」『蓑田胸喜全集』第七巻、柏書房、二〇〇四年、七七一〜七七二頁。「『原理日本』は「第百五十号特輯」（一九四一年二月号）を特価五〇銭で刊行した。しかし、この時期から『原理日本』の活動は衰退を迎える。新たに叩くべき自由主義者は少なく、民政党もやがて新体制運動のなかで解党する。蓑田が攻撃すべき思想敵は、近衛文麿ブレーンの昭和研究会、海軍の思想戦ブレーンとなった京都学派、岸信介など統制経済を進める革新官僚へとシフトしていった。それは、戦争と平和をめぐるイデオロギー闘争ではなく、戦争協力をめぐる路線対立の様相を帯びざるを得ない。つまり、『原理日本』は、よりいっそう権力中枢に敵を求めていくことになり、攻撃の勢いは弱まっていった。さらに日米開戦段階になり強大な外敵に直面すると、『原理日本』の国内思想戦はますます困難になっていった。……日米開戦後、『原理日本』の誌面は「歌学雑誌」への回帰を示している」。

5　細川隆元「「日本マッカーシー」始末記」『文藝春秋』三二巻九号、一九五四年、二八頁。

6　司法省刑事局編『国家主義団体の動向に関する調査（十四）』昭和十六年一月〜三月、五九五〜五九六頁。

7　東亜連盟論・東亜協同体論に対する批判は、それまでも『学生生活』誌上で展開されてきた。昭和十四年十一月号の小特集「月刊雑誌『東亜連盟』創刊号爆破」に五本の論説、同年十二月号の小特集「月刊雑誌『東亜連盟』廃刊勧告論」に三本の論説、翌十五年一月号の特集「反戦東亜協同体論・東亜連盟論」には一一本の論説、ほかに論説「雑誌『東亜解放』の廃刊を要請す」「雑誌『東亜連盟』の廃刊を三度要請す」の二本。同年七月号に論説「『東亜連盟』の廃刊を四度要請す」、同年九月・十月特輯号に論説「『東亜解放』は反国体デモクラ思想なり」など。

8　精神科学研究所編『支那事変の解決を阻害するもの』昭和十六年、三頁。

9　昆野伸幸、前掲書。

10　『新指導者』昭和十六年九月号の巻頭言「戦争論の改訂を要求す」では、長期戦を正当化する革新的戦争論に対して改めて批判が加えられた。「聖戦五年間に唱へられた戦争論は、凡べて世界新秩序理論に立脚したものであった。それは日本歴史を無視したものであった。また、最近大政翼賛運動の展開によって、唱へられつゝある国体論が、この戦争論と併行して、それを基礎づける国体理論であって、これも亦日本歴史の全体をあるがまゝに究明したものではなく、個人的論理を展開する為のその部分的解釈に過ぎぬものであった。……総力戦、国家総動員といふ豊富なる内容を示唆する言葉は出来た。しかしその漠然たる概念を捕捉しかねて、新たなる形の戦争が行はれる時代が到来したかの如く誤認してをるのではないか。戦争を理智的に考へ、その意義を案出し、新奇の形を以て国民を捉へ、また外国人の関心を惹かうとする傾向がないか。日本歴史に対して無研究なる政治家が、目新しい理論に眩惑されて、政治の大本を誤ってをることはないか」。

11　伊藤博文著、宮澤俊義校註『憲法義解』岩波文庫、一九四〇年。「外国と交戦を宣告し、和親を講盟し、及条約を締結するの事は総て至尊の大権に属し、議会の参賛を仮らず。此れ一は君主は外国に対し国家を代表する主権の統一を欲し、二は和戦及条約の事は専ら時機に応じ謀敏速なると尚ぶに由るなり。諸般の条約とは和親・貿易及連盟の約を謂ふなり」（四〇頁）。

12　「其用戦也貴勝、久則鈍兵挫鋭、攻城則力屈、久暴師則国用不足」。

13　伊藤博文、前掲書『憲法義解』「第一章　天皇」の冒頭には次のように書かれている。「憲法に殊に大権を掲げて之を条章に明記するは、憲法に依て新設の義を表するに非ずして、固有の国体は憲法に由て益々鞏固なることを示すなり」（二二頁）。

14　ちなみにここで取り上げられているのは、十二月八日夜のラジオ放送での奥村喜和男情報局次長の「宣戦の布告に当り国民に愬ふ」と題する演説と思われる。情報局編『週報』第二七一号（昭和十六年十二月十七日）で確認すると、確かにひっかかりそうなフレーズが連発されている。例えば「彼〔米国〕はいはゆる民主主義国家群の最後の選手として、帝国を先覚とする澎湃たる世界維新の運動の矢面に敢へて立たんとするのであります。彼はその強大な武力を恃んで、歴史の必然たる世界史転換の方向に抗ひ、世界の諸国家に、その独善的にして世界の現実を無視したる時代遅れの架空的なる諸原則を強制せんとするのであります」「正にこれは現在人類が直面する世界的規模における変革の戦ひの一環であり、世界維新のための大戦争における東亜戦線なのであります。今日支那事変を完遂する道は、世界を掩ふ変革の戦ひの一戦線としてこれを解決するよりほかに方法はないのであります」等々。

15　小田村寅二郎『昭和史に刻むわれらが道統』日本教文社、一九七八年、二〇二頁。

16　小田村寅二郎、前掲書、二〇三頁。

17　小田村寅二郎、前掲書、二〇四頁。

18　伊藤隆『昭和期の政治〔続〕』（山川出版社、一九九三年）は、鳩山一郎日記での言及に注目している。「〔昭和十七年〕六月二十三日に「思想国策叢書の『軍政論』の横行に注意せよ……田所広泰、改造三月号の大串兎代〔ママ〕の『軍政論』を抽象的観念に結合せられたる空虚なセンチメンタリズムと条理を尽して攻撃し、日本評論四月号の中村哲『軍政と占領及統治の形態』を完膚なく攻撃し、誠に近来の痛快の論文なり」という記述は注目に価しよう。「思想国策叢書」は精神科学研究所の発行するものであり、この精神科学研究所は昭和十六年二月に創立された復古色の強い精神右翼の集団であった。田所広泰はその指導者であった。彼らはこの論文を含めて「革新」派を反国体的・反帝国憲法的・独ソ的独裁論として激しく批判した。従ってこの時点で鳩山が共鳴したのは自然であった。先に見た真崎〔甚三郎〕との関係を含めて戦中期の「復古」派と「穏健」派「自由主義」派との関係は興味深い。なお、このグループは翌十八年二月十四日に憲兵によって一斉検挙されている」（一〇八頁）。

19　伊藤隆監修・百瀬孝著『事典　昭和戦前期の日本　制度と実態』吉川弘文館、一九九〇年、二八六頁。国際法の定めによれば、領土の主権の変更はできない（独立や自国領土編入は違法）。また軍をひとつの意思に基づいて指揮運用する軍令に対して、軍を編成してこれを維持管理することを軍政と言う。

第九章　「観念右翼」は狂信的だったのか——日本型保守主義の可能性

観念右翼の後退戦

昭和十年代の政治状況は、「革新右翼＝合理的・現実的」対「観念右翼＝非合理的・狂信的」という対照的イメージに仮託して語られることが多い。前者には「国難の打開」という現実的課題を直視して社会システムを再編成しようという合理的な志向性が、後者には「国体の護持」という非合理的な信念に基づいて国家を暴走に導いた狂信的な志向性が、それぞれ読み込まれる。

しかし事はそう単純ではない。観念右翼は、確かに昭和五年の統帥権干犯問題や十年の天皇機関説事件では国体明徴運動のアクセル（促進要因）になったが、それでも昭和十五年の第二次近衛内閣以後は戦時新体制政策のブレーキ（抑制要因）に転じていくことは政治史の定説になりつつあると見なしてよい（第七章）[★1]。とはいえこれまでの右翼・国家主義に対する研究関心は主に「アクセル」作用に集中しており、「ブレーキ」作用の実態はまだ解明されていない部分が多い。

昭和十五年以降、後退戦に立たされた観念右翼にとって、論理的に可能な身の処し方としては次の三つのパターンが考えられる。

① 革新派陣営に合流する

② 時局に対して沈黙する
③ 保守主義を徹底させる

まず理念上の対立関係からすれば①は転向と言い換えてもよい。ここには意識的な転向だけではなく、革新派陣営の打ち出す「国難の打開」に向けた政策・構想と整合するように「国体の護持」を積極的に解釈していく、事実上の転向（解釈改憲）も含まれる。また政治新体制（一国一党＝権力の一元化）や経済新体制（統制経済＝経済に対する政治の優位）などの各論では革新的政策に反対することができたとしても、軍部の政治化や政府の戦争指導といった「統帥権」にかかわるデリケートな問題領域で思考停止してしまう場合には、やはり、なし崩し的な転向を余儀なくされると考えられる。

なし崩し的な転向でなければ、時局に対して沈黙するようになる。この②のパターンの典型は原理日本社である。昭和十五年から十六年にかけて蓑田胸喜らの原理日本社が言論活動を失速させていく理由として、竹内洋は「社会が、そして帝国大学が蓑田化（汎原理主義化）することによる落差の消滅から、蓑田や原理日本社が用済みになった」（狡兎死して走狗烹らる）という客観情勢と、それに伴う「標的の消滅、そして自らが標的とされだすことからくる怯え、エネルギーの枯渇と疲労」という心理機制を指摘している。[★3]

こうした経緯を踏まえて、ここに観念右翼ないし日本主義の「敗北」を認める立場もあるが、[★4]観念右翼にはさらに別のバリエーションがありえた。それが③である。それは新体制を推進する政府のもとに「革新主義的な与党」が続々と合流するなかで「保守主義的な野党」に撤することを意味する。日本学生協会・精神科学研究所は、観念右翼の後退戦において、日本主義的教養を掘り起こすことで独自の保守主義的思考に到達したのである。なお、保守主義という用語については、ここでは日本的な文脈を踏まえて、社会システムの再編成が国体に与える影響を警戒し「国体の護持」を最優先課題とする政治的態度としておく。[★5]

では、なぜ彼らには（①②ではなく）③の道が可能だったのか。また、彼らの思想運動の歴史からはどのような教訓を引き出すことができるか。最終章では、この二点を念頭に置きながら、これまでの議論を振り返ってみたい。

章のタイトルに反語的に掲げたように、もしも観念右翼が本当に狂信的な集団であったとすれば、戦時体制下の様々な積極政策に対して、ひたすらアクセルを踏み込むことはあっても、ブレーキを掛けることは考えにくい。

教養主義的なバックグラウンド

なぜ、彼らは保守主義を徹底させることができたのだろうか。これまでの章から有力な手掛かりを挙げてみよう。まず、第一の手掛かりは、彼らの教養主義的なバックグラウンドにある。第一章では文部省の統計データ（昭和十四年）を利用して、高等教育機関における国家主義学内団体の分布の偏りを分析したところ、帝国大学や官立高等学校では「下から」自発的に結集した思想系が、官立大学や専門学校では「上から」の指導で組織された実践系が、それぞれ多いという結果が得られた。これは左傾化のときと同じく、旧制高校的な教養主義が右傾培養器としても機能したことを意味する。

教養主義といっても、必ずしも頭でっかちな知性偏重を意味しない。竹内洋によれば、旧制高校的な教養主義は、日露戦争後の煩悶青年に代表される人生論的教養主義を原型（古層）として、その上に、人格の進歩と成長を目指す大正教養主義（中層）が、さらにはマルクス主義の影響を受けた昭和期の政治的教養主義（新層）が、それぞれ積み重なりながら進展してきた。だから左翼運動の壊滅後には、いったんは人格的ないし人生論的教養主義に回帰しつつ、政治的教養主義の空白を国家主義が埋めることになった、という説明が成り立つ。[★6]

この竹内説のポイントの一つ目は「国家主義もマルクス主義も政治的教養主義としては等価なもの」と見なす点で、「大正末期から昭和初期の左傾化も昭和十年代の右傾化も、根元は同じ心情であった」とする左右等価気分説（第一章）とも通じる構造をもっている。ポイントの二つ目は、昭和期の教養主義文化のベースに人格的ないし人生論的な教養主義を見いだす点で、これが右傾化をたんなる流動的な「過激な気分」に終わらせず、古典に学び教師や友人などの人的媒体を介しながら培われる教養として定着させた。

この二つのポイントは、右傾化の方向を決めるに際しては両義的に作用する。つまり、マルクス主義と等価なものとして国家主義が選択された場合、その志向性は「国難の打開」に向けて国家改造も辞さない革新右翼に親和的である。最初から革新派陣営に与するか、そうでなくても昭和十五年以降はそれほど躊躇せずに革新派陣営に合流するだろう（①）。大正末期からのマルクス主義批判の系譜を受け継いだ場合も、左翼運動の壊滅後、あるいは人民戦線検挙事件以後、分かりやすい攻撃目標がなくなれば、（原理日本社と同じく）運動の存在意義も薄れて自ずと衰退していかざるをえない（②）。また人格的ないし人生論的な教養主義に重点が置かれている場合、革新的か観念的かを問わず政治的主張は二義的なものとなりやすい。現実の政治過程と自らの思想研究を分離させて、時局に対しては沈黙するというのが学生の本分を守ることでもある（②）。仮に観念右翼的な傾向が採られたとしても、政治的議論で沸騰するよりは、和歌や日本浪曼派のような文学・美学に沈潜するのが無難なところである。観念右翼から言論活動を通じて保守主義に到達するには、何らかの飛躍が必要なのである。

なお、以上は帝国大学や官立高等学校に多い「下から」自発的に結集した思想系の場合であるが、官立大学や専門学校で多かった「上から」の指導で組織された実践系の場合なら、文字通り「上から」の指導次第であろう。昭和十五年以降は、教養主義的なバックグラウンドと関係なく、外に表れた主張や行動だけからは、先と同じように革新派陣営に合流していくように見えるはずだ。

昭和十五年以降の観念右翼の後退戦に際して、日本学生協会・精神科学研究所が保守主義を徹底させる道（③）は、したがって教養主義的なバックグラウンドだけでは説明が難しい（必要条件ではあるが十分ではない）。

エスタブリッシュメントに親和的な国体論

第二の手掛かりは、思想運動の中心を担った小田村寅二郎と田所廣泰の階層的なバックグラウンドと、彼らの思想形成の母胎となった一高昭信会の活動である。第四章では、小田村も田所も上流階級に限りなく近い出自であり、また両者とも学習院初等科から東京府立第一中学校、第一高等学校、東京帝国大学法学部という当時の超エリートコースを歩んできたという、華麗なる共通点を紹介した。これは大多数の学歴エリートたちから彼らを区別する重要な特徴である。

一方の小田村寅二郎は、吉田松陰の妹の曾孫にあたり、曾祖父は群馬県令と元老院議官を務めた楫取素彦男爵で、父は学習院から一高、東大（恩賜の銀時計拝受）、母方の大伯母は明治天皇の側近に仕えた「千種の局」で、母も学習院に学んだ、という皇室とも近い家柄である。他方の田所廣泰も海軍中将の家庭に育ち、海軍大将・岡田啓介（二・二六事件当時の首相）の女婿で大蔵官僚の迫水久常（終戦時の内閣書記官長）は従兄弟にあたり、東京帝大卒業と同時に海軍大将・末次信正内務大臣の秘書官補佐として内務大臣室付の職を得るほどの、海軍系ないし内務省系のコネクションのもち主である。

彼らは最初から国家の指導者階級（エスタブリッシュメント）の家庭に生まれ育ち、学習院初等科を卒業後は学歴貴族の正系ルートに進み、丸山眞男のような下町に近い小学校から名門・府立一中に合流した「中学校デビュー」組や、その他大勢の地方出身の「高等学校デビュー」組の学生たちと机を並べることになった。この混合過程で何らかの文化的な摩擦があっても不思議はない。現に、丸山眞男は中学時代に小田村と親しくなるが、丸山でさえこの「金持ちの坊ちゃん」にはジャズのような先端的な輸入文化の知識で対抗しなければならなかった。ましてや昭和初期の高等学校時代、他の「高等学校デビュー」組の学生たちは急いで政治的教養主義を身に付けなければならなかった（政論が飛び交う環境で育った丸山眞男は、すでに左翼思想にかぶれるほど純粋ではなかった）[★7]。

相対的に文化的に優位な出自をもつ田所や小田村は、（マルクス主義を含む）輸入文物を盲目的に崇拝する周囲の学生たちに対して、強烈な違和感を抱くことになる。田所や小田村はおそらく生まれ育った家庭環境と学習院初等科の厳格な教育を通じて、自分たちが「護持すべき大切なもの」について感じたり考えたりする素地ができていたはずである。彼らには文化的な覇権争いをする必要がない。それよりも護持すべき大切なものが問題だ。田所廣泰は高等学校入学後に瑞穂会の講演会で黒上正一郎と出会い、直感的にその「答え」に気づき、仲間とさっそく一高昭信会を発足させた。「答え」から「何をなすべきか」の行動指針がストレートに導き出されたからこそ、既存の文化団体である瑞穂会に入会するのではなく、新しい団体を作ったのだろう。小田村もやはり田所たちが作った昭信会と出会い、直感的にその「答え」に気づいて入会した。

黒上正一郎の教えは、輸入文物を排除することではない。もしも、たんなる排外主義的な国粋思想であれば、大正期の豊かな文化を享受してきた田所や小田村のようなエスタブリッシュメント階層の心を捉えることはない。輸入文物への接触機会が高等学校入学後に急速に増える地方出身の「高等学校デビュー」組の学生たちであれば、「近代化の過程で西欧への幻想が対抗意識・超克意識へと反転していく原理主義」(第一章)に傾斜し、つまり周囲への反動として輸入文物を排除する側に回ることも大いにありうる。しかし田所や小田村にとって、輸入文物そのものは何ら特別なものではないし、学習院初等科では中学教育に先んじて英語を学んだ。何より皇室自身が、明治維新以降は輸入文物を排除しないどころか、むしろ積極的に欧化を推進してきた経緯がある。

黒上は、輸入文物を摂取する際の主体のあり方を問題にして、日本史上、それを実現した国家指導者として聖徳太子と明治天皇に照明を当てた。これは同時代の様々な問題に対して一貫した見通しをもって考えるための、強力な現代思想として田所たちに受け入れられた。日本の国体は、輸入文物を排除して(文化的鎖国によって)純粋培養されうるものではなく、輸入文物を摂取する主体性として常に回帰して護持されるべきものなのだ。このような文化交流を前提とした国体論は、現実の歴史にもエスタブリッシュメント階層の生活実感にも即していた。

また黒上正一郎の死後も、一高昭信会は黒上にならって聖徳太子のテキストを精読して国体の本義に触れるための作法を抽出した。ひとつは崇高な人格を讃え仰ぐことで人間の不完全性を直視する「讃仰」の作法、もうひとつは万民と喜び悲しみをともにした明治天皇の大御心を憶念する「御製拝誦」の作法である。これらを通じて、抽象的・観念的な国体理解を超えて、歴史上の先人とともに「祖国の悠久の生命」に連なることを実感し、自らもそれを護持・継承していこうという使命感が漲ってくるのである。

したがって、昭信会の場合も、古典に学び、教師や友人などの人的媒体を介しながら教養を培う学習スタイルを踏襲してはいるものの、そこで培われる日本主義的教養の内実と方法論についてはオリジナリティが認められる。この点は、他の類似の国家主義学内団体とはおそらく異質であったと思われる。

さらに付け加えて言えば、田所も小田村も超エリートコースにもかかわらず、途中で長期療養生活を余儀なくされている。田所は東大入学後に療養生活に入り在学期間が七年二ヵ月に及んだ。小田村は中学校卒業(上級学校入試失敗)後に療養生活に入り二年遅れで高等学校に入学した(大学にも一浪して入学)。浪人・留年なしに進学・進級した場合に比べて、この経験が思想形成に何らかの影響を及ぼしたであろうことは想像に難くない。竹内洋は、やはり回り道をしている蓑田胸喜や神島二郎も例に挙げながら「社会的軌道が正統軌道（名門中学と名門高等学校）であっても、標準到達時間からの逸脱による獲得時間の残存効果にも着目しなければならない。……年齢の逸脱が所属集団の支配的思想——保田與重郎であれ、マルクス主義であれ——に沿った振る舞いかたを拒ませる」★8（傍点ママ）と指摘している。田所と小田村の場合も、標準到達時間からの逸脱は、思想的な問題意識とエスタブリッシュメント階層としての使命感をより先鋭化させるように作用したと考えられる。

国家エリート養成のための教育改革

第三の手掛かりは、彼らの言論活動が、東京帝国大学に対する学風批判から開始されたことである。他の類似の国家主義学内団体を抑えて、彼らを高等教育関係者にとって最もインパクトをもつような存在に押し上げたのは、その徹底した高等教育批判ゆえである。第二章では、『矢部貞治日記』を資料として用いながら、東京帝大法学部の矢部貞治助教授が担当する政治学講義に対して一年生だった小田村寅二郎が国体明徴の観点から批判を行う過程を辿った。手紙のやり取りの結果、矢部助教授は批判を受け入れて講義案を改題して書き直すことになった。第三章では、その数ヵ月後に小田村が発表した名指しの学風批判論文をめぐり、法学部教授会・東大評議会が無期停学処分を決定するまでの過程を辿った。これは二年後の退学処分までも含めて「東大小田村事件」として知られる。

東京帝国大学法学部政治学科に入学した小田村寅二郎は、一高昭信会で培った「輸入文物を摂取する際の主体のあり方」という問題意識をもって一年間講義を受けた。そこで繰り広げられていたのは輸入文物を盲目的に伝達するような講義ばかりで、小田村にとっては、まさに目を覆わんばかりの惨状であった。しかもジャズの輸入版レコードを崇拝するのと違って、最高学府のなかでも国家エリート養成機関を任ずる東京帝国大学法学部の講義である。昭信会時代の思想研鑽はいわば歴史的・一般的な問題を対象にしていたが、このような講義を受けた国家エリートが毎年輩出されることを考えたら、国家（国体）に与える悪影響は計り知れないものがある。ここに昭信会的な問題意識は、国家エリート養成のための教育改革という具体的なフィールドと結びついた。

矢部貞治は当初、前年（昭和十二年）から激しさを増していた原理日本社による帝大教授批判と知識人の検挙者を出した人民戦線事件と重ね合わせて、「ついに右翼の攻撃の矛先が自分にも向けられてきた」と弾圧の覚悟を決めていた。小田村との論争もそれに符合するタイミングだったのだ。学問に殉ずるのは学者の本望だ——そう思っていたにもかかわらず、手紙の往復の結果、国体論的な批判を受け入れることになった。矢部貞治は後にこう振り返っている。すなわち、それは批判に屈服しての（かわすための）消極的な修正ではなく、偉大な真理に向けた積極的な修正であった、と。

一般論としても、他人に誤解さるゝ箇所を誤解の余地ない様に訂正し、認識を改めたものを改正するのは、仮りに何ものにその契機を与へられたとしても何ら慚づべきことはない。三歳の童子によって偉大な真理への契機を与へられることもあり得る。〈1938.12.10〉

彼も一つの契機にはなったが、僕の政治学の疑惑は既に欧州留学中から根本的に始まり、支那に出張して殆ど確定的となり、根本的体系の樹て直しの要を痛感してゐたところに彼の事件が起ったといふに過ぎぬ。勿論二三の文句の訂正は彼のことで行はれた。学生が純真に教師の学説に疑問を抱き、教師がこれを契機にして思惟を深めるといふことは、毫も恥づべきことではない。教へることは、教へられることといふのは真理だし、真理に参ずる者には三歳の童子と雖も時に偉大な教師たり得る。〈1940.6.23〉

矢部貞治は小田村の批判を受け入れて講義案を修正したあとで、近衛文麿の側近・後藤隆之助が主宰する昭和研究会に参加するようになり、それをきっかけに近衛新体制のブレーンとして政策立案に深く関与することになる。欧米諸国で「デモクラシーの危機」が叫ばれ、日本でも「議会政治の限界」が強く意識されるなかで、戦時下の難局を乗り切るための強力な政治システムが模索されていた。政治の原動力を十分に引き出すためには国民をどのように組織したらよいか——こうした日本政治の実践的課題は、もちろん矢部の欧州留学中からの問題意識にあったであろうが、近衛新体制のブレーンとして実際に新しい国民組織（大政翼賛会）を構想するにあたり、それが孕む国体論的弱点を最もよく自覚できたのは、やはり小田村との政治学論争が重要なきっかけとなっている。

本書では矢部貞治と小田村寅二郎の関係にそれ以上触れることはできなかったが、昭和十三年春の政治学講義をめぐる往復書簡は、昭和十五年の革新右翼と観念右翼の本格的対立に先行する局所的な前哨戦と捉えることもできる。この論争を通じて、矢部貞治は日本の新しい政治システムを構想するのに国体論的観点が不可欠であることを痛感し、小田村寅二郎は真摯な学術論争を通じて国家エリート養成機関である東京帝国大学の学風を改革していく可能性について一縷の希望を見いだした。しかし結果を言えば、矢部が構想した大政翼賛会は、観念右翼と現状維持勢力の抵抗によって官僚的組織へと換骨奪胎され、小田村の批判言論の第二弾（雑誌『いのち』掲載論文）は思想的な問題提起としては黙殺され、「外部と通謀して講義内容を公表し恩師を誹謗したこと」を理由に、法学部教授会によって小田村の無期停学処分が決定される。

国家エリート養成のための教育改革という視点は、帝大教授批判を活発に展開していた蓑田胸喜ら原理日本社からの影響も大きいと考えられるが、それが一方的な攻撃ではなく、まずは往復書簡を通じて礼節を尽くして真摯に展開されたことは注目に値する。昭信会で身に付けた「讃仰」の作法の成果であろうか。

「祖国の悠久の生命」と帝国憲法

第四の手掛かりは、思想運動の拡大によって歴史上の先人および全国各地の同志（同信）とともに連なる「祖国の悠久の生命」への確信を深めたことである。第五章では一高昭信会出身者が中心となり、田所廣泰の大学卒業と同時に東大精神科学研究会を発足させ（昭和十三年六月）、雑誌『学生生活』を刊行（十月）、さらに小田村寅二郎の無期停学処分（十一月）をきっかけとして処分糾弾・学風改革の思想運動を全国の高等教育機関に展開していく過程を辿った。小田村処分からたった一年半で、全国学生組織・日本学生協会を結成した（昭和十五年五月）。もしも一学内団体にとどまっていたら、「祖国の悠久の生命」は毎日の明治天皇御製拝誦の作法でしか実感できないところだった。大学や高等学校の各支部による具体的な学風改革の運動を媒介することによって、また定期的に雑誌メディアや合同合宿訓練を媒介することによって、さらに日常の御製拝誦を媒介することによって「祖国の悠久の生命」への確信は何重にも強化されていく。

「祖国の悠久の生命」への確信が得られると、運動への逆風をも確信の強化材料にして勢いを増していく。第六章では第二次近衛文麿内閣のもとで日本学生協会の運動に対して逆風が吹くが、新たに設立した民間研究組織・精神科学研究所（昭和十六年二月）を拠点に近衛新体制運動に対する、また東条英機内閣の戦争指導に対する批判的言論を果敢に展開、ついには東京憲兵隊によって一斉検挙・解散に追い込まれるまでの過程を辿った。小田村寅二郎の退学処分が決定され、東大の学内団体の一元的管理（全学会）によって東大精神科学研究会が、また学校新体制（報国団）によって各地の高等学校支部がそれぞれ解散に追い込まれた。ちょうど同じ時期に、彼らに対して影響関係にあった原理日本社は言論活動を失速させているが、それとは対照的に、精神科学研究所の言論活動はますます活発化して取り締まり当局も警戒を強めていく。

第五の手掛かりは、彼らの思想運動が政治史的な文脈では観念右翼陣営に合流していくことである。第七章ではこの逆風下における日本学生協会・精神科学研究所の言論活動を、政治史の文脈に位置づけた。近衛新体制への評価をめぐって革新右翼と観念右翼の対立関係が顕在化してくるが、彼らは後者の観念右翼陣営に位置づけられる。この時点で、それまでの「祖国の悠久の生命」の確信とは別の水準で、政治史の文脈においても革新的国家改造にブレーキを掛ける保守主義的な立場を選びとったことになる。別の水準ではあるが、政治史的な観念右翼が依拠する帝国憲法は、国体の表現であり、祖宗から後世へと代々継承される「不磨の大典」である以上、大切に護持されねばならない。

しかしながら、護憲を主軸とする観念右翼の理念型からは、戦争指導への一義的な評価は導き出せない。つまりたんなる革新的政策に対するブレーキとして帝国憲法をもち出すだけなら、現在進行形の非常事態（戦争）に対しては何ら回答を用意できない。例えば、近衛新体制運動への対抗上、観念右翼や現状維持派や自由主義者や財界は一時的に手を組むことはありえるが、帝国憲法や国体論には戦争論の「正解」までは書き込まれていない。おそらく戦争論をめぐって観念右翼の思想的真価が問われる。とりわけ対米英開戦前後から、再び冒頭の①②③の分岐が起こるはずである。

第六の手掛かりは、彼らの短期戦論が日本主義的教養に依拠しながら論理的に一貫した議論として組み立てられたことである。第八章では短期戦論が精神科学研究所の設立当初から公表されており、長期戦違勅論・文武峻別論・軍政批判論などのかたちで展開されていく過程を辿った。短期戦論はわれわれが通常イメージするような反戦平和論ではない。むしろ「戦争もどき」を「真実の戦争」たらしめるためである。文武峻別・軍政批判論は政治の側の都合で軍部を遠ざけておこうという軍政分離論ではない。むしろ軍にその本来の機能を十二分に保障し、軍の権威と統帥権の神聖を守るためである。対米英戦争においてこうした保守主義を徹底させる（③）言論活動の担い手が他にどれだけありえただろうか。この点において、日本学生協会・精神科学研究所は政治史および思想史上、真にユニークな存在たりえている（東條内閣下の憲兵隊による検挙はあくまでも言論活動の結果であって、検挙自体がその政治史および思想史上の意義を証明するものではない）。

エリート主義と臣道実践（その1）――「君臣の分を明弁せよ」

改めて問おう。なぜ、彼らは保守主義を徹底させることができたのだろうか。

ここまで挙げた手掛かりのなかで、小田村寅二郎と田所廣泰という二人のリーダーの出自から、国家の指導者階級（エスタブリッシュメント）に親和的な国体論が選択されたという点は重要である。また最初の具体的課題が国家エリート養成のための教育改革だったように、それはエリート主義的な国体論でもあった。といっても「エリートが大衆を支配するための国体論」ではない。むしろ逆に「エリートが自己を拘束するための国体論」――すなわち国体論の宛先が第一に社会の指導層に向けられているとする考え方である。どういうことだろうか。キーワードは「臣道実践」である。

『新指導者』昭和十六年四月号で田所廣泰が次のようなエピソードを取り上げている。★9 同年一月の衆議院予算委員会で近衛文麿首相はある議員からの支那事変（日中戦争）に関する質問に答えて、「お話の如く支那事変は第一次近衛内閣の当時勃発したのであります。爾来今年は第五年を迎へております、なほ事変は解決の曙光を見ません、これは軍部の責任でもございません、誰の責任でもございません、全く私の責任であります」（傍点引用者）と述べたのに対して、列席した他の国務大臣が泣いたという。現代の感覚からすれば、この状況はよく理解できる。すなわち、事変解決の失敗の全責任を自分が引き受けるという悲壮な決意表明は「敗軍の将は兵を語らず」のごとく政治指導者として誠に潔い態度というべきで、他の大臣もその心意気に感激したのだろう、と。

しかし田所によれば、このやり取りは「皇運を扶翼し奉る国民の臣道感覚の上に重大な疑義を懐かしめ」るに十分であった。

全責任といふのは包括的責任といふことであつて、大詔のまにまに国家の全力を傾けて遂行しつゝある支那事変に対して、包括的責任を一身に負ふといふことは、臣民の分際として可能の範囲を逸脱し、また従つて許されたる範囲をも超出してをる。かく言ふのは、近衛首相が平生の念願とする臣道実践の已みがたき感情からである。かくのごとき言葉に対する間隙をおかぬ反発が臣道感覚であつて、この感覚が人間の行為を支へる臣道実践を保持する臣民は今日なほ決して少くないことを我等は欣びとせねばならぬ。

内閣総理大臣を含む国務大臣は「天皇ヲ輔弼シ其ノ責ニ任ズ」（帝国憲法第五十五条）と定められている。伊藤博文の『憲法義解』は大臣の責任について次のように説明する。「第一。大臣は其の固有職務なる輔弼の責に任ず。而して君主に代り責に任ずるに非ざるなり。第二。大臣は君主に対し直接に責任を負ひ、又人民に対し間接に責任を負ふ者なり」[★10]（第三以下略）。つまり国務大臣は天皇の統治大権を「其の固有職務」の範囲において輔弼する責任を負うのであり、内閣総理大臣も「機務を奏宣し、旨を承けて大政の方向を指示し、各部統督せざる所なし。職掌既に広く、責任従て重からざることを得ず」[★11]といえども、天皇の大権を代行する権限はもたされていない（臣は決して君になれない）。

この君臣の峻別こそが、臣道実践の基本であり、「臣民の分際として可能の範囲」という自己抑制の根拠でもある。こうした臣道感覚の境地からすれば、近衛の発言に涙した国務大臣たちの「センチメンタリズム」は「殆ど事実の真に徹到し得ざる個我執着の劣弱精神であり、従つて権力屈従長いものには捲かれろの民政主義の源であり、それがマルキシズムの跳梁に対して全くの無力を現代政治の上に露呈してをる」ということになる。

現代の感覚からは飛躍に満ちた非難とも受け取れるが、要するに、臣民の自覚がないところでは、その時々の権力関係によって政治判断が左右され、無際限な権力行使にも歯止めが掛からない、ということである。臣道実践は、その指導者としての権力の大きさに比例して厳しく要求されるという意味できわめてエリート主義的な概念なのである。

エリート主義と臣道実践(その2)——「率先して臣道を垂範せよ」

機関誌『学生生活』は、この昭和十六年四月号から『新指導者』と改題された。新しい名称について、同号編輯後記は次のように記している。

「新指導者」といふ名称は、所謂外国式の指導者原理を連想せしむる言葉であるが我国は　大君の下、万民ひとしく臣民として仕へまつる国体に則り、臣民はかりそめにも治者を以て任ずることがあつてはならぬこと云ふまでもない。しかしながら君臣の分を明弁しつゝ大政翼賛の責任を分担する指導的人格は必要であつて、本誌にいふ新指導者とはかくの如き人を指すものなることを特に強調し度いのである。

ここでも田所と同じく「臣民は治者を以て任ずることができない」という君臣の峻別を説いている。さらにエリート主義的(指導層を宛先とする)国体論という意味は実はもうひとつあって、やはり『新指導者』の意味について、小田村寅二郎が別のところで次のように述べている。「「新指導者」といふ意味はナチでいふ指導者原理とは絶対に違ふ。それは全国民に率先して臣道を垂範するといふ意味」★12であるという。「君臣の分を明弁せよ」という消極的な規定から一歩踏み出して、「率先して臣道を垂範せよ」という積極的な規定も含意されているのだ。

この積極的な規定について、小田村寅二郎は「臣道政治の要請」(『新指導者』昭和十七年七月号)で次のように述べている。重要な指摘が含まれているので長く引用する。

「国体明徴」といふ言葉は、この思想戦戦士等によつて唱へられた。勿論国民大衆に対してゞはなく、所謂世の指導層をなす人々に向つて発せられたのである。上層が大義を誤り、思想を紊るが故にこそ、国体の危局が叫ばれ、民心の荒廃がつゞいたのである。「大政翼賛」といふ言葉も、「臣道実践」といふ命題も、すべてから した経過と目標とを以て、国民の耳目に入つたのである。然しながら、さうした叫びと時局に対する批判をつゞけた人々は、常に狂人とまで罵られ、時流思想に対する精確無比の学術的批判は、奇矯の言辞として顧みられなかつた。

然るに其後支那事変を迎へるに至つてから、之は如何に変つて行つたか。「民政」を唱へ、「天皇機関説」を信奉したその御当人共が、自分等の思想の誤謬を天下に闡明することなしに、それに代るに「大政翼賛」・「臣道実践」の標語を以て出て来たではないか。事変前に反戦論・反軍思想を鼓吹してゐたマルキスト共が、そのまゝ軍国論の最先端に姿を表はして来たではないか。思想の本質はそのまゝに少しも変ることなしに。そして思想是正の問題は、国民大衆に一切の目標が向けられてしまつた。恰も、所謂指導者達は、大政翼賛・臣道実践に欠くることなく、国民大衆にその志の足らぬかのごとく、一切の啓蒙運動が国民を対象として活動を開始したのである。指導層にこそ要求せられ、要請せられた「大政翼賛」であり、「臣道実践」であつたにも拘らず、事態は戦争の緊張に乗じて本末を違へて進行したのである。(傍点引用者)

国体明徴・大政翼賛・臣道実践といった言葉の宛先は、本来「世の指導層」であるはずのところが、支那事変を境に、「思想是正の問題は国民大衆に一切の目標が向けられてしまった」。つまり、「エリートが自己を拘束するための国体論」が「エリートが大衆を支配するための国体論」にすり替わってしまったというのだ。

臣道実践の「エリートの自己拘束」という消極的規定は、そのまま大政翼賛にも当てはまる。「翼賛とは、「臣民たるの身分を逸脱せざる」といふ意であり、翼賛政治とは、臣道を顕揚する政治の謂でなければならない」。にもかかわらず、昭和十五年に結成された大政翼賛会は、「エリートの自己拘束」ならぬ「エリートの大衆支配」を体現した機関ではなかったか。

また臣道実践の「エリートの率先垂範」という積極的規定は、国民精神作興の必要条件でもある。「臣道の垂範者とは、その人々が、国民に向つて教令する度合が強ければ強い程、その人々は、それ以上に顕著に、上御一人に対する臣従恭順の態度を、国民の前に示さねばならぬ」。つまりエリートの度合いが高い人ほど垂範者たることが強く要請される。

それは何故であるか。第一に「国民は、国民自らを指導し教令する権力と権威が、自らと同じく恭順臣従の姿態を以て、御上に仕へ奉るを見ること程に、心の奥底からの安堵を覚え、心魂の底よりの歓喜を味ひ得ることはない」からである。国民は身分の上下にかかわらず「上御一人に至誠をつくし奉る」ことを忠義と信じている。また第二に、「権勢の地位に立つ者程、又位階の高きに恩寵を恭くする者程、実は人間的弱点に誘惑され勝ちな、臣民としては至難の立場にある」。「上の御威光」による権力や権勢を、個人の私的なパワーとして錯覚・濫用してはならないということだ。

同時代に蓄積されていた知的資源のなかで、これと同程度のエリート倫理を教える機能的代替物(functional substitutes)がほかにありえたであろうか。

顕教と密教――「エリートが大衆を支配するための国体論」の脆弱性

最後に、久野収・鶴見俊輔『現代日本の思想』(岩波新書、一九五六年)の「日本の超国家主義」で提示された、天皇の解釈システムに関する「顕密体制」説を参照しながら、日本型保守主義の「ありえたかも知れない」可能性を考えてみたい。ここでは顕教と密教の対比を用いて「エリートが大衆を支配するための国体論」の成立事情と帰結が分かりやすく説明されている。

久野・鶴見によれば、伊藤博文を指導者とする元老たちが、明治の国家を作るにあたって苦心したのは、どうすれば天皇の絶対性と国民の主体性が両立しうるかという問題だった。天皇の絶対性は国家をひとつにまとめるために不可欠である。しかし天皇だけが絶対的権威の主体で国民を絶対的客体に留め置くならば、いずれ反体制のエネルギーが爆発して上手く回らないだろう。国民の主体性を引き出すにはどうすればよいか。

そこで天皇を絶対的権威の主体としながらも、実質的な権力は輔弼機関によって分割・代行するというシステムを設計した。そして国民を主体的な担い手として巻き込んでいくためのサブ・システムが、教育を媒介とする社会的上昇移動の仕組みである。初等・中等教育段階では前者の絶対的性格(「たてまえ」)を徹底して教えつつ、後者の運用の秘訣(「申しあわせ」)は高等教育段階以上で初めて明らかにされることになった。指導層が固定された身分制社会と異なり、幅広い階層から秀才を集めて指導者を養成するから、国民のエネルギーは主体的服従へと水路づけられる。こうして苦心に苦心を重ねて出来上がったのが「天皇の国民、天皇の日本」という「みごとな芸術作品」である。

注目すべきは、天皇の権威と権力が、「顕教」と「密教」、通俗的と高等的の二様に解釈され、この二様の解釈の微妙な運営的調和の上に、伊藤〔博文〕の作った明治日本の国家がなりたっていたことである。顕教とは、天皇を無限の権威と権力を持つ絶対君主とみる解釈のシステム、密教とは、天皇の権威と権力を憲法その他によって限界づけられた制限君主とみる解釈のシステムである。はっきりいえば、国民全体には、天皇を絶対君主として信奉させ、この国民のエネルギーを国政に動員した上で、国政を運用する秘訣としては、立憲君主説、すなわち天皇国家最高機関説を採用するという仕方である。★13

顕教の大衆的エネルギーを、密教へのアクセスを許されたエリートが制御する——。実に巧妙な仕組みに見えるが、この「微妙な運営的調和」にはシステムをひっくり返す弱点が孕まれていた。密教はあくまでも顕教のメタ・レベルにあることが前提である(顕教が密教と出会うことはない)。もしも密教へのアクセス権をもつものが顕教と密教を同じ土俵に乗せたらどうなるか。論理的には二通りの可能性がある。

ひとつは密教を国民レベルにまで広げる「密教による顕教征伐」である。久野・鶴見は、その典型的な試みとして、北一輝の社会主義と、吉野作造の民本主義を挙げている。どちらも「主体としての天皇、客体としての国民というルールを逆転し、主体としての国民、客体としての天皇というルールを作ろう」★14としたが、これは国体に変更を加える重大な国家改造計画と見なされ、啓蒙途上で挫折した。

もうひとつは顕教を国政運営に持ち込む「顕教による密教征伐」である。すなわち、「軍部だけは、密教の中で顕教を固守しつづけ、初等教育をあずかる文部省をしたがえ、やがて顕教による密教征伐、すなわち国体明徴運動を開始し、伊藤の作った明治国家システムを最後にはメチャメチャにしてしまった」[★15]。密教は顕教のメタ・レベルにある限りにおいて制御能力を発揮するが、同じレベルで対決したら圧倒的に弱かったのである。どうしてか。久野・鶴見はその理由を「国民大衆から全く切りはなされた密教であるかぎり、この運命はまことにやむをえなかった。密教は、上層の解釈にとどまり、国民大衆をとらえたことは、一回もなかったのである」[★16]とだけ述べている。

「もうひとつの密教」の可能性

ここで再び本書の「はじめに」を思い起こしていただきたい。顕教の解釈システムが政治運営にまで逆流した結果もたらされたのが、昭和十年代の「政治的に正しい politically correct」言論空間にほかならない。久野・鶴見が「明治国家システムを最後にはメチャメチャにしてしまった」というのは、「顕教による密教征伐」を主体的に担った当人たちを含め、ＰＣの暴走を誰も制御できなくなってしまった状態を指している。ここには「エリートが大衆を支配するための国体論」の脆弱性が最悪のかたちで表れている。

久野・鶴見は、エリートの密教が弱かったのは大衆的基盤をもたなかったからだ、と考えた。この「密教の大衆化」路線は、すでに北一輝や吉野作造の理論に含まれていたが、戦後の憲法改正によってラディカルに実現した。戦前の顕教は消滅し、戦前の密教が戦後の顕教となったため、少なくとも天皇の解釈システムに関する密教は存在しない。

しかし昭和十年代に踏みとどまるなら、「もうひとつの密教」の可能性を考えることができる。顕教の挑戦にも動揺しない強靭な密教である。東京帝国大学法学部で、通俗的レベルの顕教を圧倒するだけの高等的レベルの日本主義的教養を学び、それも「エリートが大衆を支配するための国体論」を戒め、「エリートが自己を拘束するための国体論」を体得した国家エリートが養成されていたら、どうなっていただろうか。

これはもはや、たんなる思考実験ではない。歴史上実在した学生思想運動によって追求された可能性なのである。

■註

1 伊藤隆と長尾龍一の対談「国体と憲政の妥協と闘争」（大石眞・高見勝利・長尾龍一編『対談集　憲法史の面白さ』信山社出版、一九九八年所収）も参照のこと。

2 佐藤卓己「解題――『原理日本』」『蓑田胸喜全集』第七巻、柏書房、二〇〇四年、七七一～七七二頁。

3 竹内洋『丸山眞男の時代』中公新書、二〇〇五年、一〇二～一〇五頁。また竹内洋「帝大粛正運動の誕生・猛攻・蹉跌」竹内洋・佐藤卓己編『日本主義的教養の時代』柏書房、二〇〇六年所収も参照のこと。

4 井上寿一『日中戦争下の日本』講談社選書メチエ、二〇〇七年、一六六頁より「……大政翼賛会成立前後に日本主義は興隆をきわめていた。ところがこの時期を頂点として、日本主義は急速に衰退していく。衰退のもっとも大きな理由は、日本主義運動の政治目標がつぎつぎと実現し、そのためかえって目標喪失感に陥ったことである。たとえば蓑田のグループの帝大粛正運動は、帝大教授が官憲に逮捕され、あるいは職を辞することで、成果を上げていた。目標がおおむね達成されれば、その運動は衰退していく以外にない。また日米開戦も、目標喪失感をもたらした。……対米英戦争の決意を東条首相に求めていた国家主義団体は、実際に米英との戦争がはじまると……つぎの目標を掲げにくくなり、行動も拡散していった」。

また中島岳志「日本右翼再考――その思想と系譜をめぐって」東浩紀・北田暁大編『思想地図』vol・1、日本放送出版協会、二〇〇八年、八三頁より「ここに至って、幕末期以来、体制批判の急先鋒であった「右翼の論理」は「体制の論理」と化し、現実政治への批判の契機を根源的に失った。それと共に、三井・蓑田の思想は「体制の論理」の中に埋もれることとなり、「大東亜戦争」勃発以降は、その存在意義を完全に失った。一見すると右翼思想の全面勝利に見えた昭和初期の展開は、逆説的に右翼思想の根源的な敗北を招いた。天皇を掲げた理想社会モデルからの演繹的な政府批判の論理は、「中今」の論理によって体制の側に組み込まれ、その真骨を脱胎させることになった。一九三〇年代後半から戦中にかけての右翼は、現実の政治に母屋を乗っ取られ、「体制の論理」を補完するだけの存在にまで失墜したのである」。

5 より一般的な規定としては、さしあたり、カール・マンハイム著・森博訳『保守主義的思考』ちくま学芸文庫、一九九七年、アンソニー・クイントン著・岩重政敏訳『不完全性の政治学——イギリス保守主義思想の二つの伝統』東信堂、二〇〇三年などを参照。

6 竹内洋『丸山眞男の時代』二八二〜二八六頁。

7 苅部直『丸山眞男』岩波新書、二〇〇六年、三七頁。

8 竹内洋『丸山眞男の時代』七七頁。

9 『新指導者』昭和十六年四月号、田所廣泰「大政翼賛会参与、新体制御用学者谷口吉彦氏の「新体制の理論」を評す」。

10 伊藤博文著・宮澤俊義校註『憲法義解』岩波文庫、一九四〇年、八七頁。

11 同前。

12 『新指導者』昭和十七年六月号座談会「革新体制と立憲政治」での小田村の発言より。

13 久野収・鶴見俊輔『現代日本の思想』岩波新書、一九五六年、一三二頁。

14 久野収・鶴見俊輔、前掲書、一三九頁。

15 久野収・鶴見俊輔、前掲書、一三三頁。

16 同前。

あとがき

本書の成立には二つの縁が大きくかかわっている。ひとつは、竹内洋先生（関西大学文学部）と佐藤卓己先生（京都大学大学院教育学研究科）のお二人が主宰する研究会である。もうひとつは、社団法人・国民文化研究会（小田村四郎会長）である。どうして「日本主義」などというテーマに取り組むことになったのか、少し詳しく経緯を振り返っておきたい。

蓑田胸喜全集（二〇〇四）

竹内・佐藤両先生の研究会は、日本史上最大の帝大批判論者・蓑田胸喜の著作を収集・復刻するという目的で二〇〇三年に発足し、植村和秀さん（京都産業大学法学部）、福間良明さん（立命館大学産業社会学部）、石田あゆうさん（桃山学院大学社会学部）、今田絵里香さん（日本学術振興会特別研究員）が招集され、私は幹事役を仰せつかった。

蓑田胸喜という存在は竹内先生の『大学という病』（中公叢書、二〇〇一年）で知っていたが、正直、あまり研究関心がそそられる対象ではなかった。しかし竹内・佐藤両先生の盛り上がりぶりを傍から見ているうちに、少しその気になってきた。両先生はメンバーに対して前提や結論を押し付けることは全くなかったが（良く言えば「自由の学風」）、研究会は、よく分からないけれど何か大事な問題にコミットしているのかもしれないと思わせる「麗しい勘違い」に満ち満ちていた。そしてご自身の興味と研究の進捗ぶりを実に愉快そうに語り、蓑田研究の合間に草稿を見せていただいたと思ったら、佐藤卓己『言論統制』(中公新書、二〇〇四年)や竹内洋『丸山眞男の時代』(中公新書、二〇〇六年)といったかたちで次々と出版されるのである。

私は修士論文で旧制高等学校の弁論部を取り上げたのがきっかけで、大正期半ば以降政治化する知識青年の系譜のなかに「雄弁青年」を位置づけたいと思っていた(そしていつ頃から何故に知識青年は演説をしなくなったのかも)。その限りで、教養主義や学生運動の歴史にも関心をもっていた。だから、蓑田胸喜の著作収集と解題の担当決めのときも、せめて自分なりに関心をもてそうな学生青年時代の「初期蓑田」にしてもらった(主著『学術維新原理日本』刊行以前)。そして解題執筆のためにしぶしぶ蓑田の著作を読み始めて、驚いた。キョーキ(狂気)と呼ばれた「極右」思想家の文章が結構理解できるのである。やや偏執的でくどいのには辟易したが、慣れてくると論理的な律義者に思えてくる。また、あれだけ矢継ぎ早に文章を量産できたのは、傍目にはよく分からないけれど何か大事な問題の輪郭が蓑田には明瞭に見えていたからに違いない(難解な文章を量産した社会システムの理論家N・ルーマンを思い出した)……とまで思えるようになった。

日本主義的教養の時代(二〇〇六)

研究会の最初の成果は『蓑田胸喜全集』全七巻(柏書房、二〇〇四年)に結実した。この編集作業はメンバーの研究意欲に火をつけ、論文集を作ることになった。このときから博覧強記の音楽評論家である片山杜秀さんにも新規に参加していただけることになった(実は右翼思想にも造詣が深かった。『近代日本の右翼思想』講談社選書メチエ、二〇〇七年参照)。

メンバーが集まって担当を決めるとき、私は最初、蓑田の文章をもう少し読んでみようかどうしようかと迷っていた。その心の隙間を目ざとく見て取った佐藤先生が「井上さんは右翼学生運動でしょう」と、幾つか資料を紹介してくださった。せっかくその気になりかけていた蓑田の思想的研究を止めて学生運動?……と半信半疑のまま「やってみましょう」とお答えした。今から思えばこの判断は大正解だった。佐藤先生が半ば強引に勧めてくださらなかったら本書は存在しておらず、私は素人の冬山登山よろしく今ごろ蓑田山脈の奥深くで遭難していたかもしれなかった。蓑田の思想に正面から挑戦する役目は政治思想史専攻の植村和秀さんが引き受けてくださったので

（植村さんの蓑田論については『「日本」への問いをめぐる闘争――京都学派と原理日本社』柏書房、二〇〇七年参照）、私は少し気が楽になり、東京帝国大学の興国同志会に始まる右傾学生の系譜の勉強に取り掛かった。

しかしこの「お勉強」には限界があった。次々に登場する学生団体を時系列順に並べて分類する。そこまでは文献を集めれば誰でもできるが……それで？　竹内先生は京大時代から学部生の発表に対してもこの「それで？」を厳しく要求する先生だった。こうして戦時期の統計データをいじっているうちに、学校分類によって国家主義団体の分布に偏りがあることに気づいた。「なぜインテリが右傾化するのか？」という問いが明確になったあとに読んだのが、小田村寅二郎『昭和史に刻むわれらが道統』（日本教文社、一九七八年）である。これも佐藤先生から教えていただいた。「なぜ右傾化が体制批判にいきつくのか？」という二つ目の問いが明確になったが、納得する答えには至らなかった。しかし統計分析と運動史という比較的堅いデータが目の前にあったので、辛うじて遭難はせずに済んだ。こうして共同研究の成果である竹内洋・佐藤卓己編『日本主義的教養の時代――大学批判の古層』（柏書房、二〇〇六年）のために執筆した論文「戦時期の右翼学生運動――東大小田村事件と日本学生協会」が本書全体の原型である。

二〇〇六年六月に京都大学百周年時計台記念館で行われたシンポジウム「大学批判の古層を考える――『日本主義的教養の時代』から」では、伊藤公雄先生（京都大学大学院文学研究科）をはじめ様々な領域の専門家からコメントや感想をいただく機会に恵まれた。本書にとっても重要な研究をされている有馬学先生（九州大学大学院比較社会文化研究院）からも励ましのお言葉をいただいた。さらに二〇〇名を超える聴衆の熱気に、本当に何か大事な問題に取り組んでいるのかもしれないと思えてきた。しかし同時に《日本主義的教養》とは何かという肝心な部分が自分には分かっていないとも痛感した。《日本主義的教養》は「なぜインテリが右傾化して、それが体制批判にいきつくのか？」の問いに答えるためのアキレス腱なのだ。

日本主義的学生思想運動資料集成Ｉ（二〇〇七）

ここから先は、自力で開拓していかねばならない。社団法人・国民文化研究会は一九五六年に小田村寅二郎さんを中心に結成された日本学生協会の後継団体である。寅二郎さんは一九九九年に亡くなられていて、現在は実弟の小田村四郎さんが会長を務めている。『日本主義的教養の時代』の献本に対して、小田村四郎会長から竹内先生宛に丁重な御礼状をいただいていたので、資料閲覧をご相談したい旨のお手紙を出してみたところ快諾いただいた。二〇〇六年七月、「もう後戻りできない」という覚悟を決めて渋谷の国文研事務所に大変緊張して訪問したのを覚えている。事務所には機関誌『学生生活』『新指導者』だけでなく小冊子類が保存されていた。資料の閲覧や複写の際には、事務局長の稲津利比古さんに便宜を図っていただいた。

この時期と前後して、竹内先生と佐藤先生のご推薦により、柏書房からこの研究成果を単著にまとめる企画が動き出した。編集部の山崎孝泰さんと相談しながら企画書を作成した。その時点では、一年半後の二〇〇七年十二月脱稿という予定だった。研究会のメンバーは皆さん生産性が高く、常々研究上の刺激を受けていたが、なかでも一～二年に一冊のペースで本を出している福間良明さん（近著は『殉国と反逆——「特攻」の語りの戦後史』青弓社、二〇〇七年）はお会いするたびに「調子はいかがですか」とプレッシャーをかけてくださった。

しかし国文研事務所に揃った雑誌『学生生活』『新指導者』のバックナンバーを見ているうちに、これは自分が独占的に使うのではなく、他の研究者も使えるように復刻したいものだ、という使命感が湧いてきた（全国の大学図書館所蔵分を集めても全部揃わない）。柏書房編集部に相談して、国文研のご協力のもと雑誌復刻の資料集を作成することになった。解題を編集するにあたり、これまで関連領域で地道に研究を蓄積されてきた打越孝明さん（財団法人大倉精神文化研究所）と占部賢志さん（福岡県立太宰府高等学校）にも加わっていただいた。これは『日本主義的学生思想運動資料集成Ⅰ　雑誌篇』全九巻として柏書房から二〇〇七年十月に刊行された（国民文化研究会所蔵『学生生活』『新指導者』復刻版）。ここで執筆した二編の解題論文「雑誌『学生生活』『新指導者』の概要」および「戦時体制下における「観念右翼」の政治史的位置づけ」は本書の第五・六・七章の原型となった。なお、この資料復刻の仕事はまだ継続しており、二〇〇八年十月に『日本主義的学生思想運動資料集成Ⅱ　書籍・パンフレット篇』（国民文化研究会所蔵日本学生協会・精神科学研究所刊行物復刻版）として刊行される予定である。打越さんには本書執筆に際しても貴重な情報を惜しみなく提供していただいた。

日本主義と東京大学（二〇〇八）

資料復刻は苦労も多いけれどやりがいのある仕事で、刊行後はしばらく余韻に浸っていた。二〇〇七年の年末頃、柏書房の山崎さんに「そろそろ単著のほうも」と冷静に言われ、現実に引き戻された。

研究を再開して改めて気づかされたのは、「一人で全部やろうとすると何年かかっても終わらない」ということだ。例えばある章を執筆するために文献を収集するのだが、読めば読むほど関連領域は無際限に広がっていくのだ。通常の論文はテーマを絞って書くので自ずと文献も限定される。しかし本書の場合、政治史・思想史・教育史にまたがり、憲法学や国体論など奥の深い各論もある。

そこで、本書の役割を、問題の所在を示し、関連領域の見取り図を描き、今後研究を進展させるうえでの叩き台としようと考えた。「一人で独占してやるのではなく、多くの人が参加できるようにしよう」と。資料復刻もそのプロジェクトの一環である。第I期では機関誌のバックナンバーを揃えたが、第II期では書籍・パンフレット以外にもビラやメモなど貴重な資料を収録する予定である（本書執筆にあたっては、第II期の成果を利用することは断念することにした）。

本書は、その意味で始まりの一歩である。一歩を踏み出すことで初めて見えてくる課題も少なくないだろう。読者諸氏の忌憚のないご批判を賜り今後の糧としたいと思う。

本書は、二〇〇五～〇七年度科学研究費補助金・基盤研究（B）「大学批判の歴史社会学――知識人的公共圏の成立と変容」（研究代表者・京都大学大学院教育学研究科教授・稲垣恭子）、および二〇〇八～〇九年度科学研究費補助金・若手研究（B）「戦時体制下の日本主義的学生思想運動に関する基礎的研究」（研究代表者・井上義和）の成果の一部でもある。

マイナーなテーマに取り組む息子を温かく見守ってくれた父・和行と、研究業界でちゃんと生きていけるのか心配してくれた母・貞に、そして普段の会話の端々から思想上の刺激を与え続けてくれた最愛の妻・芳に感謝したい。「最近、保守化してない?」と妻に言われるたびになぜか後ろめたく思っていた私も、今なら「保守主義もなかなかやるよ」と胸を張って答えられる。最後に、短期間のうちに集中して原稿をまとめることができたのは、ひとえに柏書房編集部の山崎孝泰さんのおかげである。ありがとうございました。

二〇〇八年六月一日

井上　義和

■索引

＊はじめに，あとがき，各章末の註は採録の対象外とした。

人名索引

団体名索引

井上義和［INOUE Yoshikazu］

一九七三年　長野県生まれ。

二〇〇〇年　京都大学大学院教育学研究科博士課程退学。

京都大学大学院教育学研究科助手、関西国際大学メディアセンター講師を経て、

現在　関西国際大学人間科学部准教授

専攻　教育社会学・学生文化論

著書　『ラーニング・アロン――通信教育のメディア学』（共編、新曜社、二〇〇八年）

『日本主義的学生思想運動資料集成Ｉ　雑誌篇』（全九巻、共編、柏書房、二〇〇六年）

『日本主義的教養の時代――大学批判の古層』（共著、柏書房、二〇〇六年）

『子ども・学校・社会――教育と文化の社会学』（共著、世界思想社、二〇〇六年）

『蓑田胸喜全集』（全七巻、共編、柏書房、二〇〇四年）

『戦後世論のメディア社会学』（共著、柏書房、二〇〇三年）

『不良・ヒーロー・左傾――教育と逸脱の社会学』（共著、人文書院、二〇〇二年）

訳書　タキエ・スギヤマ・リブラ『近代日本の上流階級――華族のエスノグラフィー』（共訳、世界思想社、二〇〇〇年）

パルマケイア叢書 23

日本主義と東京大学

昭和期学生思想運動の系譜

2008年7月10日　第1刷発行

［著者］井上義和

［発行者］富澤凡子
［発行所］柏書房株式会社
東京都文京区本駒込1-13-14
〒113-0021
Tel.03-3947-8251
Fax.03-3947-8255
［装丁］東幸央
［印刷］壮光舎印刷株式会社
［製本］小髙製本工業株式会社

ISBN978-4-7601-3334-5